普通高等院校城乡规划专业系列规划教材

村镇总体规划

Comprehensive Plan of Villages and Towns

主　编　叶昌东

副主编　赵晓铭　张媛媛　赵建华

U0188760

中国建材工业出版社

图书在版编目（CIP）数据

村镇总体规划/叶昌东主编．--北京：中国建材
工业出版社，2018.2（2023.1重印）
普通高等院校城乡规划专业系列规划教材
ISBN 978-7-5160-2115-6

Ⅰ.①村… Ⅱ.①叶… Ⅲ.①乡村规划—中国—高等
学校—教材 Ⅳ.①TU982.29

中国版本图书馆 CIP 数据核字（2017）第 314080 号

内 容 简 介

近年来，村镇规划逐渐受到了较多的重视，理论上有了较大的发展，同时也积累了大量的实践工作经验。本书总结了村镇总体规划的理论知识和实践成果，为城乡规划专业同行和学生提供参考，主要包括以下内容：村镇总体规划概论、村镇总体规划的理论、村镇总体规划的法规与政策、村镇总体规划的工作流程与法定程序、村（镇）域规划、村庄（镇区）规划、村镇总体规划的实施与管理、村镇总体规划的未来趋势、村镇总体规划案例。

本书可作为普通高等院校城乡规划、风景园林、建筑学及相关专业教材，也可供相关领域从业人员参考。

村镇总体规划

叶昌东 主编

出版发行：中国建材工业出版社
地 址：北京市海淀区三里河路 11 号
邮 编：100831
经 销：全国各地新华书店
印 刷：北京雁林吉兆印刷有限公司
开 本：787mm×1092mm 1/16
印 张：18.25
字 数：440 千字
版 次：2018 年 2 月第 1 版
印 次：2023 年 1 月第 3 次
定 价：56.80 元

本社网址：www.jccbs.com 微信公众号：zgjcgycbs
本书如出现印装质量问题，由我社市场营销部负责调换。联系电话：（010）57811387

《村镇总体规划》编委会

主　　　编　叶昌东

副　主　编　赵晓铭　张媛媛　赵建华

编委会成员　杨文越　王　婷　王　凌　陈思颖

　　　　　　代丹丹　卢丹梅　梁惠兰　赖嘉娱

　　　　　　刘冬妮　李矿辉　邓神志　刘　毅

前 言

村镇总体规划

　　随着我国社会主义事业的发展，目前已进入全面建成小康社会决胜阶段，党的十九大报告明确指出"当前我国社会主要矛盾已经转化为人民日益增长的美好生活需要和不平衡、不充分的发展之间的矛盾"。村镇的不平衡、不充分发展正是这一社会主要矛盾的集中体现，为此，加快村镇的发展是解决当前我国社会主要矛盾的重要战场。规划先行，村镇规划是村镇发展和建设的龙头，但长期没有受到应有的重视，导致村镇一级的规划相对较为混乱。近年来，在社会主义新农村建设的引领下，村镇规划逐渐受到较多的重视，理论上有较大的发展，同时也积累了大量的实践工作经验。在城乡规划专业教育中，许多高校也逐渐开设了村镇规划相关的课程。为进一步总结村镇总体规划的理论知识和实践成果，为相关课程教学提供参考教材，我们编写了《村镇总体规划》一书，为城乡规划专业同行和学生提供参考。

　　本教材由华南农业大学城乡规划教研组负责编写，同时集合了相关领域学者和实践单位的同志共同完成。教材重点突出了当前我国新型城镇化背景下村镇级总体规划的基层特性和生态文明建设时期村镇总体规划中的生态特性；同时教材体现了村镇总体规划的地域性特征，强调地方特色。

　　叶昌东完成了教材第 1 章的编写工作，杨文越完成了教材第 2、8 章的编写工作，赵晓铭完成了教材第 3 章的编写工作，张媛媛完成了教材第 4、9 章的编写工作，赵建华完成了教材第 5 章的编写工作，王婷完成了教材第 6 章的编写工作，王凌完成了教材第 7 章的编写工作，陈思颖、代丹丹、卢丹梅完成了教材的校对工作，梁惠兰、赖嘉娱、刘冬妮完成了教材的图表绘制工作，李矿辉、邓神志、刘毅提供了相关规划案例。

编　者
二零一七年十二月

普通高等院校城乡规划专业系列规划教材

目 录

CONTENTS

村镇总体规划

3

村镇总体规划

第1章
村镇总体规划概论

1.1　村镇总体规划的背景

村镇（总体）规划在 1989 年《中华人民共和国城市规划法》中已被列入法定规划，在 1993 年的《村庄和集镇规划建设管理条例》中已经列出相关规定。但在实践中，村镇（总体）规划并没有得到应有的重视，直到 2005 年党的十六届五中全会提出社会主义新农村建设的战略方针之后，村镇规划才逐步受到大众的关注。总体来说，村镇（总体）规划的发展主要基于如下背景：

1.1.1　新农村建设

2005 年中国共产党十六届五中全会提出社会主义新农村建设的新战略后，全国范围内掀起了村庄规划的热潮，使得村镇规划日益受到重视。

新农村建设是我国总体进入"以工促农、以城带乡"的新发展阶段后所面临的崭新课题，是时代发展及构建和谐社会的必然要求。现阶段，我国全面建设小康社会的重点和难点在农村；没有农村的小康，就没有全社会的小康；没有农业的现代化，就没有国家的现代化。目前，我国国民经济的主导产业已由农业转变为非农产业，经济增长的动力主要来源于非农产业。依据发达国家经济增长的经验判断，我国现已跨入"工业反哺农业"的阶段。因此，新农村建设重大战略举措的实施是我国当前以及未来很长一段时间内需要面对的重点工作。

新农村建设的要求是"生产发展、生活宽裕、乡风文明、村容整洁、管理民主"。其中，生产发展，是新农村建设的中心环节，是实现其他目标的物质基础；生活宽裕，是新农村建设的目的，是衡量社会主义新农村建设工作的基本尺度；乡风文明，是农民素质的反映，是体现农村精神文明建设的要求；村容整洁，是展现农村新面貌的窗口，是实现人与环境和谐发展的必然要求；管理民主，是新农村建设的政治保证，充分体现了对农民群众政治权利的尊重和维护。

"十二五"期间，受浙江省安吉县"中国美丽乡村"成功建设的影响，社会主义新农村建设开始了新一轮的热潮，新一轮的村庄规划规模更大、技术方法更先进、内容更加规范，同时更加注重生态文明和村镇建设的民主自治。

1.1.2 城乡统筹

城乡统筹是科学发展观的重要组成部分，是我国工业化、城镇化发展到一定阶段的必然要求。城乡统筹的内涵是坚持以人为本，使农村居民和城市居民同步实现全面小康生活，最终目标是使农村居民、进城务工人员及其家属与城市居民一样，享有平等的权利、均等化的公共服务、同质化的生活条件。

城乡统筹的关键是城市（镇）带动乡村发展，村、镇建设是推进城乡统筹的重要环节。因此城乡统筹战略客观上也要求大力推进村镇（总体）规划工作。

1.1.3 新型城镇化

新型城镇化是以"城乡统筹、城乡一体、产业互动、节约集约、生态宜居、和谐发展"为基本特征的城镇化，是大中小城市、小城镇、新型农村社区协调发展、互促共进的城镇化。2014 年发布的《国家新型城镇化规划（2014—2020 年)》明确了我国新型城镇化战略的发展方向。新型城镇化要求城镇规划科学化、合理化，要使城镇规划在城市建设、发展和管理中始终处于"龙头"地位，从而解决城市建设混乱、小城镇建设散乱差、城市化落后于工业化等问题，并进一步推动村镇（总体）规划的发展。

1.1.4 生态文明建设

2012 年 11 月，党的十八大从新的历史起点出发，提出"大力推进生态文明建设"的战略决策，将生态文明建设与经济建设、政治建设、文化建设、社会建设放在同等重要的地位，形成建设中国特色社会主义"五位一体"的总布局。生态文明建设要求"坚持节约资源和保护环境的基本国策，坚持节约优先、保护优先、自然恢复为主的方针"。生态文明建设的目标是建设美丽中国，实现中华民族的永续发展。

村镇建设是实现生态文明建设的重要内容，2015 年《中共中央国务院关于加快推进生态文明建设的意见》强调：加快美丽乡村建设，完善县域村庄规划，强化规划的科学性和约束力，加强农村基础设施建设，强化山水林田路综合治理。加快农村危旧房改造，支持农村环境集中连片整治，开展农村垃圾专项治理，加大农村污水处理和改厕力度。加快转变农业发展方式，推进农业结构调整，大力发展农业循环经济，治理农业污染，提升农产品质量安全水平。依托乡村生态资源，在保护生态环境的前提下，加快乡村旅游休闲业发展。引导农民在房前屋后、道路两旁植树护绿。加强农村精神文明建设，以环境整治和民风建设为重点，着力推进文明村镇建设。

1.2 基本概念

1.2.1 村

村是一种人类聚落形态，是最基本的聚落单元。

"村"字在我国出现于东汉中期，在此之前与"村"相对应的是"邨"，《说文解字》和《玉篇》都将"邨"的含义释为地名，是野外聚落的一种泛称。此外与村相关的概念还有"庐""丘""聚"，分别代表了早期村的三种起源类型。"庐"最初指城市里的居民在周围田野的临时住所，后发展成为永久居住地，代表村从城市中分离出来形成的聚落形态。"丘"指古时野人的聚落，代表村由自然聚居地发展而来的聚落形态。"聚"是人为设置的一种聚落形态，《史记·五帝本纪》有"一年而所居成聚，二年成邑，三年成都"的说法，说明村是由人为规划的聚居地所形成的聚落形态。魏晋南北朝时期，村的概念出现泛化，与邑、堡、坞、栅、屯等聚落形态一并使用。唐代，村成为了一级行政单位，是所有野外聚落的统称，从而被赋予了社会制度的意义。

村的英文是"village"，国外对村（village）的概念是介于自然村庄（hamlet）和镇（town）之间的人类聚落或社区，通常是指位于野外的聚落形态，其人口规模一般是几百到几千人不等。在英国成为一个村（village）的标志是建设一间教堂。

由此可见，国内外"村"的概念的起源均代表位于野外由最基本社会组织所构成的人类聚落，在我国是行政力量（王权）的组织形态，在西方是宗教（神权）的组织形态。

工业革命之后，随着城镇化进程的快速发展，村的形态也发生了巨大变化，不再仅仅指位于野外的人类聚落，也可以是在城市范围内，如城中村。同时村的社会组织结构也越来越完善，成为一个基层的社会组织单元。

在我国现行的行政区划结构中，村级行政区划单元是最基本的区划单元，一般称之为行政村，是指依据《村民委员会组织法》设立村民委员会进行自治管理的基层群众性自治单位，它不是国家基层政权组织，不是一级政府，也不是乡镇政府的派出机构。行政村一般下辖若干村民小组或自然村。

1.2.2 镇

镇是我国农村地区最基层的行政建制单位。

由字面含义来看，"镇"即"一方之首山"，即一定区域内最高最大的山。古时山上常驻兵马，是一方镇守要地，后逐渐引申为派兵驻守的地方，成为一个区域概念。镇作为行政建制单位始于北魏时期，当时作为军事管制型的地方行政机构，是西北边境要塞设置的军镇。唐朝和五代十国时期，沿袭了这种军事型的镇行政建制，称为"藩镇"或"方镇"。这种军事意义镇辖区内的居民主要以军事人员为主，对普通居民的管理方式也偏向军事化，地方行政所需的民政管理、社会事务管理等机构并未设置。

宋代政府着力废除藩镇的军事职能，撤销藩镇的军事型行政建制，置镇史、设镇监管理民政、社会事务，从而使得镇从军事型地方行政建制演变为农村地区贸易活动的商品集散地。这个时期的镇有定期的集市、固定的街道和商店，有一定辖区。北宋时期，在全国各府、州、路中，明确称镇的有 1884 个。明代，全国具有一定规模的城市约 100 个，小城镇超过 2000 个，开始出现了城市化发展的趋势。但在行政管理体制上，镇还不是一级地方政权组织，没有设置完整的行政管理机构，仅仅出于维护治安和收取税收方便，在镇设置镇署、监镇等职务。

清朝末年，行政学意义上的镇开始形成，并作为一级基层行政建制单元。1909 年清政府颁布的《城镇乡地方自治章程》以城乡分制为原则，规定府、厅、州、县治所驻地为城，城外的市镇、村庄、屯集，人口满 5 万者设镇，其余为乡。1929 年国民政府修订的《县组织法》首次将镇作为行政区划建制列入法律，1939 年国民政府公布《县各级组织纲要》确定乡、镇同为县以下的基层行政单位，至此镇才真正成为农村基层行政建制。

新中国成立后，对镇进行了规范化管理，1955 年国务院颁布的《关于设置市、镇建制的决定》进一步明确规定了镇是工商业和手工业的集中地，镇与乡同为县、自治县下面的平级基层行政单位，并规定了镇的设置标准：县级或县级以上地方国家机关所在地；不是县级或县级以上地方国家机关所在地，但聚居人口在 2000 以上且居民 50％以上为非农业人口；规模较小，人口不多，且由县领导的工矿基地，也可以设置镇。此后镇的设置标准发生过多次变化，1963 年发布的《关于调整市镇建制、缩小城市郊区的指示》将设镇标准提高：(1) 工商业和手工业相对集中，聚居人口 3000 人以上，其中非农业人口占 70％，或者聚居人口在 2500 人以上不足 3000 人，其中非农业人口占 85％以上，确有必要由县级国家机关领导的地方，可以设置镇的建制；少数民族地区的工商业和手工业集中地，聚居人口虽然不足 3000 人，或者非农业人口不足 70％，但是确有必要由县级国家机关领导的地方，也可以设置镇的建制。(2) 由农村人民公社领导的集镇，凡是以保持原有领导关系更为有利的，即使符合设镇的人口条件，也不能设置镇的建制。1984 年的《关于调整建制镇标准的报告》按照"积极发展小城镇"的原则，放宽了设镇的标准：凡县级国家机关所在地均应设立建制镇；总人口在 2 万人以下的乡，乡政府驻地非农业人口超过 2000 人的，可以建镇；总人口在 2 万人以上的乡，乡政府驻地非农业人口占全乡人口 10％以上的，也可以建镇；少数民族地区、人口稀少的边远地区、山区和小型矿区、小港口、风景旅游区、边境口岸等地，非农业人口不足 2000 人，如确有必要，也可以设置建制镇。

镇的英文是"town"，指的是用栅栏或篱笆而不是围墙围合起来的人类聚落，大小介于村（village）与城市（city）之间，居住的人口一般从事工商业或公共服务活动。目前世界上还没有统一的城镇定义标准，但根据各自社会经济发展的特点，有如下不同的标准：

(1) 单纯用某级行政中心所在地为标准：如埃及规定省的首府和地区首府为城镇；蒙古规定首都和地区中心为城镇。使用这类标准的有三十多个国家。

(2) 单纯以城镇特征为标准：如智利规定有明显城镇特征和一定公共、市政服务设施的人口中心为城镇。马耳他规定没有农业用地的建成区即为城镇。

(3) 单纯以居民点下限人口数量划分城镇：如伊朗 5000 人以上的市、镇、村均为城镇；肯尼亚 2000 人以上居民点为镇；墨西哥至少 2500 人的居民点为镇；爱尔兰，包括郊区在内，1500 人以上居民点为市和镇。采用这类标准有 50 个以上的国家。

（4）用居民点的下限人口数量指标和密度指标相结合作为标准：如瑞典只要在 200 人以上，房屋间距通常不大于 200m 的建成区即为城镇；加拿大 1000 人以上的设有建制的市、镇、村以及 1000 人以上、人口密度每平方千米至少 390 人的未设建制的居民点为城镇。

（5）用人口规模和城镇特征两个指标划分城镇：如巴拿马 1500 人以上且具有街道、上下水系统和电力系统等城镇特征的居民点为城镇。

（6）用人口规模和从业构成两个指标为标准：如荷兰以 2000 人以上的市或人口不到 2000 人但男性从业人口中从事农业活动的人口不超过 20% 的市为城镇。

（7）取两个以上指标作为标准：如印度，镇以及所有 5000 人以上、人口密度不低于每平方千米 390 人、成年男性人口中至少 3/4 是从事非农业活动并具有明显城镇特征的地方为城镇。

（8）其他标准：目前世界上还有近 70 个国家和地区没有明确的城镇划分标准，有的只公布城镇的名称和数量，有的只说明法律上事先规定的居民点为城镇，有的干脆对此不加任何说明。

我国现行行政区划结构中正式的行政区划单位分四级，第一级是省、自治区、直辖市；第二级是地级市、地区行署；第三级是县、县级市；镇是第四级行政区划单位，也是最基层的行政单位，设有政府、人大等机构。镇的设置标准目前仍沿用 1984 年《关于调整建制镇标准的报告》规定的标准。随着新型城镇化战略的提出，我国城镇得到了快速发展，至 2015 年，全国有乡镇级行政区划 39789 个，其中建制镇 20515 个，乡 11315 个，街道 7957 个。随着改革开放以来社会经济的发展，出现了"镇级市"的设置，一些经济实力较强的镇由镇级政府承担起县级管理的能力，推动城镇向城市转型，如 2009 年温州将柳市镇、塘下镇、瓯北镇、鳌江镇、龙港镇设置成为"镇级市"。

1.2.3 村镇体系

村镇体系是由若干数量的村庄和集镇共同构成的有机联系整体，是最基本的居民点空间体系。

村镇体系有一定的结构层次，一般的村镇体系由基层村—中心村—乡镇三个层次组成。基层村，即自然村或村小组，是从事农业和家庭副业的最基本单位，没有或仅设有简单的生活服务设施；中心村一般是村民委员会的所在地，设有为本村和附近基层村服务的基本生活或服务设施；乡镇是村镇体系中的经济、文化和服务中心，有时候还可以分为一般镇和中心镇。

1.2.4 村与镇的联系与区别

村与镇之间既相互联系又有所区别。村、镇同为我国行政区划体系中的基层单元，它们共同组成一定的村镇体系，村围绕镇进行布局，从镇获取所需的工业产品和公共服务；镇是若干村的中心地，为村提供相应的产品和服务，同时也是村联系县级行政中心的重要途径。

镇是城市的基础和雏形，从这方面来看，镇与村有着本质差异：（1）镇是以从事非农业活动人口为主的居民点，在产业构成上不同于乡村；（2）镇一般聚居较多的人口，在规模上区别于乡村；（3）镇有比乡村更大的人口密度和建筑密度，在景观上不同于乡村；（4）镇具有广场、街道、影剧院等市政设施和公共设施，在物质构成上不同于乡村；（5）镇一般是工业、商业、交通、文教的集中地，是一定地域的政治、经济、文化中心，在职能上区别于乡村。此外在生活方式、价值观念、人口素质等方面也与村存在较大差异。

2014 年《国家新型城镇化规划（2014—2020 年）》发布，提出"有重点地发展小城镇"的战略，按照"控制数量、提高质量、节约用地、体现特色"的要求，推动小城镇发展，与疏解大城市中心城区功能相结合、与特色产业发展相结合、与服务"三农"相结合。对大城市周边的重点镇，要加强与城市发展的统筹规划与功能配套，逐步发展成卫星城。具有特色资源、区位优势的小城镇，要通过规划引导、市场运作，培育成为文化旅游、商贸物流、资源加工、交通枢纽等专业特色镇。远离中心城市的小城镇和林场、农场等，要完善基础设施和公共服务，发展成为服务农村、带动周边的综合性小城镇。乡镇发展是中国特色新型城镇化发展的重要环节，如何通过规划的手段来调节村、镇的关系，促进新型城镇化的发展是现阶段我国的重要任务，村镇总体规划在其中应当发挥积极作用。

1.2.5 总体规划

总体规划是指一定行政辖区内，根据国民经济和社会发展的要求，结合当地自然、经济、社会条件，确定城镇性质、规模、发展方向，合理利用土地，协调空间利用，进行各项建设的综合布局和全面安排，还包括选定规划定额指标、制定目标、实施步骤和措施。不同领域和部门均编制有总体规划，其中比较常见的有总体概念规划、城市（镇）总体规划、土地利用总体规划、旅游总体规划等。《城乡规划法》规定城市、镇规划分为总体规划和详细规划，详细规划分为控制性详细规划和修建性详细规划。城市总体规划是城市在一定时期内发展和建设的总体部署。控制性详细规划以城市总体规划为依据，确定建设地区土地的使用性质和使用强度的控制指标、道路和工程管线的控制性位置以及空间环境控制的规划要求。修建性详细规划以城市总体规划或控制性详细规划为依据，制定用以指导各项建筑和工程设施的设计和施工的规划设计。

《村镇规划编制办法》将村镇规划分为村镇总体规划和村镇建设规划两个阶段，其中村镇总体规划是对乡（镇）域范围内村镇体系及重要建设项目的整体部署；村镇建设规划是在村镇总体规划的指导下对镇区或村庄建设进行的具体安排，分为镇区建设规划和村庄建设规划。

1.2.6 村（镇）总体规划

《城乡规划法》规定的镇总体规划内容包括镇的发展布局，功能分区，用地布局，综合交通体系，禁止、限制和适宜建设的地域范围，以及各类专项规划等。《村镇规划编制办法》规定村镇总体规划的主要任务是：综合评价乡（镇）发展条件；确定乡（镇）的性质和发展方向；预测乡（镇）行政区域内的人口规模和结构；拟定所辖各村镇的性质与规模；布置基础设施和主要公共建筑；指导镇区和村庄建设规划的编制。村镇总体规划应当包括以下内容：

（1）对现有居民点与生产基地进行布局调整，明确各自在村镇体系中的地位；

（2）确定各个主要居民点与生产基地的性质和发展方向，明确它们在村镇体系中的职能分工；

（3）确定乡（镇）域及规划范围内主要居民点的人口发展规模和建设用地规模；

（4）安排交通、供水、排水、供电、电信等基础设施，确定工程管网走向和技术选型等；

（5）安排卫生院、学校、文化站、商店、农业生产服务中心以及对全乡（镇）域有重要影响的主要公共建筑；

（6）提出实施规划的政策措施。

尽管《村镇规划编制办法》并没有严格区分村、镇总体规划，但在具体实践过程中，镇总体规划要严格按照《城乡规划法》的规定执行，有严格的法定程序和明确的内容。但村总体规划则长期空缺，或有编制却没有得到具体执行，直到 2005 年党的十六届五中全会提出大力推进社会主义新农村建设之后，才掀起了一轮村庄规划的热潮，但是由于缺乏统一的规范和标准，各地做法不尽相同。这一时期的村庄规划偏重建设规划，而村总体规划或纳入镇总体规划之中，或以村庄布点规划的形式出现，或基本缺失。

1.3 村镇总体规划的地位、特点和类型

1.3.1 村镇总体规划在城乡规划体系中的地位

按照行政区划体系，我国城乡规划体系包括五个层次（表 1-1），省域范围一般有省域城镇体系规划，市域范围有市域城镇体系规划（单独编制或作为总体规划的组成部分）；在总体规划阶段编制城市总体规划和近期建设规划；详细规划阶段包括控制性详细规划和修建性详细规划。县域范围有县域城镇体系规划（单独编制或作为总体规划的组成部分）；在总体规划阶段编制县城（镇）总体规划和近期建设规划，县级市按照城市规划标准编制，一般县按照镇规划标准编制；详细规划阶段包括控制性详细规划和修建性详细规划。镇域有镇域村镇体系规划（一般作为总体规划的组成部分），总体规划阶段编制镇总体规划和近期建设规划，详细规划阶段包括控制性详细规划和修建性详细规划。村域范围目前存在多种不同规划名称，常见的区域范围内（县域层面居多）村庄体系规划包括县域乡村建设总体规划、县域人居环境整治规划、县域村庄布点规划等。总体规划阶段的是村庄规划，详细规划阶段常见的有村庄建设规划、村庄整治规划等。

横向上看，村镇总体规划是村、镇域总体规划阶段的成果，是对范围内的整体安排和部署，用于指导详细规划阶段的规划编制。纵向上看，村镇总体规划是五级规划体系中最底层、最基本的规划类型，共同起着基础性的作用。

表 1-1 不同行政区划体系的主要规划类型

区域范围	体系规划阶段	总体规划阶段	详细规划阶段
省域	省域城镇体系规划	—	—
市（地级）域	市域城镇体系规划	城市总体规划 近期建设规划	控制性详细规划 修建性详细规划
县域	县域城镇体系规划	县城（镇）总体规划 近期建设规划	控制性详细规划 修建性详细规划
镇域	镇域村镇体系规划	镇总体规划 近期建设规划	控制性详细规划 修建性详细规划
村域	县域乡村建设总体规划 县域村庄布点规划 县域人居环境整治规划	村庄规划	村庄建设规划 村庄整治规划

1.3.2 村镇总体规划的特点

尽管村、镇两级规划的范畴有所差别，但村镇（总体）规划经常一同出现，这是因为它们有许多共同的特点，这些特点主要有：

（1）基层性

村、镇是我国行政区划体系的基层组织，村镇体系是最基本的居民点空间体系。村镇（总体）规划是我国规划体系中最基层的规划类型，长期以来，两者之间并没有明显的界限，且经常交叉，大部分情况下，镇（总体）规划包括了村（总体）规划的内容。而 2005 年社会主义新农村建设工作开展以前，村（总体）规划很少大规模编制，仅在一些开发建设需求比较旺盛的城中村、旅游民俗村、文化名村中编制有较为详细的规划。

（2）民主性

村是我国实行民主自治的重要体现，民主参与、自治管理在村镇（总体）规划中有重要意义，是我国村镇（总体）规划编制工作中的重点和难点。

（3）社会性

由于村、镇的基层性是维护社会稳定的基础，因此村镇（总体）规划有保障人民群众利益、维护社会稳定的作用。

（4）地方性

我国地域辽阔，村、镇数量众多，不同地区各具地方特色，在村镇（总体）规划编制过程中，对地方特色进行挖掘，因地制宜地制定符合地方特色的规划是村镇（总体）规划编制的重要准则。

（5）生态性

随着我国大力推进生态文明建设，村、镇建设成为其中的重要内容和基础保障，在村镇（总体）规划编制中，如何突出生态文明，提高生态意识，实现美丽乡村、特色小镇建设，是当前我国城乡建设的重要任务和目标。

1.3.3 村镇总体规划的主要类型

村镇总体规划一般包括镇域（村域）和镇区（村庄）两个部分。在乡镇层面，总体规划参照城市总体规划，相对比较规范，镇域、镇区两部分内容统一纳入到镇总体规划的编制中。但在村层面则相对混乱，主要因为名目众多，且不同地区具有不同的地方特色。一般来说，村域规划的部分内容在县、镇、村层面均有涉及。在县层面，如县域乡村建设总体规划、县域人居环境整治规划、县域村庄布点规划等；在镇层面纳入总体规划的村镇体系规划之中；在村层面则是作为村庄规划区域分析内容的一部分。主要的规划类型包括：

（1）镇总体规划

镇总体规划包括镇域体系规划和镇区总体规划两部分。其中镇域体系规划包括对镇域整体发展目标和规模的确定，对镇域范围内人口、产业、交通道路、通信、能源等公共基础设施等的布局。镇区总体规划则主要针对镇区，包括对人口、用地规模的预测，用地方向选择，用地布局，基础设施、公共服务设施的布局等内容。

（2）村庄布点规划

村庄布点规划一般针对城市、镇总体规划确定的建设用地范围以外区域的村庄，进行整体布局安排，一般在县域层面开展。其任务是落实中心村布点，明确自然村数量，并分配到乡（镇）。内容包括村庄体系规划、村庄布点规划、村庄设施规划等。

（3）县域乡村建设总体规划

2016 年住房和城乡建设部开展了县（市）域乡村建设规划试点工作，县域乡村建设总体规划定位为城市总体规划的专项规划。主要是针对当前村庄层面规划相对混乱和缺乏从区域层面对乡村建设进行指导的问题。其作用主要有两个方面：一是承上启下，对城市总体规划等上位规划确定的乡村地区发展的目标路径、城镇村体系安排、设施配置标准和产业引导等内容进行优化、深化、细化，补充县域乡村发展的其他相关内容，指导乡镇总体规划和村庄规划的编制。二是指导实施，农村地区面广量大，像城镇建成区那样编制不同层面的规划来指导建设难度较大，因此县域乡村建设总体规划除对乡村地区的发展进行全面指导外，还需在乡村建筑与环境风貌特色塑造、交通及市政基础设施的建设与改造、绿化环境建设等方面起到指导实施的作用。

（4）村庄规划

村庄规划的主要内容是确定村庄发展的性质、规模和发展方向，以及对村庄交通、供水、供电、邮电、商业、绿化等生产和生活服务设施的配置。推动落实社会主义新农村"生产发展、生活富裕、乡风文明、村容整洁、管理民主"的建设目标。

思考题

1. 社会主义新农村建设的意义和发展历程是什么？
2. 城乡统筹的主要内容及其对村镇规划的要求是什么？
3. 什么是新型城镇化？
4. 生态文明建设对村镇规划有什么新的要求？

5. 村、镇的概念辨析。

6. 村镇体系的定义和内容。

7. 村镇总体规划在城乡规划体系中的地位。

8. 村镇总体规划有什么特点？

9. 村镇总体规划包括哪些主要类型？

第 2 章
村镇总体规划的理论

2.1 村（镇）域空间分析理论

2.1.1 中心地理论

1. 背景

1933 年德国城市地理学家沃尔特·克里斯泰勒（W. Christaller）在对德国南部城镇调查研究的基础上，出版了《德国南部的中心地》，阐释了区域发展的中心地等级规模、职能类型与人口的关系，构建了中心地空间系统模型，并以此为基础建立了中心地理论。

中心地理论旨在揭示区域发展中决定城市数量、规模以及分布的规律。克里斯泰勒通过对德国南部中心城市及中心聚落的实证调查研究，发现区域发展存在着不同等级的中心，中心地的形成是同类事物集聚效应、商品服务辐射效应、交通区位等因素相互作用的结果。集聚是事物在一定发展阶段中的重要特征，区域集聚的结果是形成区域结节中心，即区域中心地。中心地的实质是依托其提供的中心商品而形成的商品服务基地，是区域的发展中心。中心地所辐射的区域范围被称为市场区，市场区的规模大小由中心地所提供的商品服务等级决定，因此中心地也存在着不同的等级。中心地的等级规模，还适用于人口规模、主导产业产值、地均 GDP 等方面的探讨。

一般在区域发展中，中心地会呈现出多等级、多层次的特征，由此产生不同等级中心地的组织问题。不同等级的中心，根据比例和功能控制关系，构成一个数量等级体系，其出发点是确定出最高等级中心地的组织，然后再确定次一级中心地的组织，由高至低，自上而下。克里斯泰勒提出了三类最基本的等级体系，即按市场原则、交通原则以及行政原则构成的中心地等级体系。在现实中，这三种原则对城市等级和体系的形成起到综合作用。一般而言，在经济开放、交通方便的地域，市场原则是主要的；而在山间盆地，相对封闭的区域，则主要是行政原则；对于新开发地区和发展中国家，交通线是开发的关键，交通原则更为重要。

2. 内容

（1）假设条件和基本概念

克里斯泰勒的中心地理论建立在理想条件之上，其基本特征是均质区域，即有一个统一的交通面。此后该理论又引入生产者和消费者都属于经济行为合理的人的假设条件，这一假设条件的补充对中心地六边形网络图形的形成具有重要的推动作用。中心地理论的核心概念有：

① 中心地

指向生活在它周边（特别是农村地区）的居民提供产品和服务的地方。

② 中心地职能

指在中心地内生产的货物与提供的服务。中心货物和服务是分等级的，即较高（低）级别中心地生产较高（低）级别的中心货物或提供较高（低）级别的服务。

③ 中心性

一个地点的中心性可以理解为一个地点对它周围地区相对意义的总和。

④ 服务范围

克里斯泰勒认为，中心地提供各种商品和服务的范围是一个变量。范围的上限是消费者愿意去一个中心地得到货物或服务的最远距离，超过这一距离他便可能去另一个相对较近的中心地。

（2）理论模型

克里斯泰勒认为，市场原则、交通原则和行政原则支配中心地体系的形成。中心地在不同原则支配下，呈现不同的结构网络。而且中心地和市场区大小的等级顺序有着严格的规定，即按照 K 值（一定等级中心地会对下一等级中心地产生影响，这个影响量用 K 值描述）排列成有规则的、严密的系列（图2-1）。

① 市场原则

按照市场原则，低一级的中心地应位于由三个高一级中心地所形成的等边三角形中央，从而最有利于低一级中心地与高一级中心地展开竞争，由此形成 $K=3$ 的系统。

这样，在 $K=3$ 的系统内，不同规模中心地出现的等级序列是：

1，2，6，18，…

② 交通原则

和 $K=3$ 的系统比较，在交通原则支配下的六边形网络方向被改变。六个低一级中心地位于高一级中心地市场区边界的中点，所以它的腹地被分割成两部分，分属两个较高级中心地腹地内。而对较高级的中心地来说，除包含一个次级中心地的完整市场区外，还包括六个次级中心地市场区的一半，即包括四个次级市场区，由此形成 $K=4$ 的系统。类似于 $K=3$ 的系统，由于高级中心地也有低级中心地的功能，在 $K=4$ 的系统内，中心地数量的等级序列是：

1，3，12，48，…

③ 行政原则

在 $K=3$ 和 $K=4$ 的系统内，除高一级中心地自身所辖的一个次级辖区是完整的，其余的次级辖区都是被割裂的，因而不便于行政管理。为此，克里斯泰勒提出按行政原则

组织的 $K=7$ 的系统。在 $K=7$ 的系统中，六边形的规模被扩大，使周围六个次级中心地完全处于高级中心地的管辖之下，使行政隶属关系和供应关系的界限完全一致。

根据行政原则形成的中心地体系，每一个高级中心地配有七个低级中心地，任何等级的中心地数目为较高等级中心地数目的七倍（最高等级除外），即：

1，6，42，294，…

克里斯泰勒认为，在开放、便于通行的地区，以市场经济原则为主；在山间盆地等客观上与外界隔绝的地区，以行政管理原则为主；在成立时间较短的国家与新开发的地区，交通线对移民来讲是"先锋性"的工作，以交通原则为主。克里斯泰勒总结在三个原则共同作用下，一个地区或国家应形成如下城市等级体系：A 级城市 1 个，B 级城市 2 个，C 级城市 6 至 12 个，D 级城市 42 至 54 个，E 级城市 118 个。

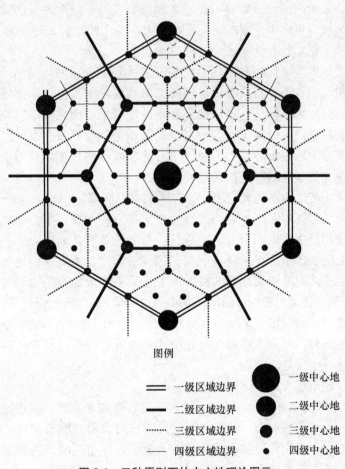

图例

══ 一级区域边界　　　●　一级中心地

━━ 二级区域边界　　　●　二级中心地

⋯⋯ 三级区域边界　　　•　三级中心地

── 四级区域边界　　　·　四级中心地

图 2-1　三种原则下的中心地理论图示

3. 发展演变历程

克里斯泰勒的中心地理论提出后，在德国经济学者廖什出版的《区位经济学》中，将中心地理论的地域框架扩大并应用到产业市场区位方面。第二次世界大战后，中心地理论盛行于欧美各国，比较有成就的学者是嘎里逊、贝里、哈格特、戴西、普赖德等人。同时，在西方和第三世界国家的规划中，中心地理论得到了大量的实践应用。如荷兰须德海围海造陆后，曾以中心地理论模式规划了上千平方千米内的居民点和交通网；西德、加纳、以色列的城镇规划中，也成功地运用了这一学说。当然，它作为一种社会、经济的地理空间分布理论，相比其作为一种规划方法，具有更为深远的意义。

4. 未来方向和趋势

（1）宏观：全球城市网络形成

全球城市网络的形成是新时期世界城市发展最为重要的成果，也是新世纪中心地系统组织最重要的形式。20世纪80年代之前，由于城市间的跨国经济联系受到政治疆域的约束，无法形成全球范围的城市体系。随着冷战结束，世界各地迎来了一种全新的经济格局，影响范围超越国界的国际性城市不断涌现，真正具有全球意义的世界城市也开始出现，城市内部的分布进一步扩大到城市之外，城市发展的动力源泉不仅仅源于城市周边区域，更取决于城市纳入全球城市体系中的位置，传统意义上的"中心-外围"结构发生了根本性变化。

以城市为主体的各级别中心地均不同程度地受到了全球城市网络的影响，特别是经济外向性突出的中心地，不论级别与规模都不再仅仅担当提供本区域商品与服务中心的地位，而转向世界性市场。不同级别和不同区域中心地之间的联络更加紧密，将中心地系统原有的单向反馈系统转变成复杂的多回路网络系统。因此，对于中心地结构的研究，尤其是全球城市体系中的顶级中心地和新经济快速增长的新兴城市，必须纳入经济全球化和信息化的时代背景之中。

有学者认为，传统中心地理论用于研究国家内部区域（state-inner-region）城市空间结构非常有效，但并不适用于解释全球城市化的空间问题。中心地理论在全球城市网络系统中的应用至少要做四个方面的修正：①需要补充新的中心地等级；②由于全球化和资本主义的生产系统正从制造业向知识经济转变，所以中心地职能体系应纳入新的职能；③由于决定城市间联系的根本因素从过去的毗邻腹地变为现在的"广域城市流"，即城市的"腹地世界"（hinterworld，这里所说的"腹地世界"，不同于通常所指的城市周边腹地，而是指一座城市与世界其他城市的联系），因此，中心地理论须纳入"城市流"的研究内容；④针对全球化时代的专业化分工，须重新审视和评估城市在原有中心地体系中所处的位置。

（2）中观：城市带、群、链迅速聚合

自20世纪中叶，地理学者提出"城市带"的概念以来，这一城市发展现象逐步被认可和推广，城市带、城市群、城市链等现代城市组织形式遍布全球。城市群作为一种高级的空间形态，其变化受到全球化的有力驱动，城市空间结构将不可避免地在经济全球化进程的冲击下进行重构。

改革开放以来，伴随着社会经济的迅速发展与变革，我国在城市化过程中逐步形成了多层次的城市关联系统，特别是京津冀、长三角、珠三角三大国家级城市群，在东南沿海形成了沿海城镇带的初步框架。其他区域性城市群更是遍布各个城市密集区域，这些多层次的城市关联系统的迅速聚合是当前城市发展的一个重要特征，在不同尺度上与经济空间、人口空间等地域结构相关联，反映了宏观经济发展的空间格局。

（3）微观：底层中心地组织重构

如果把视野缩小到局部地区，以中心村、集镇、镇、县城等为主的底层中心地系统的组织结构正发生着明显变革。伴随着我国工业化进程的快速推进，广大县域地区的非农化将底层中心地系统不同程度地纳入到生产供应体系之中。一个突出的表现就是最基层的中心地明显萎缩，中心地等级上升，集聚与跃迁效应是其组织重构的主要机制。可以预见的是，随着我国工业化和城市化进程的进一步发展，农村生产和生活方式的影响力将逐渐减弱，高度网络化系统将在我国底层中心地建立。

5. 对村镇规划的指导借鉴意义

（1）中心地理论的思想首先突出了各级中心地的中心地位，这表明在村镇规划编制过程中，应注重积极培育村镇发展的各级空间增长点。

（2）中心地理论蕴含区域城镇体系的基本思想，这体现了规划在强调等级结构的同时，也应高度重视区域的整体性。村镇规划也必须有整体观念，做到统筹安排，统一布局，同时注意协调各村镇间的关系。

（3）道路交通、电力电信、给水排水等基础设施管网的形成与完善对于整个村镇体系的顺畅交流起着至关重要的作用，它是实现中心地区域条件均质化的重要前提。为使各级中心地充分发挥服务中心的职能作用，村镇规划必须高度重视基础设施管网的建设。

2.1.2 增长极理论

1. 背景

二战结束后，西方经济学界关于战后的重建方式有过一场激烈的论战，主题是"区域经济是否继续走均衡发展之路"。在此过程中，受约瑟夫·熊彼特（J. A. Schumpeter）等人发展经济学思想的影响，法国经济学家弗朗索瓦·佩鲁（F. Perroux）结合古典区位论、系统论、控制论、信息论以及耗散结构论等理论方法，归纳提出了"发展可以导致物质与能量远离平衡位置的亚稳定状态"的论断。随后在 1950 年，佩鲁将其主要观点发表在《经济空间：理论与应用》中，首次打破了新古典传统中关于经济均衡发展的思路，支持非均衡发展理论，并提出了增长极（growth pole）的概念。

2. 内容

增长极理论认为：经济增长不是同时出现在所有部门，而是首先集中出现在那些具有创新能力的行业和主导产业部门中，这些行业和主导产业部门被称为发动型产业（即增长极），并通过不同的渠道向外扩散并带动其他相关产业的发展，最终促进整个经济的发展。布代维尔（J. Boudeville）进一步将这种经济变量上的增长极运用到地理空间上，他认为发动型产业非均衡出现在特定地理位置的城镇中，这些城镇即地理意义上的增长极；同时他也主张选择特定的地理空间作为增长极，以带动经济发展。增长极要求具有一定的区位条件，它是空间的一个极化点，在主导产业链的影响推动下，带动周边产业的发展。由于增长极理论概念简单明了，易于理解和分析，对社会发展的具体过程描述更为准确和真实，同时注重创新和提高社会生产效率，因此被许多国家和地区用来解决不同区域发展和规划问题。对于村镇体系规划来讲，增长极理论也具有重大的作用。为了促进增长极的形成，应致力于发展推进型企业和以推进型企业为主导的产业综合体。推进型企业和产业综合体通过技术创新活动，促进和带动区域经济的迅速增长。

3. 发展演变历程

（1）增长极意义上的地理空间

1957 年，法国经济学家布代维尔在其论著《区域经济规划问题》中提出了"增长中心"，将其引入地理空间概念并展开论述，从地理意义上补充和发展了佩鲁的"经济空间"。布代维尔的主要观点是：经济空间是经济变量在地理空间上的运用，其经济空间不仅包含了佩鲁所提出的经济变量间的结构关系，还涵盖了经济现象的区位关系以及地域空间关系。在理论的应用中，布代维尔还提出"应该在城市区域中配置不断扩大的工业综合体，然后在其影响范围内引导经济活动进一步发展"，以此思路来引导经济结构关系的发展，刺激经济空间的进一步扩张。

布代维尔以增长极理论为基础，跳出了佩鲁单纯围绕产业关系的论述，将理论的研究方向转向受经济影响的地理空间关系上，充分肯定了经济空间的地理意义，拓展了增长极的研究范围和发展思路。此外，在理论应用上，布代维尔提出以空间集聚的形式组织经济活动比分散组织更为有效，且更有益于规模经济的发展，这是对增长极理论应用的重要发展和延伸。

（2）增长极效应中的动态演进

1957 年瑞典学者缪尔达尔（G. Myrdal）在其代表作《经济理论与不发达地区》中提出"地理上的二元经济"（geographical dual economy），认为"空间经济的增长并不会产生或发生均质扩散，而是首先起源于具备优势条件的区域，通过不断累积优势因素，拉大与其他区域之间的发展差距，进一步加剧经济空间发展的非均衡性"。同时他还强调"市场的力量并非如传统平衡发展理论所说的那样缩小差距，而是倾向于扩大区域差异"。因此，发展条件较好的地域会在规模经济与集聚经济共同推动下，依托市场的内部力量变得更加强大，并产生持续的、高效的、不断累积的加速增长。此外，缪尔达尔还运用"循环累积因果关系论"来解释地理空间上二元经济产生的原因及解决方法。他认为，欠发达区域在经济发展的初级阶段，政府应采取一定的政策手段刺激发展条件较好的地区优先发展，以整体效率为导向，获得较高的投资回报及较快的经济增长。然后，再通过后期的政策激励等手段带动欠发达地区的发展，最终实现缩小区域差异的整体目标。

另外，区域经济学家弗农（R. Vernon）等将"生命循环论"引入区域经济学，提出"产业梯度推移理论"。他们认为，伴随着时间的推移，生命周期的阶段也会逐渐发生变化，主要的生产活动会沿着城市系统在时空上发生层级推移，将发展的趋势从高梯度地区过渡到低梯度地区。在区域的经济系统中，存在极化效应、扩展效应以及回流效应，三种力量交替或同时发生着作用。极化效应促使生产活动向具有优势的高梯度地区集中，产生扩大梯度差异的趋势；而扩展效应通过刺激低梯度地区的发展，产生缩小梯度差异的趋势；与此同时，回流效应遏制了低梯度区域的发展，梯度差异趋向扩大。"产业梯度推移理论"从动态演进的角度解释了增长极的作用规律。

总的来说，缪尔达尔的"循环累积因果关系论"不仅继承了佩鲁增长极理论的基本思想，且强调了"政策"的宏观引导，在一定程度上弥补了增长极理论的应用缺陷，对于欠发达地区的经济发展具有指导意义。而"产业梯度推移理论"的研究重点在于总结客观存在的现象和趋势，并没有特殊的政策倾向，在这个意义上，该理论的客观性更值得肯定。

4. 未来方向和趋势

（1）新经济地理理论

1977 年迪克西特与斯蒂格利茨（Dixit and Stiglitz）发表的《垄断竞争与最优产品的多样性》成为新经济地理理论和新贸易理论诞生的标志。1991 年，克鲁格曼（Krugman）借鉴迪克西特与斯蒂格利茨的垄断竞争假设，引入不完全竞争市场条件下的规模报酬递增模型、区域跑道模型和动态多区域模型，将空间因素和区域经济理论纳入到主流经济学的理论研究体系之中。其分析结果表明：规模经济、运输成本和制造业在国民收入中的比重都会对增长极的形成产生重要影响。1996 年，瓦尔兹（Walz）的研究认为，产业和部门的空间集聚所带来生产率的持久增长以及技术等要素的溢出效应是区域经济增长极形成的主要原因，区域经济一体化也会导致生产和创新的进一步集中。

（2）孵化器理论

孵化器理论又称为创新中心理论，它是部分经济学者在研究高新技术开发区政策时对传统增长极理论进行研究所产生的。他们认为传统的增长极理论过于看重外在推动力量的影响，进而促使区域之间的经济差距拉大，他们认为这在国民经济整体布局下是不可取的。孵化器理论则更加注重新企业特别是小企业的产生和发展，他们认为培育新企业和小企业发展是推动新兴区域发展的主要动力，因为这些小企业和新企业更具有创新活力，对推动地区经济的发展具有很大的潜力。他们认为，政府可以通过创立小企业创业服务中心、提供相应的公共服务和部分优惠政策等措施来创造小企业、孵化新企业，进而减少小企业和新企业创业的风险和成本，促进小企业和新企业的不断成长，进而推动整个地区的发展。

（3）"粘胶效应"理论

"粘胶效应"的主要目的在于防止增长极的资金、企业和人才外流导致产业结构"空心化"。它可以衍生为四种类型的黏性区域，一种是意大利式工业区，主要产业形态源于意大利东北部以及美国的硅谷地区。这些区域内的企业通常为中小型企业，企业之间合作较为频繁，而且这些企业的创新能力和吸收就业能力都较强，加上特有的地区文化特征和高效率的行政，地区企业之间的黏度较强。第二种是舵轮式工业区，产业形态主要分布于韩国的釜山、美国的西雅图（如波音飞机城）以及底特律（如福特汽车城），这种产业形态的特点在于少数大型企业发挥着该地区经济轴的作用，从而形成"粘胶效应"。第三种是国家拉动式工业区，这种形态黏性产生的原动力来源于国家（主要为国家投资兴建的设施，如军事基地以及国有企业）和非盈利性机构（如公有学校等）。第四种是卫星式工业平台区，其形态特点是企业的总部并不在该区域，而决定这些企业"粘胶效应"强弱程度的并不是企业，而是当地政府对该地区基础设施的规划以及政策导向，如相关的税收减免项目以及招商项目。

（4）本地化发展理论

增长极战略在一定程度上强调了生产活动的本地化。20 世纪 70 年代末 80 年代初，生产系统逐渐趋向于从垂直一体化转向垂直分离化，大量的企业越加频繁地将本企业的部分业务或产品进行外购而并非以本企业包干的方式生产。这就需要企业在制定决策过程中在两方面关系中做出权衡，一方面是降低交易成本与运输成本的本地联系（也就是区域内部企业之间的联系）和降低直接生产成本的非本地联系（即区域内企业和区域外企业之间的联系）；另一方面是规模经济（即企业生产规模的大小）与范围经济（即企业生产产品的集中度和广泛度）的关系。与此同时，也需要促进地区的专业化产业集聚，以实现企业之间的外部范围经济，从而形成合作与竞争并存的小企业网络或者区域生产综合体。此外，区域内部的企业还应该重视与当地供应商、客户、高校、科研机构、政府等的联系与合作。这就是格拉诺维特（M. Granovetter）所阐述的扎根式（embeddedness）或本地化发展战略。

（5）新区域主义

20世纪80年代末90年代初，随着北美自由贸易区和欧盟的先后建立，新区域主义开始逐渐取代传统的旧区域主义，而新经济地理理论即为新区域主义的理论基础。埃思尔（Ethier）总结其特征如下：鼓励不同国家和地区广泛而自由地开展区域间贸易以及多边贸易，转轨国家以及发展中国家都应该摒弃闭关自守和反对市场经济的相关政策，制定实施积极融入国际贸易体系的市场经济政策；企业的区位、区域经济的增长方式以及增长极的选择标准也应该随之发生改变。迪克西特（Dixit）、斯蒂格利茨（Stiglitz）、克鲁格曼（Krugman）、马丁（Martin）、伯格曼（Bergman）和沃纳伯斯（Venables）、伊顿（Eaton）和考图姆（Kortum）等也为此作出了新贡献。

（6）新产业空间理论

新产业空间理论是由奥勒曼斯（L. Oerlemans）、米厄斯（M. Meeus）、斯科特（Scott）和哈里森（Harrison）等人于20世纪末所提出，这一理论是对传统意义上的外部经济、集聚经济以及增长极理论的新发展。他们发现以技术创新为主要特点的高科技产业更容易出现高度的空间聚集，这些新型企业集聚所形成的新产业空间与传统的集聚经济又有所区别，即前者更能表现出信息、社会或知识经济社会的特质，即产业聚集的目的在于减少交易费用，进而逐渐从外部规模经济向外部范围经济延伸。产业聚集的形成既产生于一般的产业联系，又与产业的地方化网络联系有关，例如，由此产生的新型转包关系和企业之间的面对面接触。相对于劳动成本而言，这种新型的高科技产业聚集机制对劳动的质量与效率有更高的要求，一个地区只有拥有大量高技术和高效率的劳动力，这个地区的创新环境才能更优越，也才更有可能促进这种类型的产业有效聚集和相应协同作用的进一步发挥。

5. 对村镇规划的指导借鉴意义

增长极理论是区域开发中非均衡开发理论的一个典型理论。它强调的是据点开发、集中开发、集中投资、重点建设、集聚发展、政府干预、注重扩散等，展现出更广泛的应用性。增长极理论强调经济结构的优化，着重发展推动型工业，强调经济地域空间结构的优化，以发展中心带动整个区域。就单个村镇增长极而言，产业空间的不断优化升级不能忽视生活空间的跟进速度。因此，在实现"点""线"增长的同时，要提高城镇整体生活质量，把握好旧区更新、新区建设、工业园区等"点极化"的重心，通过交通、信息两种网络的不断完善，将极化效应所产生的影响尽快扩散到新划入的镇区范围。同时带动周边村庄建设，做好"点-线-面"的全面发展。

对小城镇增长极的培育，是从宏观城镇体系入手，发展有条件的村镇作为重点对象，由"点-线-面"层层推进，使整个城镇网络联动，让先发展起来的村镇增长极形成引导机制，也为村镇的未来发展提供后备资源。而从单体村镇增长极方面论述，是指村镇优化完善自身条件，充分利用自身优势，避免冒进，注重产业发展，由产业发展引发的各种效应通过规划和建设逐步完善，使产业空间和生活空间同步发展。

2.1.3 核心-边缘理论

1. 背景

1958 年德裔美籍发展经济学家赫希曼（A. O. Hirschman）在其著作《经济发展战略》中提出"发展是一连串非均衡的链条"的命题。他的基本观点是：经济进步不会同时出现在所有地方，但是它一旦出现，强有力的因素必然使经济增长集中于发源地附近的区域。在此观点的基础上，他还指出"一个经济系统要发展到更高水平，首先必须要发展其内部的一个或几个增长中心。在系统的发展过程中，某些'增长点'或'发展极'的出现表明了系统增长的非平衡性，这些现象是增长本身不可避免的发展条件和必然趋势"。根据赫希曼的主要思路，经济不平衡增长是区域发展的必经过程。核心区通过涓滴效应，吸引贫困边缘区发展的生产要素不断流入，进一步拉大区域间发展差距，这是核心-边缘理论的主要观点。

核心-边缘理论源于增长极理论，赫希曼首先将空间度量引进到增长极的概念中，他指出经济发展不会同时出现在每一地区，但是，一旦经济在某一地区得到发展，形成主导工业（master industry，即在区域经济中起主导作用的工业）或发动型工业（即能带动城市和区域经济发展的工业部门）时，则该地区就必然产生一种强大的力量使经济发展进一步集中在该地区，该地区必然成为核心区域（core region），而每一个核心区均有一个影响区（zone of influence），约翰·弗里德曼（John Friedmann）称这种影响区为边缘区（peripheral region）。弗里德曼根据对委内瑞拉区域发展演变特征的研究，以及依据缪尔达尔和赫希曼等人有关区域间经济增长和相互传递的理论，出版了他的学术著作《区域发展政策》一书，系统地阐述了核心-边缘的理论模式。该理论提出后受到区域经济学家、区域规划师及决策者的广泛重视，认为这不仅是区域发展分析的理论基础，而且是促进区域经济发展的政策工具。

2. 内容

约翰·弗里德曼长期研究发展中国家的空间发展规划，并提出了核心-边缘理论（也称核心-外围理论）。弗里德曼认为任何一个国家或地区都是由核心区域和边缘区域组成的，边缘区域由核心与外围的关系来确定范围，而核心区域是由一个城市或城市集群及其周围地区所组成的。该理论试图解释一个区域如何由互不关联、孤立发展变成彼此联系、发展不平衡，又由极不平衡发展成相互关联且平衡发展的区域系统。弗里德曼划分的区域类型有以下几种：

（1）核心区域。核心区域通常是指那些有发达工业、先进技术、资本集中、人口密集、经济增长速度快、对区域发展贡献大的城市或城市集聚区。

（2）边缘区域。边缘区域指国内经济较为落后的区域。它又可分为两类：过渡区域和资源前沿区域。过渡区域分别是：①上过渡区域，指连接两个或两个以上区域核心的发展走廊，处于核心区的外围并与核心区有一定的经济联系，通过核心区域的影响，经济发展与就业机会均呈上升趋势，以集约资源与区域经济增长为主要特征。该区域有形成新城市、附属或次级中心的可能性。②下过渡区域，指社会经济特征处于停滞或衰落向下发展状态的过渡区。这类区域可能曾经达到过中小城市发展水平，现阶段由于资源消耗、产业老化、缺乏成长机制等原因使得经济处于停滞或衰退阶段，与核心区域的联系不紧密。③资源前沿区域，又称资源边疆区，一般地处偏远，但拥有丰富的资源，具备开发条件。该类区域有经济开发潜力，容易形成新的增长极，形成新的聚落与城镇，甚至在资源前沿的区域可形成次一级核心区域。核心区域与边缘区域会随着经济的发展而变化。

3. 发展演变历程

弗里德曼在学术著作《区域发展政策》一书中通过核心-边缘理论阐明一个区域如何由互不关联、孤立发展到发展不平衡，又由极不平衡发展，变成相互关联且平衡发展的区域系统。世界体系理论学者把核心-边缘理论延伸到国家层面，认为资本主义世界与区域结构相似，皆由中心、半边缘以及边缘地区组成。核心国家由于在资本主义世界体系中处于中心位置，依赖于半边缘与边缘地区的供养，才得以发展。世界体系的"动态性"允许各国向上流动或向下流动，有些边缘国家可能上升为半边缘国家，获得自身发展。由此，核心与边缘的空间尺度扩展到全球。美国学者伊曼纽尔·沃勒斯坦（Immanule Wallerstein）认为资本主义世界经济体的总体布局是"核心-边缘"格局。

4. 未来方向和趋势

近年来，地理学者的研究也认为世界体系是一个"极化"体系，世界体系的内部分异是由于劳动地域分工而形成的，空间格局是典型的"中心-半边缘-边缘"结构，其内部政治经济实体的竞争综合地表现为核心位置的争夺和防止被边缘化。

进入后工业化和信息化社会，一些学者认为全球将变成一个网络化均衡空间，而事实是，由多核心高增长城市构成的核心区和低增长边缘地带所共同组成的"核心-边缘"不平衡发展，这已经成为工业化乃至后工业化社会主要的经济、社会现象（Tyrel G. Moore，1994）。杨伟聪（1998）在研究经济全球化时代区域均衡和不平衡发展时发现，资本主义国家会通过不断安排新的发展机构和制定新的发展战略以保证对国际经济的最大垄断，从而使国际资本在某些关键地点的聚集更加容易。在新兴工业化国家和地区，20世纪90年代以来，新国际劳动地域分工以及"亚洲劳动地域分工"更强化了"核心-边缘"结构，尤其在较发达的城市地区和广大欠发达的乡村边缘地区，二元结构特征更为明显（Ng Meekam，1994）。核心区域在信息时代拥有边缘地带所无法比拟的"信息区位"优势，地域的"核心-边缘"效应更加突出。

5. 对村镇规划的指导借鉴意义

城市的中心可以分为：核心区、建成区、内边缘、外边缘、城市影响区以及农村腹地。这其中，内、外边缘就是我们所说的城乡边缘，主要包括从连续的城市建成区到尚未完成城市化的广大农村腹地之间的地区，村镇从城乡角度出发，被视为一个发展的边缘区，而在同等的村镇角度下，中心镇和村庄也构成"核心-边缘"的关系。

作为城市发展的边缘区，土地大部分为闲置用地或者农田，一部分规模相对较小的村庄拆除搬至新区之后，首先需要强化村镇规划的"龙头"作用，坚持先规划、后建设的原则。村镇规划的好坏，直接关系到城镇建设的格局。在抓好建成区规划管理工作的同时，一是应当重视村镇规划管理，使村镇建设真正做到有法可依，有章可循；二是加大执法力度，健全村镇规划管理机构。必须采取果断有力的行政手段，加强各有关部门的密切配合，增强基层管理人员的力量，改善工作环境，形成完整的管理监督网络，从组织上和制度上给予强有力的保障；三是抓好基础设施配套建设，改善村镇容貌。筹集基础设施和公用设施建设资金，改善村镇道路、供水、排水、路灯、通信、园林绿化、环境卫生、市政公共设施等方面的条件。加快工业小区建设，引导农村工业向建制镇城区集中，改变布局分散、效益低下、污染严重的状况。

2.1.4　点-轴开发理论

1. 背景

点-轴开发理论（点-轴理论）源于 20 世纪 60 年代德国学者维尔纳·桑巴特（W. Sombart）提出的生长轴理论。他认为空间极化不仅会出现在若干"点"上，随着连接各中心的重要"交通干线"，如铁路、公路、航道等的建设使人口流动和物资运输成本随之降低，从而形成新的有利区位；产业和人口也将沿交通干线发生新的集聚并产生新的居民点，最终形成相应的产业集聚带。根据这一规律，应该合理引导产业发展方向，梳理地域空间，促使极化效应与扩散效应沿着一定的方向连续发展，促使单个、静态的"点"发展成为特定空间内连续的量，形成"点-轴"发展态势。维尔纳·桑巴特等的生长轴理论将增长极的效应结果落实到了"点-线"组合的纵深层面上。此后我国学者陆大道在综合了中心地理论、增长极理论和生长轴理论后，于1984年系统阐述了点-轴开发理论。

2. 内容

点-轴开发理论中的"点"指一定地域范围内的各级结点（即各级城镇），这些结点都有各自的吸引范围。"轴"是联接"点"的线状基础设施束，包括交通干线、高压输电线、通信设施线路、供水线路等工程线路。点-轴开发理论将中心城市、交通干线、市场作用范围等统一在一个增长模式之中。在三者相互关系中，"点"居于主导地位，"轴"是多层次中心点间相互沟通联接的通道，而通过市场对资源要素的配置作用使"点与点"之间，"点与轴"之间发生联系。不同等级的城镇和轴线对周围区域具有不同的吸引力和凝聚力。点-轴开发理论强调"点"的开发，以及"点"与"点"之间"轴"的开发。在对某一区域开发的过程中，需要确定若干具备有利条件的线状基础设施轴线，对轴线地带中的若干"点"进行重点开发，对位于轴线和轴线直接吸引范围的资源予以优先开发。随着经济实力的不断增强，经济开发的注意力应越来越放在较低级别的发展轴和发展中心上。点-轴开发适应社会经济发展后必须在空间上集聚成"点"，发挥集聚效应的客观要求，充分发挥各级中心城市带动区域经济发展的功能。

点-轴开发理论的实践意义在于揭示了区域经济发展的不均衡性,可以通过"点与点"之间跳跃式的资源要素配置和轴带的功能,对整个区域经济发挥带动作用。因此,必须确定中心城市的等级体系,确定中心城市和生长轴的发展时序,逐步使开发重点转移并扩散。对于区域内村镇体系的研究,具有一定的启示和指导意义。基于这一理论,在进行村镇体系规划的具体工作中,找准各个"点",并注重"轴"的开发,力求生产力与线状基础设施之间形成最佳的空间结合。

3. 发展演变历程

点-轴开发理论问世之后,引起了学术界广泛的关注,并从点-轴开发理论的发展及其具体实践应用两方面进行了新的探索,深化和拓展了点-轴开发理论的内涵。

(1) 双核结构模式论

20 世纪末,陆玉麒教授在对皖赣沿江地区进行实证分析的基础上提炼出双核结构的空间结构模式,随后又分别从定性和定量的角度对双核结构形成的机理进行了深入探讨。双核结构模式是指在某一区域内由区域中心城市和港口城市(海港城市、河港城市)及其连线所组成的一种空间结构现象,或是由区域中心城市与边缘城市(边境城市、边界城市)组合而成的一种空间结构现象。

现实中的发展轴必须要有起点和终点,端点城市的功能定位决定了相应的空间格局。从由区域中心城市和港口城市所组成的特殊发展轴出发,双核结构模式论可视为对点-轴开发理论的深化与拓展。

双核结构模式论与点-轴开发理论有着内在的逻辑联系,表现在:

① 两者都属于轴线理论,但侧重点不同。两者在形态上都以"点-轴"形式出现,但点-轴开发理论中,"轴"的重要程度高于"点",而双核结构模式论中"点"的重要性明显强于"轴",先有"点"再有"轴"。

② 点-轴开发理论中开发轴线是确定的,但端点城市并不明确;双核结构模式论所揭示的是某一区域内两个不同功能城市之间的空间耦合关系,开发轴线有严格的端点城市。

③ 双核结构模式论的适用范围一般仅限于有港口城市分布的地区,而点-轴开发理论的适用范围则相对宽泛。我国国土开发的一级轴线由沿海与沿江两大轴线组成,呈现"水轴"的特点,这为双核结构模式与点-轴开发理论的空间耦合创造了重要的现实条件。双核结构模式与"T"型空间开发模式的有效结合,对开发我国沿海和沿江地区具有重要的理论与实践价值。

双核结构模式论吸收了点-轴开发理论的核心思想,但在"点"的选择上更具科学性,在"轴"的配置上更注重效率,因而推动了点-轴开发理论研究的进一步发展。

(2) 轴线区域开发模式论

点-轴开发理论提出后,催生了一批轴线区域开发模式论,如"丫"字形模式论、"弗"字形模式论、"目"字形模式论、菱形模式论等。这些模式论都是在点-轴开发理论的基础上发展而来的,就其实质而言,均属于轴线式开发模式论。

在各种轴线式开发模式论中,菱形模式论最为典型。该理论的核心思想是:通过建立多个增长极,建立以水路、陆路交通干线为纽带的区域经济技术联系的经济空间,区域发展采用点跳跃模型,形成菱形网发展模式。具体而言,以上海、成都、重庆、广州、深圳、北京、天津、武汉为重点,发展我国在东西南北方向上四个区域增长极,形成菱形发展格局。菱形模式论与点-轴开发理论最大的区别在于它更加突出了核心城市增长极的集聚和扩散作用，但它们都属于轴线开发模式论。

（3）网络开发模式论

网络开发模式论是在点-轴开发理论的基础上，吸收增长极理论中的一些有益思想，进一步提出的一种系统性区域开发阶段论。网络开发模式论强调：处于不同发展阶段的不同类型区域应采取不同的区域开发方式与空间组织形式，落后地区宜采取增长极点开发模式，发展中地区宜采取点-轴开发模式，较发达地区宜采取网络开发模式；任何一个地区的开发总是最先从一些"点"开始，然后沿一定轴线在空间上延伸，"点与点"之间的经济联系及其相互作用，导致在空间上沿交通线联接成轴线，轴线的经纬交织形成经济网络。

网络开发模式论实际上是点-轴系统论的进一步发展，是该理论模式的一种表现形式，两者没有本质区别。总之，各种轴线区域开发模式论的提出，是运用点-轴开发理论结合现实国情思考的产物，一定程度上拓展了点-轴开发理论的外延。

4. 未来方向和趋势

作为区域发展理论，点-轴理论还较年轻。虽然该理论在我国的区域开发实践中已取得了巨大成效，但进一步发展完善的空间还很大，还有很多工作要做。

（1）发展轴端点城市的功能定位

现实中的发展轴，不是纯粹的无边际几何线。它是有起点和终点的，应当是两个端点城市及其连线所构成的一种区域空间结构。那么，在同一级发展轴上，各城市之间尤其是端点城市之间究竟是什么形式的空间结构关系，现有分析尚嫌不够。双核结构模式对由区域中心城市与港口城市所构成的发展轴进行了系统分析，可以看作是对点-轴开发理论的丰富和深化研究，但在除中心城市与港口城市之外的情况是否适用、机制如何还需做进一步的深入思考。

（2）点-轴空间结构系统的定量分析

在点-轴空间结构系统的定性方面，现有的研究已经对平面结构和演化过程等方面进行了比较完善的分析。但另外一个有待深入研究的领域就是点-轴开发理论的计算机建模问题。最理想的结果应该是能够在计算机上模拟出点-轴空间结构系统的生成和演变过程，从定量角度说明"点与点"之间、"点与轴"之间、"轴与轴"之间的相互关系。

（3）点-轴开发理论与其他理论的关系

目前的理论将点-轴开发理论定位为一种由"点"与"轴"共同构建的理论。然而作为一个新提出的理论，与其他既有理论之间（如中心地理论、核心-边缘理论）的关系需进行深刻的辨析。

（4）点-轴开发理论应用范围的拓展

迄今为止，点-轴开发理论的应用尚局限于我国的区域开发实践中。应该注意该理论在全球范围的适用性问题。更广范围的应用，不仅是丰富和完善点-轴开发理论的基本途径，也是进一步检验该理论科学性、合理性的主要手段。

5. 对村镇规划的指导借鉴意义

（1）对农村居民点的整治方向

村镇规划中的农村居民点可以往城镇化与集约化两个方向发展，农村居民点城镇化在空间上表现为城镇用地的扩展对近郊农村居民点的吸收与兼并，以及农村居民点通过迁村并点形式向城镇集中的过程。农村居民点集约化主要体现为空间上的相对集聚和功能上的相对优化，是指以村庄重组的形式整合农村居民点，促进农村居民点有序适度地向中心村或村落中心集中，实现村庄社会资源合理流动与优化配置的过程。当前，农村居民点集约化主要通过村庄内部改造与迁村并点的形式进行，农村居民点集约化过程既是空间布局上的优化过程，也是村庄社会文化的整合过程。通过促进集约用地，提升农村社区发展效率，从而获得较大的社会经济效益。村镇层次农村居民点整治应以基层村发展为基础、以中心村（镇）建设为导向，在合理的空间范围内进行重组与优化布局。

（2）对农村居民点的优化模式

根据前述农村居民点用地更新思路和布局优化方法，通过不同层次的属性关联和叠加分析，得到三种优化农村居民点布局的模式。

① 城镇化型

城镇化型是指通过城镇规划将城镇周边的农村居民点纳入到城镇发展体系中，完善配套设施，实现城乡统筹发展。该类型的农村居民点与城镇间的距离较近，与城镇之间的空间引力作用大，受城镇的辐射和影响较为明显。对于这类农村居民点，应在充分尊重农户意愿的基础上，采取镇改街、村改居或农转非的方式，调整土地产权，将其直接纳入城镇建设，通过居民点城镇化推动农户就业和保障体系城镇化。

② 迁村并点型

迁村并点型是指将地理环境较差与空间相对分散的农村居民点合并迁建至地理环境较好、基础设施较完善的区域，形成空间相对集聚、功能较齐全的新农村聚落。通过迁村并点有序推进零散农村居民点向村中心或中心村合并，完善配套基础设施，进而推进现代农业产业化、规模化经营。

③ 内部改造型

内部改造型是指在农村居民点现有布局的基础上，通过村庄规划挖潜内部潜力、改善布局，提高农村居民点集约节约用地水平。农村居民点城镇化和迁村并点范围之外的农村居民点，该类农村居民点用地整体适宜性和集聚度较高，但内部集约水平相对较低，整治搬迁难度较大。在农村居民点布局优化过程中，应将内部挖潜与外部控制相结合，注重对农户宅基地房前屋后空闲地的改造，加大内部空心村和一户多宅用地的整治，同时严格控制农村居民点外延式新建，切实提高农村居民点用地集约节约水平。

2.2 村镇规划布局理论

2.2.1 田园城市

1. 理论产生的时代背景

18 世纪后半叶，工业革命给以英国为代表的西方国家带来了快速城市化发展的同时也产生了一系列环境问题和社会问题。乡村人口不断向城市迁移，城市人口规模和用地规模急剧膨胀，城市向外无序蔓延，造成了城市的市政基础设施和公共服务设施负担加重，引发城市污染严重、人居环境恶化、用地条件紧张、大量贫民窟出现等一系列问题。另一方面，乡村变得越来越萧条，持续了几千年的农业文明在工业革命的冲击下不堪一击，城镇平衡状态被打破。

针对以上城市问题，1898 年英国人埃比尼泽·霍华德（Ebenezer Howard）在他的著作《明日：一条通向真正改革的和平道路》（Tomorrow：a Peaceful Path towards Real Reform）中提出了"田园城市"（garden city）理论，希望能找到一种"和平"且有针对性的方法来解决城市环境和社会问题。

2. 田园城市理论的主要内容

霍华德用"引力"的概念来分析和解决农村大量人口向城市集中，造成城市畸形发展和乡村停滞、衰退的社会问题，他认为：不论过去和现在，使人口向城市集中的原因，都可以归咎为"引力"。霍华德反对把工业与农业，城市和乡村之间相互割裂，他认为人们不应该只有城市生活和乡村生活这两种选择。于是霍华德提出了著名的"三磁铁"理论（图 2-2），指出城市应当与乡村结合，从而创造出兼具城乡共同优点的新社会形态。

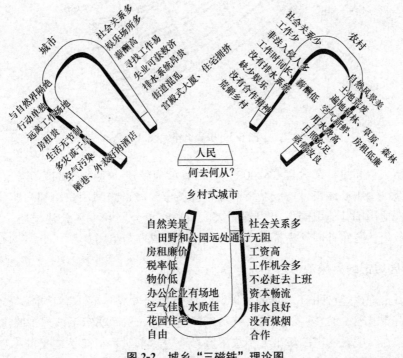

图 2-2　城乡"三磁铁"理论图

"三磁铁"理论认为促使人们从乡村向城市集聚的原因是城市物质生活的吸引，而乡村只有优美的田园风光可以吸引城市居民。所以，霍华德提出了田园城市理论，他认为只有"城市＋田园"的方式才能将城市的优点和乡村优美的自然环境和谐地组织起来。霍华德不但提出了田园城市的理论，更为其理想城市绘制了草图（图 2-3）。在他所构想的理想城市模型中，田园城市应占地 6000 英亩（约 23.3km²），城市布置在中央，占地 1000 英亩（约 4.0km²），平面为圆形，居住人口 5000 人，四周由农田包围，居住 2000 人，农田即为保护城市的绿带，不能改变其用地性质。

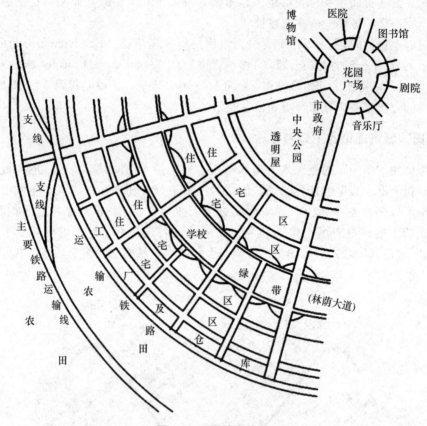

图 2-3　田园城市简图

当城市人口超过一定数目（32000 人）时，就应新建一座田园城市，若干个田园城市共同围绕一个中心城市，构成城市群即社会城市。城市之间用铁路和高速公路相连。中心城市应比周围其他田园城市规模更大，中央布置公园和大型公建设施，从中心区通过 6 条放射性道路并向外为扩展，同时把城市分成 6 个组团。

3. 田园城市的思想观

田园城市理论经过 100 多年的发展，在城市规划学界长盛不衰，主要原因是它体现了一种尊重自然、城乡一体以及可持续发展的思想，从而奠定了该理论的重要地位。

霍华德在《明日的田园城市》中浓墨重彩地表达了对乡村自然之美的推崇和向往。田园城市一方面加强了对城市周边农田的保护，使城市居民始终能够方便地享受乡村所有的清新乐趣——田野、灌木、林地；另一方面，注重市政基础设施的生态化建设，通过建设中央公园、花园、绿地，以及在城内所有道路种植成行的行道树，在紧邻田野、公园和绿地的地方建设拥有美丽花园的住宅、学校等建筑，使住宅和公共建筑园林化。

霍华德为解决城市的"引力"大于乡村的"引力"、人口大规模向城市聚集的问题，通过乡村优美自然风光的"引力"去克服城市"引力"，使城市同时具备城市和乡村的双重优点，从根本上解决当时的城市问题。田园城市这种"城市和乡村的联姻"，实质上是城市和乡村的一体化，对当前我国村镇规划有重要的借鉴和指导意义。

2.2.2 卫星城镇

卫星城镇（satellite town）是指在大城市外围建立的既有良好完善居住环境和公共设施，又有充足就业机会的城镇，分布在大城市郊区或更外围区域，为分散中心城市（母城）的人口和工业而新建或扩建的具有相对独立性的城镇。因其围绕中心城市，并且像卫星一样分布，故取名为卫星城。建立这种城镇的目的是为了控制大城市的无限扩展，疏散过分集中的工业和人口，解决城市交通拥挤和住房紧张的状况。卫星城具有一定的独立性，但是其在经济、文化、行政管理以及政策实施上同它所依托的母城有较密切的联系，与母城保持一定的距离，一般以农田或绿带隔离，但有便捷的交通联系。

田园城市理论是卫星城镇理论的思想渊源。1915 年，美国学者泰勒（Graham Taylor）在他的著作《卫星城》中，首次正式提出并使用卫星城这一概念，他提出应在大城市郊区建立类似宇宙中卫星般的小城市，把工厂从大城市人口稠密的中心城区迁到卫星城镇中，以解决大城市因人口过密而带来的弊病。

自 20 世纪初英国创建卫星城以来，各国卫星城的建设可大体分为以人口郊区化为主要特征的第一代卫星城，以产业郊区化为特征的第二代卫星城，完全独立的卫星新城，和多中心开敞式的"带城"四个阶段。

卫星城镇理论对 20 世纪城市规划思想产生了深刻的影响，对现代城市规划思想有着重要的启蒙作用，对其后的城市分散主义（有机疏散理论）、新城建设运动和新城市主义思潮产生了相当大的影响，推动了城市规划学科和实践的发展。

2.2.3 新城理论

新城（new town）理论起源于英国人阿伯克龙比于 1940 年提出的大伦敦规划。"新城"一词首次出现在英国出台的《新城法》中。新城理论是针对卫星城发展成熟阶段提出的（主要指第三代卫星城），卫星城对中心城市的依赖性不断缩小，具有较强的独立性和聚集力。一般认为它们的居住与就业相互协调，具有与大城市相近似的文化福利设施配套，可以满足新城居民的就地工作和生活需要，从而形成一个职能健全的独立城市。各国规划中的新城一般具备三个基本特点：一是独立，与已有的城市中心区保持一定的距离，由绿带或开敞的农业空间环绕以明确界线；二是自足，能为居民提供良好的工作和生活条件，包括稳定和多样的就业机会、充足和适宜的住房、全面的社会服务；三是平衡，具有健全的产业基础、多元的社会构成和多样的土地利用类型。

进入 20 世纪 70 年代以来，新城的涵义也被赋予了新的内容。当代新城在西方发达国家主要表现出的特征为：一是更加注重人的精神生活，追求城市空间的内涵，以提高人居环境质量和环境的适宜性为主要目标；二是城市规划依然处在传统新城模式的影响下。由于受现代信息技术发展越来越深入的影响并注入新的元素，城市规模不再过于严格控制，具有较大的增长弹性；新城多选址于更能适应现代社会需求的地点，有可能在较短时期内迅速发展成为与现有城市相抗衡的反磁力中心城市，并成为带动地区经济增长、振兴地区经济发展的新增长点；在力求工作与居住平衡的过程中，不再过分强调综合化和自足性，而是更重视个性与特色；三是更注重城市的生态环境，着眼于可持续发展的层面，强调人与生物、环境、土地等各种资源的长期和谐发展。该理论强调了新城的相对独立性，基本上是一定区域内的中心城市。作为城镇体系的一部分，与母体城市互动的同时也为周边地区提供服务，对涌入大城市的人口发挥拦截效应。

2.2.4 有机疏散理论

1917年芬兰建筑师伊利尔·沙里宁（Eliel Saarinen）针对大城市过分膨胀带来的各种弊病，提出了有机疏散（organic decentralization）理论。有机疏散理论最早出现在1913年爱沙尼亚的大塔林市和1918年芬兰大赫尔辛基市的规划方案中，而整个理论体系及原理在沙里宁1943年出版的巨著《城市：它的发展、衰败与未来》中得到集中反映。有机疏散理论并不是一个具体的或技术性的指导方案，而是对城市发展带有哲理性的思考。有机疏散理论认为：重工业和轻工业都应该从城市中心疏散出去，腾出的大片用地可以用于增加绿地，以及为那些必须在城市中心地区工作的技术人员、行政管理人员、商业人员提供良好的生活场所，让他们就近享受家庭生活，而且原本拥挤在城市中心地区的许多家庭也应疏散到更适合居住的新区中去。日常生活领域中很大一部分设施，也将随着有机疏散远离拥挤的城市中心，城市中心的人口密度将显著降低。

有机疏散理论与卫星城理论有相似的研究目的，都注重解决城市过度扩张带来的一系列问题。该理论中提出的有机疏散，为卫星城发展过程中需将人口、产业等从中心城转移、疏散到卫星城提供了理论基础。有机疏散理论强调的是城市与城市之间相互协作和共同成长的关系，它把新的城市增长点看作一种自然过程，这也体现着有机疏散理论倡导城市自然发展，不应该人为加速或抑制。在发展卫星城的过程中，中心城区应适度发展，政府将卫星城镇的发展纳入规划，以便更好地实现区域均衡化发展。

2.2.5 生态城镇理论

生态城镇概念来源于20世纪70年代联合国教科文组织发起的"人与生物圈（MAB）"计划。但生态城镇规划思想源远流长，古罗马建筑师威特鲁威在《建筑十书》中提出城市的选址、形态和布局受城市周边环境因素的影响，《管子·乘马篇》提出"高勿近阜，而水用足，低勿近水，而沟防省"，这些具有朴素特性的生态城镇规划思想，体现了人类对自然环境的尊重、利用和妥协，一方面城镇建设往往将自然生态要素引入其中，另一方面城镇建设也常受自然环境的制约。

当代生态城镇规划思想源自西方近现代的生态规划研究。霍华德的田园城市成为当代生态城镇探索的标志。它促使人们开始关注城市生活条件，注重改善城市环境质量。之后，诸多学者从区域与城镇的发展关系、城镇的空间布局与形态、人与自然的相互作用关系等角度研究了城镇发展与生态环境的相互关系，为生态城镇概念的提出奠定了基石。

1971 年联合国教科文组织在"人与生物圈（MAB）"计划中正式提出生态城镇概念。1975 年，理查德·吉斯特（Richard Gist）（美国）成立了城市生态组织，为世界各国生态城镇的建设奠定了坚实基础。1980 年，可持续发展思想被国际自然保护联盟正式提出，1992 年联合国大会（巴西里约热内卢）确定可持续发展为全球发展战略，可持续理念与生态城镇理念相互促进，这种综合的生态城镇观为后来生态城镇的建设提供了有力的理论支撑。自 1990 年第一届国际生态城镇大会成功举办以来，极大地推动了全球生态城镇的建设。这一时期，戴维·恩奎斯特的《走向生态城市》以及城市生态组织提出的"生态城镇建设十原则"等都有力地推动了生态城镇的发展。

生态城镇概念是在人类文明不断发展，特别是城镇发展过程中人类在处理城镇建设与生态环境保护时，人类对人与自然关系认识的不断升华中提出来的。它集中体现了人类对人与自然关系更深刻的认识，即人类活动的集聚区（城镇）建设必须与区域自然环境实现健康、协调及可持续的发展。同时，它也指出了城镇发展所处的阶段和自然环境不同，生态城镇规划所面临的问题也不尽相同，需要以更加积极、灵活的策略开展生态城镇的规划工作。

生态城镇的建设涉及产业结构和产业发展方式的转变。它坚持整体优化、全面协调、循环再生的基本原则，要求人们运用生态学规律统筹规划城镇地域，注重可再生能源的利用，大力推进节能减排和生态保护工作，旨在构建人与环境间高效和谐的生态关系。生态城市的建立，可避免资源过度开发利用，保持人类活动在环境承载力范围内，形成良好的生态格局，是实现人与自然和谐共处的基本条件，也是构建生态文明社会的重要前提。

2.3　国外村镇规划的实践

2.3.1　英国村镇发展规划建设

1. 背景

20 世纪以来，面对大城市市区人口激增所带来的用地紧张、住房匮乏、交通拥堵、社区设施和基础设施超负荷运转、居住环境恶化等多重压力，在大城市周边地区建设新市镇或居民区，以减轻市区人口和就业压力，成为许多大都市空间扩散的重要策略。英国遵循"自给自足"和"均衡发展"两个原则建设新市镇，旨在把新城镇建设成为相对独立的卫星城镇，使居民安居乐业，同时缓解市中心区在住宅、交通和就业等方面的压力，避免城市的恶性膨胀。同时"乡村的发展与保护"是战后英国农村规划政策的核心内容。其中，"乡村中心居民点规划政策"（key settlement policy）对推动乡村地区更新和发展有着巨大的作用。

2. 内容

（1）乡村中心居民点建设

主要目标是通过建设乡村中心居民点，推行紧凑型居民点规划模式，对选定为中心居民点的原乡村居民点实施填充式开发，建设完善的基础设施和公共服务设施，并改善乡村住宅。该行动主要有三个步骤：一是确立长期的村庄更新目标，将现存乡村居民点分类为发展型、静止型和衰落型，并制定不同的规划政策分别引导；二是逐步把大部分乡村人口迁移到城镇中，同时在较大的村庄中建设完善的基础设施和公共服务设施，提高乡村居民的生活标准；三是利用规划手段控制住宅、生产建筑的无序建设，降低政府对乡村基础设施和公共设施的投资管理成本（表2-1）。经过多年实践，这项以公共服务的规模经济效益为导向的乡村居民点规划工作，改善了乡村地区的人居环境，提高了乡村公共服务水平，但也造成了农民出行时间增加、部分地区丧失乡村特征等问题。

表 2-1　英国乡村居民点规划分类引导

村庄类型	主要特征	引导政策
发展型村庄	可能成为增长点的村庄，通常在城镇附近，农业生产不是居民的主要收入来源	允许采取扩张方式进行乡村更新
静止型村庄	增长潜力不大的村庄	通过规划限制其发展
衰落型村庄	完全没有发展潜力的村庄	规划上不允许其发展

（2）可持续发展的村镇人居环境整治

小城镇和村庄人居环境综合整治是村镇可持续发展的重要内容。英国可持续发展的村镇规划强调以下措施：从空气、水、土壤等自然资源及交通能源、建筑能源、生物多样性、生态循环等方面考察村镇社区的发展状况；强化地方社区的独立性和综合功能，如保证村镇居民的就业和基本社会服务尽可能在当地得到满足，强调公共场所使用的多样性、道路使用的多功能性；采用人群的混合居住、土地与空间的混合使用，促进村镇功能的混合，以便为不同的社会阶层提供多种出行方式、住宅、工作机会、服务及开放空间；动员各方面力量参与村镇社区的设计与决策。此外，还将节能、污水处理与循环利用、可再生建筑材料、有机农产品、生物多样性等技术广泛应用于村镇发展之中。

2.3.2　德国乡村更新规划

1. 背景

20世纪初期至70年代，德国由农业社会向工业社会转型，乡村也随之发生了深刻的变革，由此开展了乡村更新规划。

2. 历程

在此过程中，德国村庄更新的主要内容是，支持村庄基础设施和公共服务设施的改善。但由于该阶段的公共补贴多用于街道扩建和建筑拆除，造成了众多传统村落历史肌理和遗存的丧失。为了改变这一状况，20 世纪 80 年代，德国开展了"我们的乡村应更美丽"的规划行动，以保持乡村特色和实现村庄自我更新为规划目标，对乡村形态和自然环境、聚落结构和建筑风格、内部和外部交通等进行合理规划与建设。20 世纪 90 年代以来，德国乡村更新规划更注重乡村地区的整体发展并推动乡村居民一同参与。

2.3.3 法国乡村整治规划与分区规划

1. 背景

法国城市化的进程晚于英、德两国。第二次世界大战后，法国乡村人口约占一半。在战后 30 年经济、社会快速发展的时期（1945 年至 70 年代石油危机前后，称为"光荣 30 年"），法国基本实现了工业化、城市化和农业现代化，其人口就业结构和空间分布发生了巨大变化。但同时，法国也是一个历史悠久的农业大国，法国大革命后确立的小农经济模式在法国实行了近一个世纪，第二次世界大战后，法国的工业和服务业进入快速发展期，吸引了大量农业劳动力从乡村迁入城市，从事第二、三产业。到 1975 年，法国经济总量中第二、三产业的比重已由战后初期的 80% 左右增长到 95%。长期以来，与其他西欧国家相比，法国农村人口向城市迁移具有规模小、速度慢、持续时间长的特点。

2. 历程

20 世纪 60 年代初期，法国主要通过在广大乡村地区建设新城来吸引人气，疏解大城市压力的同时，带动周边乡村的建设发展。这一阶段法国的振兴农业农村政策使法国乡村社区重获新生。20 世纪 70 年代后期到 80 年代初期，乡村人口的数量不再呈下降趋势。在此背景下，法国启动了"乡村整治规划"，旨在进一步推动乡村经济发展，优化乡村设施及保护乡村空间。80 年代以后，在欧洲农业担保基金（FEOGA）资助下，法国政府针对发展较落后地区的乡村启动了乡村发展规划和设施优化规划，乡村人口开始逐步回升。90 年代中期，当法国城镇化率达到 80% 左右时，政府颁布了《空间规划和发展法》，设立"乡村复兴规划区"的区划类型，基于分区规划，推行以减税奖励为核心的新乡村复兴政策。2005 年又颁布了《乡村开发法案》，对被规划为"优秀乡村中心"的市镇提供发展资助，进一步促进当地经济发展（表 2-2）。

表 2-2　法国现行乡村划分与地区政策

政策名称	政策对象	政策实质
优秀乡村中心政策	被划定为"优秀乡村中心"的市镇	提供发展资助，促进当地经济发展
乡村复兴区政策	被划定为"乡村复兴区"的市镇	为遭遇人口密度过低，社会经济结构转型等特殊困难的乡村地区的手工业、分销贸易、制造、研究、设计和工程等领域的创业活动提供长期税收优惠
大区自然公园政策	被划定为"大区自然公园"的市镇	为拥有丰富自然和文化遗产，但均衡发展相对脆弱的地区提供资助

2.3.4 日本造村运动和村镇综合建设规划

1. 背景

20世纪50年代至70年代，经济高速增长时期的日本，工人与农民的收入与城乡之间存在较大差距，导致传统乡村社会迅速崩溃，农村空心化问题严重。为了促进农村发展，日本政府先后发起了三次新农村建设运动。

2. 历程

第一次在1956年，主要通过加大村庄建设资金扶持力度以整治零散土地、促进公共设施建设来推进农村基本建设与环境改善。但由于没有将村庄建设与产业发展结合起来，乡村地区没有造血功能，最终未能有效化解农村衰败的问题。第二次启动于1967年，在"经济社会发展计划"中，将新农村建设置于推进农业及农村现代化的核心位置，加大投资推进基础设施建设。同时提出"把农村建成具有魅力的舒畅生活空间"的目标，通过保护农村自然环境和村庄整治来推进公共服务设施建设并改善农村生活质量。第三次始于20世纪70年代末，以重新振兴农村为目标，鼓励农村自发发展。这一期间，影响最大的是"一村一品"运动。在政府引导和扶持下，鼓励农村居民自主参与，保护乡村自然生态和文化生态，突出乡村空间特色，利用市区经济开发乡村旅游。为引导村镇的可持续发展，20世纪90年代起日本实施了"村镇综合建设示范工程"（表2-3）。村镇综合建设规划包括村镇综合建设构想、具体建设计划、地区行动计划等内容，还需要编制村镇综合建设实施规划，进一步明确工程实施地区范围、建设目标、施工计划实施主体、实施费用、费用负担方式、预定设施管理单位和方式、资金计划。规划编制时，要求通过民意调查，设立由居民代表和专家等组成的委员会，召开村落居民座谈会三种方式来听取居民的意见，居民的深入参与对建设和后期管理都发挥了积极的作用。随着示范工程的不断推进，综合建设规划的主旨思想相应进行了多次调整，以适应不同时期的发展要求。

表2-3　日本村镇综合建设规划主旨思想的演变

时期	主旨思想
第一阶段（1956—1966年）	缩小城乡生活环境设施建设的差距
第二阶段（1967—1969年）	建设具有地域特色的农村定居社会
第三阶段（1970—90年代初）	鼓励村民参与，建设自立而又具有特色的区域
第四阶段（20世纪90年代起至今）	利用地区资源，挖掘农村的潜力提高生活舒适性

2.3.5 韩国新村运动

1. 背景

韩国的新村运动是一次全国性的社会运动，引起了国际社会的高度重视，通过政府强有力的领导和居民自主的参与，引领国民精神和国家经济实现了跨越式的发展。

20 世纪 50 年代至 60 年代韩国政府持续在乡村地区开展基础设施建设和扶持工作，力图改善农村面貌，并开展了持续 10 年的社区发展运动，意图重建被朝鲜战争破坏的农村地区。虽然这些举措成效不佳，但为后来的新村运动提供了丰富的经验。

2. 历程

1961 年经过两个"五年经济发展计划"后，以出口导向型和劳动密集型的经济发展取得了巨大的成功，韩国的经济基础得以强化。但是，20 世纪 60 年代末期，由于国际经济的不景气，韩国出现产能过剩，产生了扩大内需的要求。

20 世纪 70 年代，韩国针对城乡矛盾加剧、工农业发展失衡等问题发起了以"勤勉、自立和互助"精神为核心的新村运动，目标是推动农业的转型及农村的现代化。新村运动的初始阶段，韩国政府从农民需求出发，着重于改善农村公共环境，无偿提供近 20 种环境建设项目的费用与物资，如修筑河堤、桥梁、村级公路等基础设施，改善饮水条件和住房等生活设施。新村运动开始后的第一年，韩国 3.5 万个村庄中，超过 1.4 万个村庄加入新村运动，取得显著成效。

至 20 世纪 70 年代末，在示范村庄的影响下，农民主动改善村庄的意愿大大增强，政府以少量的财政投入实现了普遍改善村庄环境的目标。随后，新村运动偏重优化农村的居住环境和提高农民的生活质量，如修建村民会馆、自来水设施、生产公用设施、新建住房和发展多种经营等。此后新村运动将关注的重点转移到乡村社区自我管理能力的建设上。通过不断的努力，韩国乡村人居环境得到极大改善，农民收入和农业现代化水平得到质的飞跃，农民文化素质也随之大大提高。

2.3.6　启示

启示一：推动乡村发展是缩小城乡差距的主要手段。在国家和地区城镇化、现代化进程中，尤其是发展到一定阶段后，普遍更为重视乡村发展和城乡协调发展，强调通过振兴乡村和农业来解决城乡发展带来的收入差距和城市过密等问题。

启示二：农村人居环境和基础设施条件的改善是乡村规划的首要执行任务。发达国家和地区的乡村规划建设普遍经历了从单一目标向多元目标的综合转变，包括基础设施建设、人居环境改善、文化保护复兴、乡村产业振兴以及制度建设安排等。其中，改善乡村居住环境和基础设施条件是第一步工作。在此基础上，进一步推动经济、文化、社会等的复兴，促进乡村成为富有价值（经济价值、文化价值和生态价值）的空间，实现乡村建设从被动的局部改造到主动的全面特色塑造。

启示三：乡村规划和建设要注重规划和公共政策的引导支持，发挥村民主体的建设能动性，政府侧重于规划制定、财政支持、政策引领与先期示范，乡村的真正复兴需要依靠村民的主体意识和建设热情。

2.4 中国特色社会主义村镇规划实践

2.4.1 中心镇

长期以来，以推进大中城市发展和农村劳动力向城市转移为主要内容的传统城市化道路是我国解决城乡分割问题的重要手段。然而，实践证明，这一路径未能从根本上消融城乡二元结构，反而催生了诸如大城市病、农村空心化以及资源要素与环境制约等新问题。在经济社会发展的新阶段，国家迫切需要转变城乡发展的理念、观念与机制，需要在城市和乡村之间找到一个实现两者融合发展的节点与载体，加速打破城乡界线，推进城乡一体化。21世纪以来，我国一些地区（如广东省、浙江省）的实践已经证明，中心镇是新型城镇化的生长点，是工业化与现代化同步发展的突破点，是城乡基础设施建设和公共服务均等化发展的着力点。

为加快中心镇的改革发展，除了一般性地通过政策创新和引导，推进中心镇的人口集聚、产业集中、要素集约和功能集成外，政府等相关主体要从中心镇自身发展水平以及其推进城乡一体化发展的阶段性特征出发，根据发展阶段和水平制定和出台差异化的中心镇改革发展措施，有选择、有区别地推进以中心镇为战略性节点的城乡一体化进程。其次，考虑到中心镇推进城乡一体化的空间模式，各区、县（市）政府要对各自范围内的中心镇进行分类，并制定出有利于城乡一体化的中心镇发展要素保障、财力支持、税收减免、科技创新、教育改善等方面的扶持政策，最大限度地支持各自产业发展的平台和城镇功能的建设与完善。例如，对于工业区推动下的中心镇建设，政府应先将中心镇和小城市建设项目列入重点工程建设项目，新项目均应加入规划的工业园区，以吸引全市工业项目逐步转移至工业园区。中心镇能否取得实效，很大程度上取决于中心镇体制机制改革能否得到切实推进，从而在城市与农村经济改革之间生长出一片改革创新的新阵地。

经过改革开放30多年的快速发展，广东省已进入工业化中期阶段，已经具备工业反哺农业的基本条件，在中心镇的发展建设方面取得了令人瞩目的成绩。2003年，广东省建设厅组织编制的《广东省中心镇规划指引》，公布了270个中心镇名单，明确了中心镇规划建设的技术准则、成果要求和审批程序，并提出了符合区域协调发展的村镇调整、撤并方案。《广东省中心镇规划指引》的实施解决了广东省长期以来存在的规划标准不明确、建设要求不严格的弊病，有效地提高了中心镇的建设质量和对周边农村经济的辐射能力。目前，广东省中心镇的建设已取得较大进展，有100多个中心镇被列为全国重点镇，整体经济收入总量较大，基础设施建设取得良好成效，大大带动了周边小城镇的建设发展。

2.4.2 历史文化名镇名村

历史文化名镇名村真实地记录了不同地域和民族聚落的形成和演变的历史过程，其传统建筑风貌、优秀建筑艺术、传统民俗民风和原始空间形态具有很高的研究和利用价值，是我国历史文化遗产的重要组成部分。近年来，我国的历史文化遗产保护得到了长足的进步，国家已制定了一系列相关法律、法规，并陆续公布了三批国家历史文化名镇名村。现阶段，各级政府为贯彻中央新农村建设的要求正在积极进行乡镇建设，出现了新一轮的新农村建设高潮，但建设中建筑趋同成为一种常见问题。为避免建设性的破坏对历史文化名镇名村的文化传承与发展造成巨大冲击，必须深入研究历史文化名镇名村的历史文化特色，制定切合实际的规划方案，在城镇建设中创造具有特色的村镇格局，突出民族性、地域性和地方特色，并引导、鼓励、扶持基层自主实施。

随着《中华人民共和国城乡规划法》的实施，城乡规划作为城乡建设的龙头，越来越受到人们的关注和重视，目前有相当多的地区已开展镇、村一级的总体规划编制。为了有机延续村镇历史及风貌的发展，必须在城乡规划的制定和实施中，全面了解该镇、村的历史文化价值及其存在方式，综合利用现代手段和技术编制历史文化遗产资源保护规划，提升它们的特征值，实现历史文化村镇的可持续发展。

2011 年 11 月广东省住房和城乡建设厅制定完成《广东省名镇名村示范村建设规划编制指引（试行）》，全面拉开了建设全省名镇、名村、示范村的序幕，指导制定了各地建设规划编制的详细计划，完成编制任务，为各地提供参照指引，创新建设规划编制思路，提高编制的建设规划品质，指导各地加大规划审批力度，加强监督名镇、名村、示范村规划的实施工作。

2.4.3　特色小镇

国家"十三五"规划提出加快发展中小城市和特色镇，因地制宜发展特色鲜明、产城融合、充满魅力的小城镇。2016 年 7 月，《住房城乡建设部、国家发展改革委、财政部关于开展特色小镇培育工作的通知》进一步提出，到 2020 年全国培育 1000 个左右各具特色、富有活力的休闲旅游、商贸物流、现代制造、教育科技、传统文化、美丽宜居的特色小镇，约占全国建制镇的 5％。特色小镇是产业特色鲜明、人文气息浓厚、生态环境优美、兼具旅游与社区功能的空间载体，是"产、城、人、文"四位一体有机结合的重要功能平台。特色小镇的发展与建设是全国"十三五"时期实施新型城镇化的重要任务，是新常态下推进供给侧结构性改革、加快经济转型升级、增强区域发展新动能的重要战略举措。

特色小镇是新型城镇化阶段小城镇建设的最新实践，是专业镇新的发展。国家发展改革委《关于加快美丽特色小（城）镇建设的指导意见》（发改规划〔2016〕2125号）对特色小（城）镇的形态、产业发展和行政区划进行了阐述：特色小（城）镇包括特色小镇、小城镇两种形态。特色小镇主要指聚焦特色产业和新兴产业，集聚发展要素，不同于行政建制镇和产业园区的创新创业平台。特色小城镇是指以传统行政区划为单元特色产业鲜明、具有一定人口和经济规模的建制镇。特色小镇和小城镇相得益彰、互为支撑。发展美丽特色小（城）镇是推进供给侧结构性改革的重要平台，是深入推进新型城镇化的重要抓手，有利于推动经济转型升级和发展动能转换，有利于促进大中小城市和小城镇协调发展，有利于充分发挥城镇化对新农村建设的辐射带动作用。指导意见着重强调产业特色，给予特色小镇空间发展更多的灵活性，特色小镇既可以包含整个镇域，也可以是镇区或集镇。

建设特色小镇是小城镇发展的重要方向。小城镇能承接大城市的二三产业转移，为农村剩余劳动力提供就业岗位，也能利用自然生态资源发展都市旅游观光等服务业，提高农民的收入水平。可以说，小城镇是城市和乡村联系的纽带，是推进城镇化的重要载体。但是，目前我国传统的农村工业化模式因其固有的弊端而逐渐衰落；大中城市的集聚效应仍大于辐射效应，农村人口向大中城市流动的趋势仍将持续。此外，我国小城镇的发展建设长期缺乏对自然和历史文化的保护，在面对发展与保护的问题时，建设者往往重视眼前的利益，小城镇各种的历史遗存、古村落等一批物质遗产成为拆迁对象，乡村景观、区域生态环境遭受破坏，造成小城镇建设"千镇一面"的窘境。在这种背景下，国家强调要通过规划引导、市场运作，培育专业特色镇。产业上"特而强"、功能上"聚而合"、形态上"精而美"、制度上"活而新"的特色小镇成为今后小城镇发展的重要选择。

2.4.4 社会主义新农村

党的十六届五中全会指出："建设社会主义新农村是我国现代化进程中的重大历史任务。要遵循'生产发展、生活宽裕、乡风文明、村容整洁、管理民主'的要求，坚持从各地实际出发，尊重农民意愿，扎实稳步推进新农村建设"。社会主义新农村建设是实现科学发展、构建和谐社会的基础，是全面建设小康社会，推动国民经济发展的现实需要，是巩固党执政基础的必然要求，在新时代背景下有重要的历史和现实意义。

社会主义新农村建设是一个系统复杂的工程，村庄建设规划也是新农村建设的一个子系统，是新农村建设过程中必不可少的任务。对于新农村建设，中央提出了"生产发展，生活宽裕，乡风文明，村容整洁，管理民主"的要求。所谓新农村，是上述五个要求的全面实现，而不是单指某一方面，更不是指某一单项，这体现了全面发展的思想和要求。农村的全面发展，最深刻的是人的全面发展，这是蕴含在上述五个方面要求中更深刻的新农村内涵，是社会主义新农村建设的应有之义。目前，我国大部分农村建设缺乏规划指导，在一定程度上限制了新农村建设，因此科学合理的农村规划是新农村建设的关键，编制农村布局规划和新型社区建设，成为了新农村建设的首要问题。

新农村规划是为了实现一定时期内村庄的经济和社会发展目标，确定村庄性质、规模和发展方向，合理利用村庄土地，进行各项建设的综合部署和全面安排。新农村规划是建设村庄和管理村庄的基本依据，是确保村庄空间资源的有效配置和土地合理利用的前提和基础，是实现村庄经济和社会发展目标的重要手段之一。

新农村规划的主要任务体现在：从村庄的整体和长远利益出发，合理和有序地配置村庄空间资源；通过空间资源配置，提高村庄的运行效率，促进经济和社会的发展；确保村庄的经济和社会发展与生态环境相协调，增强村庄发展的可持续性；建立各种引导机制和控制规则，确保各项建设活动与村庄发展目标相一致。

2.4.5 美丽乡村

党的十八大报告把生态文明建设放在了突出地位，首次提出建设美丽中国的思想。美丽乡村建设是美丽中国建设的重要内容之一，是美丽中国的基点，其建设要按照"规划科学布局美、村容整洁环境美、创业增收生活美、乡风文明素质美"的要求，打造宜居、宜业、宜游的新型乡村，并纳入新型城镇化的战略框架，从而共筑美丽中国。由此，乡村建设再次被提到了国家战略高度，各地掀起了美丽乡村建设的新热潮。

美丽乡村建设以县为单位进行规划与建设，通过"县域层面的美丽乡村建设总体规划""分区层面的美丽乡村建设区块与段落规划""村庄层面的美丽乡村建设详细规划"层层落实，全面追求村庄的外在美（生态良好、环境优美、布局合理和设施完善）与内在美（产业发展、农民富裕、特色鲜明和社会和谐）。一方面，美丽乡村建设是新农村建设的典型范例，以往国内村庄规划编制与实施的研究成果为美丽乡村规划的开展奠定了较好的理论与实践基础；另一方面，美丽乡村建设又是新农村建设的升级版，更注重全域谋划、重点培育、连线（片）打造、产业支撑与设施配套，需要在现有村庄规划编制的积累上寻求创新。

美丽乡村规划作为非法定规划，是响应时代发展的新型规划，与其他规划类型有所不同，其自身附带有一定的特点和难点。

首先，美丽乡村规划是一个创新型规划，必须找准美丽乡村所面临的特殊问题，通过实施方法与路径创新、示范区建设提升农村环境面貌、提高农业生产条件和农民生活水平，为统筹城乡发展、打造美丽乡村建设探索新路径。同时也能为周边其他地区的未来发展做出示范和引领。在创新过程中，如何把握要点、找准特色，既能在现有的基础上有所突破，又要符合相关政策法规规范，是创新面临的首要问题。

其次，美丽乡村规划是一个整合规划，需要整合规划范围内主要的相关规划成果，包括区、街镇的总体规划、重点地段的控制性详细规划和城市设计、已经编制完成的村庄规划、土地综合整治规划、重要生态功能区保护规划、农业园区规划、农田水利规划、旅游规划、林业规划等各类专项规划。如何把整合规划与法定规划完美衔接，如何协调不同规划中的矛盾和冲突，如何抓住各类规划中的重要内容，是整合的难点所在。

第三，美丽乡村规划是行动型规划，具有极强的操作性，通过谋划、策划、规划、计划四大关键环节，必须满足国家、城市、区域等不同层次的战略需求，对具体项目实施改造时，通过明确项目名称、建设内容、责任单位、时间进度等方面的具体安排，将规划主要内容通过项目化运作迅速落实到一系列行动中，切实推动示范区的建设，并在尽可能短的时间内见到成效。作为行动型规划，如何协调近远期关系，保证近期建设项目和远景规划目标一致，如何保证项目的细化和落实，如何使具体项目在美丽乡村的框架下发挥最大作用，是行动规划的重要问题。

思考题

1. 传统村镇规划理论主要有哪些？
2. 中心地理论、增长极理论、核心-边缘理论和点-轴开发理论之间的关联。

3. 田园城市、卫星城镇、新城理论、有机疏散理论等村镇规划布局理论之间的关联。

4. 村镇规划理论与村镇规划实践之间的关系。

5. 为什么村镇规划大多形成于西方国家？

6. 不同国家之间的村镇规划实践有什么差异？

7. 我国村镇规划实践应如何与源自西方的村镇规划理论相结合？

8. 村镇规划理论有什么新的发展和思想？

9. 村镇规划理论的发展对我国村镇规划实践有什么影响与启示？

第3章
村镇总体规划的法规与政策

3.1 概念界定

学习和掌握村镇总体规划的法规与政策，首先需要理解法规与政策的相关概念，主要包括法律、行政法规、部门规章、地方法规、技术规范和标准以及政策等。

3.1.1 法律

法律是由国家机关制定，并由国家强制力保证实施的行为规则总和。它反映了统治阶级的意志，是保护、巩固和发展有利于统治阶级社会关系和社会秩序的工具。

法律有广义和狭义之分。广义的法律是指一切具有法律效力的规范性文件，包括宪法、法律、法令、行政法规、条例、习惯法等各类成文或不成文的规定，规划文件也属于广义的法律范畴。狭义的法律指的是拥有立法权的国家机关依照一定的程序制定和颁布的规范性文件，在我国拥有立法权的国家机关是全国人民代表大会及其常务委员会。我们通常使用的法律是狭义的法律。法律又分为基本法律和一般法律，基本法律是由全国人民代表大会制定和修改的，一般法律是由全国人民代表大会常务委员会制定和修改的。

法律具有以下几个基本特征：

（1）法律是一种特殊的行为规范。法律不同于社会约定俗成的行为规范，如习惯、道德、宗教、习俗、礼仪、经验等，这种规范依靠习惯和道德对人们进行约束，不具有强制性的特点。法律则是维护统治阶级的利益，实现国家的长治久安，是需要国家强制力来保证实施的特殊行为规范。

（2）法律是由国家制定和认可的。法律是由国家立法机关制定的，如人民代表大会，国家对既定法律予以承认和认可，并赋予法律效力。特定国家机关（如法院）对具体案件的裁决作出概括，产生规则或原则，并给予这种规则或原则以法律效力。

（3）法律是权利与义务的统一。确定和保障公民的基本权利与义务，是我国宪法的重要内容。我国宪法和法律规定，保护公民的人身权利、民主权利和合法权益，免受任何人、任何机关的非法侵犯。同时，宪法和法律又严格规定公民必须履行遵守宪法和法律、保守国家秘密、爱护公共财产、遵守劳动纪律、遵守公共秩序、尊重社会公德，以及服兵役、纳税等义务，这充分体现了权利与义务的统一。权利与义务二者相互统一不可分割，义务是权利的前提，权利人要享受权利必须履行义务；任何一项权利都必须伴随有对义务的保证。人既是权利主体又是义务主体，在承担义务的同时享受权利。

（4）法律是由国家强制力来保证实施的。国家强制力主要指军队、警察、法院、监狱等国家机器。法律的实施需要依靠军队、警察、法院和监狱等国家机器对违法犯罪行为进行惩处。

法律渊源即法的表现形式，其实质是法的效力等级问题。我国法律渊源的形式主要有：宪法、法律、行政法规、地方性行政法规、自治条例和单行条例、行政规章、特别行政区法以及国际条约等。宪法是我国的根本大法，具有最高的法律效力。法律是依据宪法的原则和规定制定的，其地位低于宪法，但高于其他的法律渊源。

我国实行人民代表大会制度，立法权属于人民代表大会及其常务委员会。法律是由全国人民代表大会及其常务委员会依法制定和颁布的。它们在维持社会关系、维护社会长治久安等方面发挥着重要的作用。

《中华人民共和国城乡规划法》（2015）是我国城乡规划领域的唯一法律，是用于规范城乡规划的编制、审批、实施等社会行为和关系的基本法律渊源。此外城乡规划领域还涉及其他相关领域的法律，其中主要有《土地管理法》（2004）、《文物保护法》（2017）、《城市房地产管理法》（2007）、《建筑法》（2011）、《环境保护法》（2015）、《环境影响评价法》（2016）、《物权法》（2007）、《测绘法》（2017）、《防震减灾法》（2008）、《消防法》（2009）、《森林法》（2016）等。

3.1.2 行政法规

行政法规指的是国家行政机关制定和发布的具有法律效力的规范性文件，通常以条例、章程、规定、命令、决定、办法、通告、通知等形式出现。行政法规是法律渊源之一，行政法规必须以宪法和法律为依据，不得违背宪法和法律，其法律效力低于宪法和法律。我国的行政法规是国务院根据宪法和法律，按照《行政法规制定程序条例》的规定而制定的各类法规的总称。

与村镇总体规划关系密切的行政法规目前主要有：《村庄和集镇规划建设管理条例》（1993）、《历史文化名城名镇名村保护条例》（2008）。此外，与村镇规划建设有关的行政法规还有，《风景名胜区条例》（2016）、《城市道路管理条例》（2017）、《基本农田保护条例》（2011）、《公共文化体育设施条例》（2003）、《城市绿化条例》（2011）、《自然保护区条例》（2011）、《信访条例》（2005）等。

3.1.3 部门规章

部门规章是中央政府各部（委）依据相关法律，在其职权范围内制定的办法、规定、实施细则、规则等规范性文件。国务院部门规章由部（委）报国务院备案，部门规章不得与宪法、法律和行政法规相违背，部门规章相互之间有矛盾的，由国务院予以撤销、改变或者责令改正。部门规章其效力次于宪法、法律和行政法规。我国主管城乡规划建设工作的中央部（委）是中华人民共和国住房和城乡建设部，村镇总体规划的部门规章主要有：《城市规划编制办法》（2006）、《城镇体系规划编制审批办法》（1994）、《建制镇规划建设管理办法》（2011）、《村镇规划编制办法》（建村〔2000〕36号）等。

3.1.4 地方法规

地方法规是地方国家机关在其职权范围内制定的规范性文件。地方法规由当地的省、直辖市政府机关在不违背宪法和法律的情况下，根据当地的经济、文化、政治等特点制定符合当地实际情况的规范性文件，用于规范地方经济、协调社会全面可持续发展。因而，地方法规既体现法律统一性的原则，又能因地制宜充分发挥地方的积极性。村镇规划建设是一项基层性的工作，各地的实际情况有很大差异，因而地方性法规是规范各地村镇规划建设的主要法律渊源。

目前，各省、直辖市和自治区的编制导则、编制指引、编制技术规定、建设管理条例、管理条例、管理办法等，在村镇规划建设方面发挥了积极作用。如《广东省中心镇规划指引》（粤建规字〔2003〕141号）、《广东省名镇名村示范村建设规划编制指引（试行）》（粤建村〔2011〕89号）、《陕西省乡村规划建设条例》（2009）、《江苏省村镇规划建设管理条例》（2004）、《河北省村镇规划建设管理条例》（2002）、《重庆市村镇规划建设管理条例》（2005）、《广东省农村扶贫开发条例》（2011）、《新时期相对贫困村定点扶贫工作方案》（粤扶组〔2016〕4号）等。

3.1.5 技术规范与标准

技术规范是有关单位和相关工作人员在生产活动中必须遵守和执行的内容，具有社会性和行业特性。不同的行业有不同的技术规范，有关单位和工作人员违反技术规范造成不良后果要承担相应的法律责任。技术标准则是根据1988年国务院颁布的《中华人民共和国标准化法》规定，工业产品、工业生产、工程建设、环境保护、重要的农产品以及其他需要制定标准的项目都必须制定标准。将标准划分为四级：国家标准〔又分为强制性国家标准（GB）或推荐性国家标准（GB/T）〕、行业标准（不同行业代号不同，如城镇建设类为CJ）、地方标准（DB）、企业标准（Q/）。国家标准由国务院标准化行政主管部门制定的。行业标准是在没有国家标准但又需要在行业内统一技术要求的情况下，由行业主管部门制定，报国务院标准化行政主管部门备案；行业标准在对应的国家标准公布之后即行废止。地方标准是在没有国家标准、行业标准规范的情况下，由省、自治区、直辖市标准化行政主管部门制定，并报国务院标准化行政主管部门和国务院有关行政主管部门备案；地方标准在对应的国家标准或行业标准公布之后即行废止。企业标准是在没有国家标准和行业标准规范的情况下，需要对企业范围内技术要求进行协调、统一的情况下，由企业制定，并由企业法人代表或法人代表授权的主管领导批准、发布。每个标准公布的时候均有统一的标准号，标准号大致由标准的代号、编号、发布年代三部分组成。

目前村镇规划建设的技术规范和标准性文件主要有《镇规划标准》（GB 50188—2007）、《村庄规划用地分类指南》（2014）、《城乡规划工程地质勘察规范》（CJJ 57—2012）、《镇（乡）村仓储用地规划规范》（CJJ/T 189—2014）、《村镇供水工程技术规范》（SL 310—2004）、《农村防火规范》（GB 50039—2010）、《城市规划基本术语标准》（GB/T 50280—1998）、《城市用地分类与规划建设用地标准》（GB 50137—2011）、《城乡用地评定标准》（CJJ 132—2009）等。

3.1.6 政策

政策是党或国家制定的行动纲领、方针和准则。政策是一个政党、一个国家为达到自己的政治、经济目的而采取的策略和手段，是一种行动的准则。政策是政党或国家意志的体现，因而它具有一定的制约性，要求人们严格服从和遵守。政策的特点主要有：首先，政策是作为政党或国家的领导、管理手段出现的。其次，政策是为达到一定的政治目的、经济目的而服务的。再次，政策的产生、发展和变化总是与该政党、国家的需要相一致的。

当前影响我国村镇规划建设的主要政策文件有：科学发展观、社会主义新农村、社会主义和谐社会、生态文明建设、城乡统筹等。除此之外，地方行政部门发布的政策文件也是我国村镇规划建设的重要依据。以海南省为例，《海口市琼山区云龙镇总体规划（2013—2030）》的政策依据还包括《国务院关于推进海南国际旅游岛建设发展的若干意见》（国发〔2009〕44 号）、《中共海口市委关于加快镇域经济发展的决定》（海发〔2012〕5 号文件）、《中共海口市委关于对云龙等镇实施计划单列试点的意见》（海发〔2012〕7 号文件）等。

3.2 村镇总体规划的相关法规政策体系

3.2.1 法律法规历史沿革

长期以来，我国偏重城市建设而忽视村镇建设，导致村镇建设整体上缺乏科学规划，村镇面貌破旧、基础设施落后、技术力量薄弱。改革开放后，村镇规划领域的相关法规条例相继出台，对推进和规范我国村镇规划建设起了积极作用。

1990 年施行的《中华人民共和国城市规划法》使城市规划立法工作有了一个质的飞跃。但《城市规划法》有其历史局限性，没有将村镇规划纳入规范范畴，没有设置针对村镇地区建设活动的条款，从制度框架上限制了村镇规划建设。在其后的十多年中，城市规划的模式被原封不动地照搬到村镇规划中，导致某些乡村规划未能体现农村特点，难以满足农民生产和生活需要，无序性建设和土地浪费现象严重。

随着我国现代化进程的加快，我国逐渐具备了工业反哺农业、城市支持农村的条件，村镇建设成为实现全面建设小康社会目标的难点和关键。为缓解村镇发展的资源、市场、体制制约，缩小日益扩大的城乡差距，实现共同富裕，新农村建设、新型城镇化等富有时代特色的村镇规划建设思想应运而生。

2005 年 10 月，党的十六届五中全会提出了建设社会主义新农村的重大历史任务，提出了以"生产发展、生活宽裕、乡风文明、村容整洁、管理民主"为内容的新农村建设战略，其目的是通过统筹城乡发展，缩小城乡差距，尽快改变农村经济和社会发展严重滞后的状况，建设社会主义新农村是与城市化相对应的战略。

2006 年《中共中央国务院关于推进社会主义新农村建设的若干意见》中明确了要重视加强村庄规划，为当前乡村建设用地管理指明发展方向，确立新农村建设中乡村建设用地管理转型与变革的基本原则，真正发挥规划的龙头和基础作用。

2007 年 10 月，第十届全国人民代表大会常务委员会第三十次会议通过了《中华人民共和国城乡规划法》（以下简称《城乡规划法》），该法是我国城乡规划法律体系中唯一的主干法，该法的颁布从顶层设计层面上对村镇规划建设给予了足够的重视；但由于全国经济发展不平衡、地区差距巨大的矛盾，《城乡规划法》只能提出原则性要求，而操作性的具体规定由地方政府在职权范围内进行制定和细化。该法于 2015 年 4 月进行了修订。

在村镇规划方面，《城乡规划法》体现了城乡规划的公共政策属性、注重城乡统筹发展、强调了对村民意愿的尊重，对形成城乡相互依托、协调发展、共同繁荣的新型城乡关系起到指导作用。

《城乡规划法》以立法方式将"乡规划"、"村庄规划"纳入了城乡规划的统一体系，而且将"乡规划"、"镇规划"和"村庄规划"分离，划分为独立的规划类型。

3.2.2 法律

《中华人民共和国城乡规划法》作为村镇规划的主干法，将"乡规划"、"村庄规划"纳入了城乡规划的统一体系。与村镇规划相关的法律还有 15 部，它们从不同领域为村镇规划的施行提供了法律保障（表 3-1）。

表 3-1 村镇规划相关的主要法律

名称	时间
《中华人民共和国城乡规划法》	2008 年 1 月 1 日施行
	2015 年 4 月 24 日修订
《中华人民共和国环境保护法》	1989 年 12 月 26 日施行
	2014 年 4 月 24 日修订
《中华人民共和国建筑法》	1998 年 3 月 1 日施行
	2011 年 4 月 22 日修订
《中华人民共和国农村土地承包法》	2003 年 3 月 1 日施行
《中华人民共和国土地管理法》	1986 年 6 月 25 日施行
	2004 年 8 月 28 日修订

续表

名称	时间
《中华人民共和国行政处罚法》	1996 年 10 月 1 日施行
	2017 年 9 月 1 日修订
《中华人民共和国行政复议法》	1999 年 4 月 29 日施行
《中华人民共和国文物保护法》	1982 年 11 月 19 日施行
	2017 年 11 月 4 日修订
《中华人民共和国农业法》	1993 年 7 月 2 日施行
	2012 年 12 月 28 日修订
《中华人民共和国行政许可法》	2004 年 7 月 1 日
《中华人民共和国可再生能源法》	2006 年 1 月 1 日施行
	2010 年 4 月 1 日修订
《中华人民共和国物权法》	2007 年 10 月 1 日施行
《中华人民共和国节约能源法》	1998 年 1 月 1 日施行
	2016 年 7 月 2 日修订
《中华人民共和国水污染防治法》	2017 年 6 月 27 日修订
《中华人民共和国防震减灾法》	1998 年 3 月 1 日施行
	2008 年 12 月 27 日修订

3.2.3　行政法规

《村庄和集镇规划建设管理条例》作为与村镇总体规划相关的行政法规，对加强村庄、集镇的规划建设管理，改善村庄、集镇的生产、生活环境，促进农村经济和社会发展起到重要作用。此外，与村镇规划相关的行政法规还有另外九部（表 3-2）。

表 3-2　村镇规划相关的主要行政法规

名称	施行时间
《村庄和集镇规划建设管理条例》	1993 年 11 月 1 日
《建设项目环境保护管理条例》	1998 年 11 月 29 日
《中华人民共和国土地管理法实施条例》	1999 年 1 月 1 日
《历史文化名城名镇名村保护条例》	2008 年 7 月 1 日
《民用建筑节能条例》	2008 年 10 月 1 日
《建设工程质量管理条例》	2000 年 1 月 30 日
《建设工程安全生产管理条例》	2004 年 2 月 1 日
《风景名胜区条例》	2006 年 12 月 1 日
《中华人民共和国行政复议法实施条例》	2007 年 8 月 1 日

3.2.4　技术标准与规范

1. 技术标准

与村镇总体规划相关的技术标准有《镇规划标准》《村庄规划用地分类指南》等七部（表3-3）。

表 3-3　村镇规划相关的主要技术标准

名称	施行时间	发布单位	文件号
《城乡规划基本术语标准》	1998 年	国家质量技术监督局、住房和城乡建设部	GB/T 50280—1998
《镇规划标准》	2007 年 5 月 1 日	住房和城乡建设部	GB 50188—2007
《村庄整治技术规范》	2008 年 8 月 1 日	住房和城乡建设部	GB 50445—2008
《城市用地分类与规划建设用地标准》	2012 年 2 月 1 日	住房和城乡建设部	GB 50137—2011
《村庄规划用地分类指南》	2014 年 7 月 11 日	住房和城乡建设部	—
《城市绿地分类标准》	2002 年 9 月 1 日	住房和城乡建设部	CJJ/T 85—2002
《防洪标准》	2015 年 5 月 1 日	住房和城乡建设部	GB 50201—2014

2. 相关规范

与村镇总体规划相关的技术规范有《城乡规划工程地质勘察规范》《城市居住区规划设计规范》等13部（表3-4）。

表 3-4　村镇规划相关的主要规范

名称	施行时间	文件号
《城乡规划工程地质勘察规范》	2013 年 3 月 1 日	CJJ 57—2012
《城市居住区规划设计规范（2002 年版）》	1994 年 2 月 1 日	GB 50180—1993
《城市道路绿化规划与设计规范》	1998 年 5 月 1 日	CJJ 75—1997
《城市道路交通规划设计规范》	1995 年 9 月 1 日	GB 50220—1995
《城市给水工程规划规范》	2017 年 4 月 1 日	GB 50282—2016
《城市工程管线综合规划规范》	2016 年 12 月 1 日	GB 50289—2016
《城乡建设用地竖向规划规范》	2016 年 8 月 1 日	CJJ 83—2016
《风景名胜区规划规范》	2000 年 1 月 1 日	GB 50298—1999
《城市排水工程规划规范》	2017 年 7 月 1 日	GB 50318—2017
《城市环境卫生设施规划规范》	2003 年 1 月 2 日	GB 50337—2003
《历史文化名城保护规划规范》	2005 年 10 月 1 日	GB 50357—2005
《城镇老年人设施规划规范》	2008 年 6 月 1 日	GB 50437—2007
《城市电力规划规范》	2015 年 5 月 1 日	GB/T 50293—2014

3.2.5 国家政策文件

2000 年以来，中共中央、国务院相继颁布了一系列政策指导城乡建设。其中与村镇总体规划相关的有《关于促进小城镇健康发展的若干意见》等（表 3-5）。

表 3-5 村镇规划相关的主要政策文件

名称	发布时间	发布单位	文件号
《关于促进小城镇健康发展的若干意见》	2000 年 6 月 13 日	中共中央、国务院	中发〔2000〕11 号
《关于促进农民增加收入若干政策的意见》	2003 年 12 月 31 日	中共中央、国务院	中发〔2004〕1 号
《关于进一步加强农村工作提高农业综合生产能力若干政策的意见》	2004 年 12 月 31 日	中共中央、国务院	中发〔2005〕1 号
《关于积极发展现代农业扎实推进社会主义新农村建设的若干意见》	2006 年 12 月 31 日	中共中央、国务院	中发〔2007〕1 号
《关于切实加强农业基础建设进一步促进农业发展农民增收的若干意见》	2007 年 12 月 31 日	中共中央、国务院	中发〔2008〕1 号
《关于推进农村改革发展若干重大问题的决定》	2008 年 10 月 12 日	中共中央	中发〔2008〕16 号
《关于 2009 年促进农业稳定发展农民持续增收的若干意见》	2008 年 12 月 31 日	中共中央、国务院	中发〔2009〕1 号
《关于开展美丽宜居小镇、美丽宜居村庄示范工作的通知》	2013 年 3 月 14 日	住房和城乡建设部	建村〔2013〕40 号
《关于切实加强中国传统村落保护的指导意见》	2014 年 4 月 5 日	住房和城乡建设部、文化部、国家文物局、财政部	建村〔2014〕61 号
《关于改革创新、全面有效推进乡村规划工作的指导意见》	2015 年 11 月 24 日	住房和城乡建设部	建村〔2015〕187 号
《关于推进开发性金融支持小城镇建设的通知》	2017 年 4 月 1 日	住房城乡建设部、国家开发银行	建村〔2017〕27 号
《关于加强城乡规划监督管理的通知》	2002 年 8 月 7 日	国务院	国发〔2002〕13 号
《关于深化改革严格土地管理的决定》	2004 年 10 月 21 日	国务院	国发〔2004〕28 号
《全国土地利用总体规划纲要（2006—2020 年）调整方案》	2016 年 6 月 23 日	国务院	——
《中国农村扶贫开发纲要 2011—2020 年》	2011 年 12 月 1 日	国务院	国发〔2011〕35 号
《关于开展特色小镇培育工作的通知》	2016 年 7 月 1 日	住房和城乡建设部、发改委和财政部	建村〔2016〕47 号
《关于加快美丽特色小（城）镇建设的指导意见》	2016 年 10 月 8 日	发改委	发改规划〔2016〕2125 号

3.3 村镇总体规划政策法规依据

村镇总体规划的编制是指根据村镇一定时期内经济、社会的发展目标，依法组织编制法定文件以确定村（镇）性质、规模和发展方向，合理利用土地，协调城乡空间功能布局，综合部署各项建设的行为。村镇总体规划的编制必须在法律、法规和政策确定的框架上进行，本节主要介绍国家层面的政策和法规。

3.3.1 村镇总体规划的政策依据

1. 社会主义新农村建设

建设社会主义新农村是党的十六届五中全会提出的全面的、具有深远意义的重要发展战略思想。当前我国全面建设小康社会的重点在农村，解决不好农村问题，就难以实现全面小康社会和国家现代化的实现。西方发达国家在完成工业化之后，大多采取了工业支持农业、城市支持农村的发展战略；而目前我国正处于基本完成工业化建设，急待实现城乡统筹发展的关键阶段。建设具有中国特色的社会主义新农村是当前阶段我国城乡社会发展的必由之路。

社会主义新农村建设以"生产发展、生活宽裕、乡风文明、村容整洁、管理民主"为要求。包括以下内容：社会主义新农村的经济建设，是在全面发展农村生产的基础上建立农民增收长效机制，千方百计增加农民收入，努力缩小城乡差距，实现共同富裕。社会主义新农村的政治建设，建立在加强农民民主素质教育的基础上，切实加强农村基层民主制度建设和农村法制建设，引导农民依法实行自己的民主权利。社会主义新农村的文化建设，建立在加强农村公共文化建设的基础上，开展多种形式、体现农村地方特色的群众文化活动，丰富农民群众的精神文化生活。社会主义新农村的社会建设，建立在加大公共财政对农村公共事业投入的基础上，大力发展农村的义务教育和职业教育，加强农村医疗卫生体系建设，建立和完善农村社会保障制度，逐步实现农村幼有所教、老有所养、病有所医的愿望。社会主义新农村的法制建设，是在经济、政治、文化、社会建设的同时，大力做好法律宣传工作，按照建设社会主义新农村的理念完善我国的法律制度，进一步增强农民的法律意识，保护农民依法维护自己的合法权益、提高农民依法行使自己合法权利的觉悟和能力，努力推进社会主义新农村的整体建设。

建设社会主义新农村的意义在于：建设社会主义新农村，是贯彻落实科学发展观的重大举措。建设社会主义新农村，是确保我国现代化建设顺利推进的必然要求。建设社会主义新农村，是全面建设小康社会的重点任务。建设社会主义新农村，是保持国民经济平稳较快发展的持久动力。建设社会主义新农村，是构建社会主义和谐社会的重要基础。

总之，建设社会主义新农村，是在我国全面建设小康社会的关键时期，我国经济发展总体上已进入"以工促农""以城带乡"的新阶段，是在以人为本与构建和谐社会理念深入人心的新形势下所做出的重大决策，是统筹城乡发展，实行"工业反哺农业、城市支持农村"方针的具体化。

2. 城乡统筹

长期以来，我国政府一直重视"三农"问题，1978 年党的十一届三中全会就提出了"保障农民的物质利益，尊重农民的民主权利"的基本准则。改革开放以来，各级政府致力于农村改革和社会发展，但目前"三农"问题依然是制约我国全面建设小康社会、实现现代化的难题。过去片面强调城市发展的思路割裂了农业、农村、农民与社会其他单元的有机关联，把城、乡作为一个单独的、孤立的系统来看待，无法实现它们内部之间的良性转换与互动。党的十六大提出统筹城乡发展的战略思路，创新城乡发展战略，有效缓解了"三农"问题，提高了全面建设小康社会的步伐。

城乡关系一般是与工业化进程密切相关的。目前我国已进入工业化中期阶段，已具备统筹城乡发展的现实条件。工业化和城镇化的快速发展成为解决我国"三农"问题的重要契机，如果继续将农民排斥在工业化和城镇化进程之外，我国经济的结构性矛盾将更加突出和尖锐，也会使解决"三农"问题的难度陡然增大。具体说来，统筹城乡发展的内容主要包括以下几个方面：

统筹城乡规划建设。把城乡经济社会发展统一纳入政府宏观规划之中，协调城乡发展，促进城乡联动，实现共同繁荣。统筹城乡产业发展规划，科学确定产业发展布局；统筹城乡用地规划，合理布局工业、农业、住宅与生态用地；统筹城乡基础设施建设规划，构建完善的基础设施网络体系。优先发展社会共享型基础设施，扩大基础设施的服务范围、服务领域和受益对象，让农民分享城乡基础设施带来的实惠。

统筹城乡产业发展。以工业化支撑城镇化，以城镇化提升工业化。建立"以城带乡、以工促农"的发展机制，加快现代农业和现代农村的建设，促进农村工业向城镇工业园区集中、农村人口向城镇集中、城市基础设施向村镇延伸、城市社会服务事业向村镇覆盖、城市文明向村镇辐射，提升农村经济社会发展的水平。

统筹城乡管理制度。突破城乡二元结构，消除计划经济体制的影响，保护农民利益，建立城乡一体的劳动力就业制度、户籍管理制度、教育制度、土地征用制度、社会保障制度等。给城乡居民平等的发展机会、完整的财产权利和自由的发展空间，遵循市场经济规律和社会发展规律，促进城乡要素自由流动和资源优化配置。

统筹城乡收入分配。根据经济社会发展阶段的变化，调整国民收入分配结构，改变国民收入分配的城市偏向，进一步完善农村税费改革，降低农业税负，加大对"三农"的财政支持力度，加快农村公益事业建设，建立城乡一体的财政支出体制，将农村交通、环保、生态等公益性基础设施建设列入政府财政支出范围内。

城乡统筹的战略重点在于：

（1）转变对农民、农村、农业的思想观念是解决"三农"问题的关键所在。长期以来形成的城乡二元经济结构对国民的思维方式产生了重要影响，各级政府长期以来的"首先要满足城市、然后考虑农村"的思想观念严重阻碍了城乡统筹的进一步发展。要破除这种落后的思想观念，建立"城市反哺农村、工业反哺农业"的投入机制，才能真正实现统筹城乡经济、社会的发展。转变观念，树立"民生为本"的新科学发展观，把改善民生作为发展的第一要义，把增加城乡居民收入、提高生活质量和健康水平、改善生态环境作为最重要的政绩，把增进广大群众的物质利益、政治利益和文化利益作为经济发展的根本出发点和落脚点。

（2）统筹城乡发展要以"三化"带"三农"。总结我国改革开放和现代化建设的实践经验，城乡统筹解决"三农"问题应"三化"并举，以"三化"带"三农"：以工业化带动农民收入提高，以城镇化带动农村劳动力转移，以农业产业化带动农业经济效益增长。农村工业化、城镇化和农业产业化是辩证的统一体。工业化居于主导地位，是城镇化和产业化的核心，只有通过工业化才能逐步"化"传统农业为现代农业、"化"农业社会为工业社会、"化"农民为市民。城镇化是工业化和产业化进一步扩张的载体，可以通过城镇要素的聚集促进工业化和产业化的发展。农业产业化有利于农村土地集中和农村劳动力转移，是城镇化和工业化的前提和基础。

（3）统筹城乡发展要把统筹城乡教育作为首要工程。农村教育在全面建设小康社会中具有基础性、先导性、全局性作用。农村教育质量的高低关系到农村各类人才的培养和整个教育事业的发展，关系到农村经济、社会的进步。因此，抓好农村教育工作是解决"三农"问题的基础工程和希望工程。当前农村教育中存在的问题主要表现在：农村教育基础相对薄弱，发展相对缓慢，难以实现均衡发展；实现教育全面普及困难重重；教育经费投入保障机制与发展现代化教育的需求不相适应；农村教育办学思想和方法落后等。因此，要统筹城乡教育发展，将农村教育工作作为整个农村工作的重中之重，努力打破与城乡经济二元结构相伴随的城乡教育差距，必须优先发展农村教育。

（4）统筹城乡发展要把统筹城乡社会保障作为突破口。目前，农村公共卫生和预防保健工作薄弱，广大农民缺乏基本的医疗保障，农民看不起病、因病致残、因病返贫的现象在农村地区十分突出。政府只有帮助农村地区建立起与城市相统一的社会保障制度，城乡统筹发展才有基本的制度基础。因此，完善农村社会保障，是统筹城乡社会保障的重中之重。

3. 新型城镇化

新型城镇化与传统城镇化不同，新型城镇化是以城乡统筹、城乡一体、产业互动、节约集约、生态宜居、和谐发展为基本特征的城镇化，是大中小城市、小城镇、新型农村社区协调发展、互促共进的城镇化。新型城镇化不仅是人口的城镇化，而且是产业、人口、土地、社会、农村五位一体的城镇化，更强调内在质量的全面提升，推动着城镇化由重数量向提升质量内涵转变。

新型城镇化要走资源节约、环境友好的道路，其本质是用科学发展观来统领城镇化建设。"新型城镇化道路"具有以下要求：

（1）新型城镇化要求科学规划、合理布局，解决城镇建设混乱、小城镇建设散乱差、城镇化落后于工业化等问题，使城镇规划在城市建设、发展和管理中始终处于"龙头"地位。

（2）新型城镇化的实现途径应该是多元的。我国幅员辽阔，地域和发展阶段各不相同，因此城镇化实现的途径根据不同地域的实际情况而有所不同。新型城镇化要求城镇利用自身的优势向周边地区和广大农村地区辐射，带动郊区、农村一同发展。在带动郊区和农村发展的同时，也能促进城镇自身的发展。

（3）新型城镇化要求充分发挥地方性和多样性。城和镇是有生命的，都有自己不同的基础、背景、环境和发展条件，由此孕育出来的城镇也应显示出与众不同的特色。

（4）新型城镇化要求有城乡统筹的整体思想，要打破二元结构，形成优势互补、利益整合、共存共荣、良性互动的局面。农村可以为城镇的发展提供有力支持，形成坚强后盾；城镇可以为农村的发展提供强大动力，从而全面拉动农村发展，决不能以牺牲农村的发展来谋求城镇的进步。

尽管我国当前的城镇化率已经超过 50%，但离发达国家城镇化水平还有相当大的距离。挖掘城镇化的潜力，加快推进新型城镇化是解决我国经济持续健康发展的重要途径，主要措施如下：

（1）加快农民工等城市边缘人群融入城市，推进城市第三产业的发展。农民工是我国城乡二元结构的特殊产物，尽管政府已经采取许多措施来改善农民工的境遇，但由于涉及长期积累的深层矛盾，许多农民工还是难以较好地融入城市。因此应为农民工创造更多就业和提高收入的机会；要持续加强保障房建设，为农民工在城市安家提供基本的条件；要大幅提高农民工社保水平和覆盖面，减少其在城市落户生活的后顾之忧；要尽快把农民工纳入城市财政保障中，使其与市民平等享有基本的公共服务，加速农民工融入城市的进程。

（2）促进城镇和农村的良性互动、共同发展。大力推动城乡基本公共服务均等化，缩小城乡生活水平和生产条件的差距；加快推进农村征地制度等相关制度改革，使农民在工业化、城镇化过程中享有更多收益；进一步调动农业生产积极性，夯实农业发展基础，确保粮食等农产品供应安全，为经济社会平稳健康发展打下坚实基础。

（3）大小并重，形成大中小城市和小城镇协调发展的格局。当前许多城市面积急剧扩大，而管理服务水平则相对较低，不少大城市交通拥挤、环境恶化、资源紧缺，而人口仍在不断涌入。一些中小城市和小城镇则由于经济实力较弱、公共服务不足而发展缓慢。在城镇化建设中应避免形成"畸大、畸小、畸重、畸轻"的城镇格局。

（4）集约节约，在资源、能源有效利用的前提下推进城镇建设。我国规模庞大的城镇化带来的既有空前的机遇，也必将面临资源环境的巨大挑战。我国城镇面积增长幅度大大超过人口的增长幅度，城镇人口密度不升反降，土地资源浪费现象严重。

我国在城镇化建设中虽然取得了一定成就，但仍存在着不足。我们需要把握住新型城镇化的方向，采用日益先进的管理理念和技术手段，全力推进，给广大民众带来生活的改变，为经济发展提供持久的动力。

4. 生态文明建设

面对资源约束趋紧、环境污染严重、生态系统退化的严峻形势，必须树立尊重自然、顺应自然、保护自然的生态文明理念，把生态文明建设放在突出地位，融入经济建设、政治建设、文化建设、社会建设的各方面和全过程，努力建设美丽中国，实现中华民族永续发展。建设生态文明，是关系人民福祉、关乎民族未来的长远大计。

生态文明建设的根本目的在于从源头上扭转生态环境恶化的趋势，为人民创造良好的生产生活环境，为全球生态安全作出贡献，更加自觉地珍爱自然，更加积极地保护生态，努力走向社会主义生态文明新时代。

党的十八大报告把生态文明建设提到与经济建设、政治建设、文化建设、社会建设并列的位置，形成了中国特色社会主义五位一体的总体布局。这标志着我国开始走向社会主义生态文明新时代，也标志着中国特色社会主义理论体系更加成熟，中国特色社会主义事业总体布局更加完善。生态文明建设的意义在于：

（1）生态文明建设是实现中华民族伟大复兴的根本保障。随着生态问题的日趋严峻，生存与生态的关系呈现出前所未有的紧密。大力推进生态文明建设，实现人与自然和谐发展，已成为中华民族伟大复兴的基本支撑和根本保障。

（2）生态文明建设是发展中国特色社会主义的战略决策。党的理论创新发生了两次历史性飞跃，第一次是在新民主主义革命时期，形成了毛泽东思想；第二次是在党的十一届三中全会以后，形成了中国特色社会主义理论体系。这两次理论上的飞跃，都是为了解决时代面临的突出问题。生态文明建设是我们发展中国特色社会主义又一战略决策。

（3）生态文明建设是推动经济社会科学发展的必由之路。随着我国经济的快速发展，资源约束趋紧、环境污染严重、生态系统退化的现象十分严峻，经济发展不平衡、不协调、不可持续的问题日益突出。我们必须树立尊重自然、顺应自然、保护自然的生态文明理念，把生态文明建设融合贯穿到经济、政治、文化、社会建设各方面和全过程，大力保护和修复自然生态系统，建立科学合理的生态补偿机制，形成节约资源和保护环境的空间格局、产业结构、生产方式及生活方式，从源头上扭转生态环境恶化的趋势。

（4）生态文明建设是顺应人民群众新期待的迫切需要。随着人们生活质量的不断提升，人们不仅期待安居、乐业、增收，更期待天蓝、地绿、水净；不仅期待殷实富庶的幸福生活，更期待山清水秀的美好家园。生态文明发展理念强调尊重自然、顺应自然、保护自然；生态文明发展模式注重绿色发展、循环发展、低碳发展。大力推进生态文明建设，正是为顺应人民群众新期待而做出的战略决策，也为子孙后代永享优美宜居的生活空间、山清水秀的生态空间提供了科学的世界观和方法论，顺应时代潮流，契合人民期待。

坚持节约资源和保护环境的基本国策，坚持节约优先、保护优先、自然恢复为主的方针，着力推进绿色发展、循环发展、低碳发展。生态文明建设的战略任务有：

（1）优化国土空间开发格局。要按照"人口资源环境相均衡""经济社会生态效益相统一"的原则，控制开发强度、调整空间结构，促进生产空间集约高效、生活空间宜居适度、生态空间山清水秀，给自然留下更多的修复空间，给农业留下更多的良田，给子孙后代留下"天蓝、地绿、水净"的美好家园。加快实施主体功能区战略，推动各地区严格按照主体功能定位发展，构建科学合理的城镇化格局、农业发展格局、生态安全格局。提高海洋资源开发能力，坚决维护国家海洋权益，建设海洋强国。

（2）全面促进资源节约。要节约集约利用资源，推动资源利用方式的根本转变，加强全过程的节约管理，大幅降低能源、水、土地的消耗强度，提高资源利用效率和效益。推动能源生产和消费革命，支持节能低碳产业和新能源、可再生能源的发展，确保国家能源安全。加强水源地保护和用水的总量管理，建设节水型社会。严守耕地保护红线，严格土地用途管制。加强矿产资源勘察、保护、合理开发。发展循环经济，促进生产、流通、消费过程的减量化、再利用、资源化。

（3）加大自然生态系统和环境保护力度。要实施重大生态修复工程，增强生态产品生产能力，推进荒漠化、石漠化、水土流失的综合治理。加快水利建设，加强防灾减灾体系建设。坚持预防为主、综合治理，以解决损害群众健康的环境问题为重点，强化水、大气、土壤等污染的防治。坚持共同但有区别的责任原则、公平原则、各自能力原则，同国际社会一道积极应对全球气候变化。

（4）加强生态文明制度建设。要把资源消耗、环境损害、生态效益纳入经济社会发展评价体系中，建立体现生态文明要求的目标体系、考核办法、奖惩机制。建立国土空间开发保护制度，完善最严格的耕地保护制度、水资源管理制度、环境保护制度。深化资源性产品价格和税费改革，建立反映市场供求和资源稀缺程度、体现生态价值和代际补偿的资源有偿使用制度和生态补偿制度。加强环境监管，健全生态环境保护责任追究制度和环境损害赔偿制度。加强生态文明宣传教育，增强全民节约意识、环保意识、生态意识，形成合理消费的社会风尚，营造爱护生态环境的良好风气。

3.3.2　村镇总体规划的法规依据

在《中华人民共和国城乡规划法》颁布前，《中华人民共和国城市规划法》（1989年）没有将村镇规划纳入其中，但村镇规划是城市规划在村镇地区的延伸，村镇总体规划编制一般参照城市总体规划的相关法律、法规开展。而这一时期村镇规划主要的法规依据是《村庄和集镇规划建设管理条例》（1993年）、《村镇规划编制办法（试行）》（2000年）等。

1.《中华人民共和国城乡规划法》（2015年修正）

《中华人民共和国城乡规划法》包括总则、城乡规划的制定、城乡规划的实施、城乡规划的修改、监督检查、法律责任和附则七章。其中涉及村、镇总体规划的内容主要有：

（1）适用范围

制定和实施城乡规划，在规划区内进行建设活动。规划区是指城市、镇和村庄的建成区以及因城乡建设和发展需要必须实行规划控制的区域。规划区的具体范围由有关人民政府在组织编制的城市总体规划、镇总体规划、乡规划和村庄规划中，根据城乡经济社会发展水平和统筹城乡发展的需要划定。

（2）制定和实施要求

城市和镇应当制定城市规划和镇规划。城市、镇规划区内的建设活动应当符合规划要求。

县级以上地方人民政府需要根据本地农村经济社会发展水平，按照因地制宜、切实可行的原则，确定区域内的乡、村庄，并且制定规划，规划区内的乡、村庄建设应当符合规划要求。

制定和实施城乡规划，应当遵循城乡统筹、合理布局、节约土地、集约发展和先规划后建设的原则，改善生态环境，促进资源、能源节约和综合利用，保护耕地等自然资源和历史文化遗产，保持地方特色、民族特色和传统风貌，防止污染和其他公害，并符合区域人口发展、国防建设、防灾减灾、公共卫生、公共安全的需要。

在规划区内进行建设活动，应当遵守土地管理、自然资源和环境保护等法律、法规的规定。

县级以上地方人民政府应当根据当地经济社会发展的实际，在城市总体规划、镇总体规划中合理确定城市、镇的发展规模、步骤和建设标准。

（3）村镇规划审批

乡、镇人民政府组织编制乡规划、村庄规划，并报上一级人民政府审批。村庄规划在报送审批前，应当经村民会议或者村民代表会议讨论同意。

镇人民政府组织编制的镇总体规划，在报上一级人民政府审批前，应当先经镇人民代表大会审议，代表的审议意见交由本级人民政府研究处理。

县人民政府组织编制县人民政府所在地镇的总体规划，报上一级人民政府审批。其他镇的总体规划由镇人民政府组织编制，报上一级人民政府审批。

（4）村镇总体规划内容

镇总体规划的规划期限一般为 20 年。镇总体规划的内容应当包括：城市、镇的发展布局，功能分区，用地布局，综合交通体系，禁止、限制和适宜建设的地域范围的划定，以及各类专项规划等。镇总体规划的强制性内容有：规划区范围、规划区内建设用地规模、基础设施和公共服务设施用地、水源地和水系、基本农田和绿化用地、环境保护、自然与历史文化遗产保护以及防灾减灾等。

乡规划、村庄规划应当从农村实际出发，尊重村民意愿，体现地方和农村特色。乡规划、村庄规划的内容应当包括：规划区范围，住宅、道路、供水、排水、供电、垃圾收集、畜禽养殖场所等农村生产、生活服务设施，公益事业等各项建设的用地布局和建设要求，以及对耕地等自然资源和历史文化遗产的保护、防灾减灾等具体安排。乡规划还应当包括本行政区域内的村庄发展布局。

（5）镇总体规划修改

镇总体规划的组织编制机关，应当组织有关部门和专家定期对规划实施情况进行评估，并采取论证会、听证会或者其他方式征求公众意见。组织编制机关应当向本级人民代表大会常务委员会、镇人民代表大会和原审批机关提出评估报告并附上征求意见。

有下列情形之一，组织编制机关方可按照规定的权限和程序修改镇总体规划：上级人民政府制定的城乡规划发生变更，提出修改规划要求的；行政区划调整确需修改规划的；因国务院批准重大建设工程确需修改规划的；经评估确需修改规划的；城乡规划的审批机关认为应当修改规划的其他情形。

修改镇总体规划前，组织编制机关应当对原规划的实施情况进行总结，并向原审批机关报告；修改涉及镇总体规划强制性内容的，应当先向原审批机关提出专题报告，经同意后，方可编制修改方案。

2015 年 4 月第十二届全国人民代表大会常务委员会第十四会议对《城乡规划法》做出了修改，修改的内容如下：

"第二十四条

城乡规划组织编制机关应当委托具有相应资质等级的单位承担城乡规划的具体编制工作。

从事城乡规划编制工作应当具备下列条件，并经国务院城乡规划主管部门或者省、自治区、直辖市人民政府城乡规划主管部门依法审查合格，取得相应等级的资质证书后，方可在资质等级许可的范围内从事城乡规划编制工作：

① 有法人资格；

② 有规定数量的经相关行业协会注册的规划师；

③ 有规定数量的相关专业技术人员；

④ 有相应的技术装备；

⑤ 有健全的技术、质量、财务管理制度。

编制城乡规划必须遵守国家有关标准。"

将第二十四条第二款第二项修改为:"有规定数量的经相关行业协会注册的规划师",并且删去第三款。

2.《城市规划编制办法》(2005 年)

为使城市规划的编制规范化,提高城市规划的科学性而制定的《城市规划编制办法》,共有五章,包括总则、总体规划的编制、分区规划的编制、详细规划的编制和附则,其中关于城市总体规划的相关规定长期以来是村镇总体规划编制的主要参考依据。

(1) 适用范围

适用于直辖市、市、镇编制城市规划。

(2) 城市规划编制阶段

编制城市规划一般分为总体规划和详细规划两个阶段。根据实际需要,在编制总体规划前可以编制城市总体规划纲要。

(3) 城市规划编制组织

城市的总体规划由市人民政府负责组织编制;详细规划由市人民政府城市规划行政主管部门负责组织编制;城市总体规划纲要由市人民政府负责组织编制。

县人民政府所在地镇的总体规划由县人民政府负责组织编制;详细规划由县人民政府城市规划行政主管部门负责组织编制。

其他建制镇的总体规划和详细规划,由镇人民政府负责组织编制。

(4) 城市总体规划编制的具体内容

① 城市总体规划纲要

编制城市总体规划纲要的主要任务是研究确定城市总体规划的重大原则,并作为编制城市总体规划的依据。城市总体规划纲要应当包括下列内容:

论证城市国民经济和社会发展条件,原则确定规划期内城市发展目标;论证城市在区域发展中的地位,原则确定市(县)域城镇体系的结构与布局;原则确定城市性质、规模、总体布局,选择城市发展用地,提出城市规划区范围的初步意见;研究确定城市能源、交通、供水等城市基础设施开发建设的重大原则问题,以及实施城市规划的重要措施。

城市总体规划纲要的成果包括文字说明和必要的示意性图纸。

② 城市总体规划

城市总体规划的主要任务是综合研究和确定城市性质、规模和空间发展的形态,统筹安排城市各项建设用地,合理配置城市各项基础设施,处理好远期发展与近期建设的关系,指导城市合理发展。

城市总体规划的期限一般为 20 年,同时应当对城市远景发展做出轮廓性的规划安排。近期建设规划是总体规划的一个组成部分,应当对城市近期的发展布局和主要建设项目做出安排,近期建设规划期限一般为 5 年。建制镇总体规划的期限可以为 10~20 年,近期建设规划可以为 3~5 年。

城市总体规划应当包括下列内容:编制市(县)域城镇体系规划,城市应当编制市域城镇体系规划,县人民政府所在地的镇应当编制县域城镇体系规划;确定城市性质、发展方向、城市人口及用地发展规模；确定城市建设与发展用地的空间布局、功能分区；确定城市对外交通系统的布局以及主要交通设施的规模和位置；综合协调并确定城市供水、排水、防洪、供电、通信等基础设施的发展目标和总体布局；确定城市河湖水系的治理目标和总体布局，分配沿海、沿江岸线；确定城市园林绿地系统的发展目标及总体布局；确定城市环境保护目标，提出防治污染措施；根据城市防灾要求，提出人防建设、抗震防灾规划目标和总体布局；确定需要保护的风景名胜、文物古迹、传统街区，划定保护和控制范围，提出保护措施，历史文化名城要编制专门的保护规划；确定旧区改建、用地调整的原则、方法和步骤，提出改善旧城区生产、生活环境的要求和措施；综合协调市区与近郊村庄、集镇的各项建设；进行综合技术经济论证，提出规划实施的步骤、措施和方法。

城市总体规划成果包括图纸和规划文件。图纸包括市（县）域城镇布局现状图、城市土地利用现状图、用地评定图、市（县）域城镇体系规划图、城市总体规划图、道路交通规划图、各项专业规划图及近期建设规划图。图纸比例：大、中城市为 1：10000～1：25000，小城市为 1：5000～1：10000，其中建制镇为 1：5000。规划文件包括规划文本和附件，附件包括规划说明和基础资料汇编。

3. 《村庄和集镇规划建设管理条例》（1993 年）

为加强村庄、集镇的规划建设管理，改善村庄、集镇的生产、生活环境，促进农村经济和社会发展，《村庄和集镇规划建设管理条例》于 1993 年 11 月发布施行，包括总则，村庄和集镇规划的制定，村庄和集镇规划的实施，村庄和集镇建设的设计和施工管理，房屋、公共设施、村容镇貌和环境卫生管理，罚则，附则七章，下面主要对村庄和集镇规划的组织编制部分进行重点说明。

（1）适用范围

适用于村庄、集镇规划，在村庄、集镇规划区内进行居民住宅、乡（镇）村企业、乡（镇）村公共设施和公益事业等的建设，国家征用集体所有土地进行的建设除外。

（2）村镇规划编制的阶段

编制村庄、集镇规划，一般分为村庄、集镇总体规划和村庄、集镇建设规划两个阶段。

（3）村镇规划的组织编制

村庄、集镇规划由乡级人民政府负责组织编制，并监督实施。

县级人民政府组织编制的县域规划，应当包括村庄、集镇建设体系规划。

村庄、集镇规划的编制，应当以县域规划、农业区划、土地利用总体规划为依据，并与有关部门的专业规划相协调。

（4）村镇规划编制的原则

根据国民经济和社会发展规划，结合当地经济发展的现状和要求，以及自然环境、资源条件和历史情况等，统筹兼顾、综合部署村庄和集镇的各项建设。

处理好近期建设与远景发展、改造与新建的关系，使村庄、集镇的性质和建设的规模、速度、标准同经济发展和农民生活水平相适应。

合理用地、节约用地，各项建设应相对集中，充分利用原有建设用地，新建、扩建工程及住宅应尽量不占用耕地和林地。

有利生产，方便生活，合理安排住宅、乡（镇）村企业、乡（镇）村公共设施和公益事业等的建设布局，促进农村各项事业协调发展，并适当留有发展余地。

保护和改善生态环境，防治污染和其他公害，加强绿化、村容镇貌、环境卫生的建设。

（5）村镇规划的内容

村庄、集镇总体规划的主要内容包括：确定乡级行政区域的村庄、集镇布点，确定村庄和集镇的位置、性质、规模和发展方向，确定村庄和集镇的交通、供水、供电、商业、绿化等生产和生活服务设施的配置。

村庄、集镇建设规划应当在村庄、集镇总体规划指导下，具体安排村庄、集镇的各项建设。

集镇建设规划的主要内容包括：住宅、乡（镇）村企业、乡（镇）村公共设施、公益事业等各项建设的用地布局、用地规划，有关的技术经济指标、近期建设工程以及重点地段建设的具体安排。

村庄建设规划的主要内容可以根据本地区经济发展水平，参照集镇建设规划的编制内容，主要对住宅、供水、供电、道路、绿化、环境卫生以及生产配套设施做出具体安排。

4.《村镇规划编制办法》（2000 年）

《村镇规划编制办法》是为规范村镇规划编制、提高村镇规划质量而制定的。《村镇规划编制办法》主要分为总则、现状分析图的绘制、村镇总体规划的编制、村镇建设规划的编制和附则五章。

（1）适用范围

适用于村庄、集镇、县城以外的建制镇规划。

（2）村镇规划编制阶段

编制村镇规划一般分为村镇总体规划和村镇建设规划两个阶段。

（3）村镇规划组织编制

村镇规划由乡（镇）人民政府负责组织编制，承担编制村镇规划任务的单位应该具备国家规定的资格。

（4）村镇总体规划的编制

村镇总体规划是对乡（镇）域范围内村镇体系及重要建设项目的整体部署。

① 村镇总体规划纲要编制

在编制村镇总体规划前可以先制定村镇总体规划纲要，作为编制村镇总体规划的依据。村镇总体规划纲要应当包括以下内容：

确定乡（镇）的性质、发展方向和发展目标；提出调整村庄布局的建议，确定村镇体系的结构与布局；预测人口的规模与结构变化；提出各项基础设施与主要公共建筑的配置建议；确定建设用地标准与主要用地指标，提出镇区的规划范围和用地的大体布局。村镇总体规划纲要应在乡（镇）人民政府批准后，方可作为编制村镇总体规划的依据。

② 村镇总体规划编制

村镇总体规划的期限一般为 10～20 年。村镇总体规划的主要任务如下：

综合评价乡（镇）发展条件；确定乡（镇）的性质和发展方向；预测乡（镇）行

政区域内的人口规模和结构；拟定所辖各村镇的性质与规模；布置基础设施和主要公共建筑；指导镇区和村庄建设规划的编制。

村镇总体规划应当包括以下内容：

调整居民点与生产基地布局；确定居民点与生产基地的性质和发展方向；确定乡（镇）域及规划范围内居民点的人口发展规模、建设用地规模；安排交通、供水、排水、供电、电信等基础设施；安排卫生院、学校、文化站、商店、农业生产服务中心等主要公共建筑；提出实施规划的政策措施。

村镇总体规划的成果包括图纸与文字资料两部分。图纸包括乡（镇）域现状分析图（比例尺 1∶10000）、村镇总体规划图（比例尺 1∶10000）。文字资料包括规划文本、规划纲要、规划说明书和基础资料汇编。

3.4 村镇总体规划技术规范和标准

3.4.1 《城市用地分类与规划建设用地标准》(GB 50137—2011)

《城市用地分类与规划建设用地标准》（GB 50137—2011）是对《城市用地分类与规划建设用地标准》（GBJ 137—1990）的修订，修订的主要内容有：增加城乡用地分类体系，调整城市建设用地分类体系，调整规划建设用地的控制标准，包括规划人均城市建设用地标准，规划人均单项城市建设用地标准以及规划城市建设用地结构三部分。《城市用地分类与规划建设用地标准》也对相关条文进行了补充修改，现包括总则、术语、用地分类和规划建设用地标准几个部分，下面主要介绍用地分类和规划建设用地标准两个部分。

1. 用地分类

用地分类包括城乡用地分类、城市建设用地分类两部分，规划编制过程中应按土地使用的主要性质进行划分。

用地分类采用大类、中类和小类三级分类体系。大类采用英文字母表示，中类和小类采用英文字母和阿拉伯数字组合表示。

（1）城乡用地分类

城乡用地共分为两大类（建设用地 H、非建设用地 E）、9 中类和 14 小类，如表 3-6 所示。

表 3-6 城乡用地分类和代码

类别代码			类别名称	范围
大类	中类	小类		
H			建设用地	包括城乡居民点建设用地、区域交通设施用地、区域公用设施用地、特殊用地、采矿用地等
	H1		城乡居民点建设用地	城市、镇、乡、村庄以及独立的建设用地
		H11	城市建设用地	城市和县人民政府所在地镇内的居住用地、公共管理与公共服务用地、商业服务业设施用地、工业用地、物流仓储用地、交通设施用地、公用设施用地、绿地

续表

类别代码			类别名称	范围
大类	中类	小类		
H	H1	H12	镇建设用地	非县人民政府所在地镇的建设用地
		H13	乡建设用地	乡人民政府驻地的建设用地
		H14	村庄建设用地	农村居民点的建设用地
	H2		区域交通设施用地	铁路、公路、港口、机场和管道运输等区域交通运输及其附属设施用地，不包括中心城区的铁路客货运站、公路长途客货运站以及港口客运码头
		H21	铁路用地	铁路编组站、线路等用地
		H22	公路用地	国道、省道、县道和乡道用地及附属设施用地
		H23	港口用地	海港和河港的陆域部分，包括码头作业区、辅助生产区等用地
		H24	机场用地	民用及军民合用的机场用地，包括飞行区、航站区等用地、不包括净空控制范围用地
		H25	管道运输用地	运输煤炭、石油和天然气等地面管道运输用地，地下管道运输规定的地面控制范围内的用地应按其地面实际用途分类
	H3		区域公用设施用地	为区域服务的公用设施用地，包括区域性能源设施、水工设施、通讯设施、殡葬设施、环卫设施、排水设施等用地
	H4		特殊用地	特殊性质的用地
		H41	军事用地	专门用于军事目的的设施用地，不包括部队家属生活区和军民共用设施等用地
		H42	安保用地	监狱、拘留所、劳改场所和安全保卫设施等用地，不包括公安局用地
	H5		采矿用地	采矿、采石、采沙、盐田、砖瓦窑等地面生产用地及尾矿堆放地
	H9		其他建设用地	除此上之外的建设用地，包括边境口岸和风景名胜区，森林公园等的管理及服务设施用地
E			非建设用地	水域、农林等非建设用地
	E1		水域	河流、湖泊、水库、坑塘、沟渠、滩涂、冰川及永久积雪，不包括公园绿地及单位内的水域
		E11	自然水域	河流、湖泊、滩涂、冰川及永久积雪
		E12	水库	人工拦截汇集而成的总库容不小于 10 万 m^3 的水库正常蓄水位岸线所围成的水面
		E13	坑塘沟渠	蓄水量小于 10 万 m^3 的坑塘水面和人工修建用于引、排、灌的渠道
	E2		农林用地	耕地、园地、林地、牧草地、设施农用地、田坎、农村道路等用地
	E9		其他非建设用地	空闲地、盐碱地、沼泽地、沙地、裸地、不用于畜牧业的草地等用地

（2）城市建设用地分类

城市建设用地共分为 8 大类、35 中类和 43 小类（表 3-7）。

表 3-7 城市建设用地分类和代码

类别代码			类别名称	范围
大类	中类	小类		
R			居住用地	住宅和相应服务设施的用地
	R1		一类居住用地	公用设施、交通设施和公共服务设施齐全、布局完整、环境良好的低层住区用地
		R11	住宅用地	住宅建筑用地、住区内城市支路以下的道路、停车场及其社区附属绿地
		R12	服务设施用地	住区主要公共设施和服务设施用地，包括幼托、文化体育设施、商业金融、社区卫生服务站、公用设施等用地，不包括中小学用地
	R2		二类居住用地	公用设施、交通设施和公共服务设施较齐全、布局较完整、环境良好的中、高层住区用地
		R20	保障性住宅用地	住宅建筑用地、住区内城市支路以下的道路、停车场及其社区附属绿地
		R21	住宅用地	
		R22	服务设施用地	住区主要公共设施和服务设施用地，包括幼托、文化体育设施、商业金融、社区卫生服务站、公用设施等用地，不包括中小学用地
	R3		三类居住用地	公用设施、交通设施不齐全，公共服务设施较欠缺，环境较差，需要加以改造的简陋住区用地，包括危房、棚户区、临时住宅等用地
		R31	住宅用地	住宅建筑用地、住区内城市支路以下的道路、停车场及其社区附属绿地
		R32	服务设施用地	住区主要公共设施和服务设施用地，包括幼托、文化体育设施、商业金融、社区卫生服务站、公用设施等用地，不包括中小学用地
A			公共管理与公共服务用地	行政、文化、教育、体育、卫生等机构和设施的用地，不包括居住用地中的服务设施用地
	A1		行政办公用地	党政机关、社会团体、事业单位等机构及其相关设施用地
	A2		文化设施用地	图书、展览等公共文化活动设施用地
		A21	图书展览设施用地	公共图书馆、博物馆、科技馆、纪念馆、美术馆和展览馆、会展中心等设施用地
		A22	文化活动设施用地	综合文化活动中心、文化馆、青少年宫、儿童活动中心、老年活动中心等设施用地
	A3		教育科研用地	高等院校、中等专业学校、中学、小学、科研事业单位等用地，包括为学校配建的独立地段的学生生活用地
		A31	高等院校用地	大学、学院、专科学校、研究生院、电视大学、党校、干部学校及其附属用地，包括军事院校用地
		A32	中等专业学校用地	中等专业学校、技工学校、职业学校等用地，不包括附属于普通中学内的职业高中用地
		A33	中小学用地	中学、小学用地
		A34	特殊教育用地	聋、哑、盲人学校及工读学校等用地
		A35	科研用地	科研事业单位用地

续表

类别代码			类别名称	范围
大类	中类	小类		
A	A4		体育用地	体育场馆和体育训练基地等用地，不包括学校等机构专用的体育设施用地
		A41	体育场馆用地	室内外体育运动用地，包括体育场馆、游泳场馆、各类球场及其附属的业余体校等用地
		A42	体育训练用地	为各类体育运动专设的训练基地用地
	A5		医疗卫生用地	医疗、保健、卫生、防疫、康复和急救设施等用地
		A51	医院用地	综合医院、专科医院、社区卫生服务中心等用地
		A52	卫生防疫用地	卫生防疫站、专科防治所、检验中心和动物检疫站等用地
		A53	特殊医疗用地	对环境有特殊要求的传染病、精神病等专科医院用地
		A59	其他医疗卫生用地	急救中心、血库等用地
	A6		社会福利设施用地	为社会提供福利和慈善服务的设施及其附属设施用地，包括福利院、养老院、孤儿院等用地
	A7		文物古迹用地	具有历史、艺术、科学价值且没有其他使用功能的建筑物、构筑物、遗址、墓葬等用地
	A8		外事用地	外国驻华使馆、领事馆、国际机构及其生活设施等用地
	A9		宗教设施用地	宗教活动场所用地
B			商业服务业设施用地	各类商业、商务、娱乐康体等设施用地，不包括居住用地中的服务设施用地以及公共管理与公共服务用地内的事业单位用地
	B1		商业设施用地	各类商业经营活动及餐饮、旅馆等服务业用地
		B11	零售商业用地	商铺、商场、超市、服装及小商品市场等用地
		B12	农贸市场用地	以农产品批发、零售为主的市场用地
		B13	餐饮业用地	饭店、餐厅、酒吧等用地
		B14	旅馆用地	宾馆、旅馆、招待所、服务型公寓、度假村等用地
	B2		商务设施用地	金融、保险、证券、新闻出版、文艺团体等综合性办公用地
		B21	金融保险业用地	银行及分理处、信用社、信托投资公司、证券期货交易所、保险公司，以及各类公司总部及综合性商务办公楼宇等用地
		B22	艺术传媒产业用地	音乐、美术、影视、广告、网络媒体等的制作及管理设施用地
		B29	其他商务设施用地	贸易、设计、咨询等技术服务办公用地
	B3		娱乐康体用地	各类娱乐、康体等设施用地
		B31	娱乐用地	单独设置的剧院、音乐厅、电影院、歌舞厅、网吧以及绿地率小于65％的大型游乐等设施用地
		B32	康体用地	单独设置的高尔夫练习场、赛马场、溜冰场、跳伞场、摩托车场、射击场，以及水上运动的陆域部分等用地
	B4		公用设施营业网点用地	零售加油、加气、电信、邮政等公用设施营业网点用地
		B41	加油加气站用地	零售加油、加气以及液化石油气换瓶站等用地
		B49	其他公用设施营业网点用地	独立地段电信、邮政、供水、燃气、供电、供热等其他公用设施营业网点用地
	B9		其他服务设施用地	业余学校、民营培训机构、私人诊所、殡葬、宠物医院、汽车维修站等其他服务设施用地

续表

类别代码			类别名称	范围
大类	中类	小类		
M			工业用地	工矿企业的生产车间、库房及其附属设施等用地,包括专用的铁路、码头和道路等用地,不包括露天矿用地
	M1		一类工业用地	对居住和公共环境基本无干扰、污染和安全隐患的工业用地
	M2		二类工业用地	对居住和公共环境有一定干扰、污染和安全隐患的工业用地
	M3		三类工业用地	对居住和公共环境有严重干扰、污染和安全隐患的工业用地
W			物流仓储用地	物资储备、中转、配送、批发、交易等的用地,包括大型批发市场以及货运公司车队的站场(不包括加工)等用地
	W1		一类物流仓储用地	对居住和公共环境基本无干扰、污染和安全隐患的物流仓储用地
	W2		二类物流仓储用地	对居住和公共环境有一定干扰、污染和安全隐患的物流仓储用地
	W3		三类物流仓储用地	存放易燃、易爆和剧毒等危险品的专用仓库用地
S			道路与交通设施用地	城市道路、交通设施等用地,不包括居住用地、工业用地等内部的道路、停车场等用地
	S1		城市道路用地	快速路、主干路、次干路和支路用地,包括其交叉路口用地,不包括居住用地、工业用地等内部配建的道路用地
	S2		轨道交通线路用地	轨道交通地面以上部分的线路用地
	S3		综合交通枢纽用地	铁路客货运站、公路长途客货运站、港口客运码头、公交枢纽及其附属用地
	S4		交通场站用地	静态交通设施用地,不包括交通指挥中心、交通队用地
		S41	公共交通设施用地	公共汽车、出租汽车、轨道交通(地面部分)的车辆段、地面站、首末站、停车场(库)、保养场等用地,以及轮渡、缆车、索道等的地面部分及其附属设施用地
		S42	社会停车场用地	独立地段公共使用的停车场和停车库用地,不包括其他各类用地配建的停车场(库)用地
	S9		其他交通设施用地	除以上之外的交通设施用地,包括教练场等用地
U			公用设施用地	供应、环境、安全等设施用地
	U1		供应设施用地	供水、供电、供燃气和供热等设施用地
		U11	供水用地	城市取水设施、水厂、加压站及其附属的构筑物用地,包括泵房和高位水池等用地
		U12	供电用地	变电站、配电所、高压塔基等用地,包括各类发电设施用地
		U13	供燃气用地	分输站、门站、储气站、加气母站、液化石油气储配站、灌瓶站和地面输气管廊等用地
		U14	供热用地	集中供热锅炉房、热力站、换热站和地面输热管廊等用地
		U15	邮政设施用地	邮政中心局、邮政支局、邮件处理中心等用地
		U16	广播电视与通信设施用地	广播电视与通信系统的发射和接收设施等用地,包括发射塔、转播台、差转台、基站等用地
	U2		环境设施用地	雨水、污水、固体废物处理和环境保护等的公用设施及其附属设施用地
		U21	排水设施用地	雨水、污水泵站、污水处理、污泥处理厂等及其附属的构筑物用地,不包括排水河渠用地

类别代码			类别名称	范围
大类	中类	小类		
U	U2	U22	环卫设施用地	垃圾转运站、公厕、车辆清洗站、环卫车辆停放修理厂等用地
		U23	环保设施用地	垃圾处理、危险品处理、医疗垃圾处理等设施用地
	U3		安全设施用地	消防、防洪等保卫城市安全的公用设施及其附属设施用地
		U31	消防设施用地	消防站、消防通信及指挥训练中心等设施用地
		U32	防洪设施用地	防洪堤、排涝泵站、防洪枢纽、排洪沟渠等防洪设施用地
	U9		其他公用设施用地	除以上之外的公用设施用地，包括施工、养护、维修设施等用地
G			绿地与广场用地	公园绿地、防护绿地、广场等公共开放空间用地，不包括住区、单位内部配建的绿地
	G1		公园绿地	向公众开放，以游憩为主要功能，兼具生态、美化、防灾等作用的绿地
	G2		防护绿地	具有卫生、隔离和安全防护功能的绿地
	G3		广场用地	以游憩、纪念、集会和避险等功能为主的城市公共活动场地

2. 规划建设用地标准

规划用地应按平面投影面积计算，城市（镇）总体规划用地应采用 1 : 10000 或 1 : 5000 比例尺的图纸进行分类计算。现状和规划用地计算范围应一致。

规划用地规模应根据图纸比例确定统计精度，1 : 10000 图纸应精确至个位，1 : 5000 图纸应精确至小数点后一位。

用地统计范围与人口统计范围必须一致，人口规模应按常住人口进行统计。

规划建设用地标准应包括规划人均城市建设用地标准、人均单项城市建设用地标准和城市建设用地结构三部分。

（1）规划人均城市建设用地标准

新建城市的人均城市建设用地指标应在 85.1～105.0m²/人内确定。

首都的人均城市建设用地指标应在 105.1～115.0m²/人内确定。

除首都以外现有城市的人均城市建设用地指标，应根据现状人均城市建设用地规模、城市所在的气候分区以及规划人口规模，按表 3-8 的规定综合确定。规划的人均城市建设用地指标必须同时符合表中规划人均城市建设用地规模取值区间和允许调整幅度两个条件的限制要求。

表 3-8　除首都以外现有城市的规划人均城市建设用地指标（m²/人）

气候区	现状人均城市建设用地规模	规划人均城市建设用地规模取值区间	规划人口规模 ≤20.0 万人	允许调整幅度 规划人口规模 20.1～50.0 万人	规划人口规模 >50.0 万人
I II VI VII	≤65.0	65.0～85.0	>0.0	>0.0	>0.0
	65.1～75.0	65.0～95.0	+0.1～+20.0	+0.1～+20.0	+0.1～+20.0
	75.1～85.0	75.0～105.0	+0.1～+20.0	+0.1～+20.0	+0.1～+15.0
	85.1～95.0	80.0～110.0	+0.1～+20.0	−5.0～+20.0	−5.0～+15.0

续表

气候区	现状人均城市建设用地规模	规划人均城市建设用地规模取值区间	规划人口规模 ≤20.0 万人	允许调整幅度 规划人口规模 20.1～50.0 万人	规划人口规模 >50.0 万人
Ⅰ Ⅱ Ⅵ Ⅶ	95.1～105.0	90.0～110.0	−5.0～+15.0	−10.0～+15.0	−10.0～+10.0
	105.1～115.0	95.0～115.0	−10.0～−0.1	−15.0～−0.1	−2～−0.1
	>115.0	≤115.0	<0.0	<0.0	<0.0
Ⅲ Ⅳ Ⅴ	≤65.0	65.0～85.0	>0.0	>0.0	>0.0
	65.1～75.0	65.0～95.0	+0.1～+20.0	+0.1～+20.0	+0.1～+20.0
	75.1～85.0	75.0～100.0	−5.0～+20.0	−5.0～+20.0	−5.0～+15.0
	85.1～95.0	80.0～105.0	−10.0～+15.0	−10.0～+15.0	−10.0～+10.0
	95.1～105.0	85.0～105.0	−15.0～+10.0	−15.0～+10.0	−15.0～+5.0
	105.1～115.0	90.0～110.0	−20.0～−0.1	−20.0～−0.1	−25.0～−5.0
	>115.0	≤110.0	<0.0	<0.0	<0.0

注：以 1 月平均气温、7 月平均气温、7 月平均相对湿度为主要指标，以年降水量、年日平均气温低于或等于 5℃的日数和年日平均气温高于或等于 25℃的日数为辅助指标而划分的七个一级区。

边远地区、少数民族地区以及部分山地城市、人口较少的工矿业城市、风景旅游城市等具有特殊情况的城市，应专门论证确定规划人均城市建设用地指标，且上限不得大于 150.0m²/人。

编制和修订城市（镇）总体规划应以本标准作为城市建设用地远期规划的控制标准。

（2）规划人均单项城市建设用地标准

规划人均居住用地指标应符合表 3-9 的规定。

表 3-9 人均居住用地面积指标（m²/人）

建筑气候区划	Ⅰ、Ⅱ、Ⅵ、Ⅶ气候区	Ⅲ、Ⅳ、Ⅴ气候区
人均居住用地面积	28.0～38.0	23.0～36.0

规划人均公共管理与公共服务用地面积不应小于 5.5m²/人；规划人均交通设施用地面积不应小于 12.0m²/人；规划人均绿地面积不应小于 10.0m²/人，其中人均公园绿地面积不应小于 8.0m²/人。

编制和修订城市（镇）总体规划应以本标准作为规划单项城市建设用地远期规划的控制标准。

（3）规划城市建设用地结构

居住用地、公共管理与公共服务用地、工业用地、交通设施用地和绿地这五大类主要用地，规划所占城市建设用地的比例宜符合表 3-10 中的规定。

表 3-10 规划建设用地结构

类别名称	占城市建设用地的比例（%）
居住用地	25.0～40.0
公共管理与公共服务用地	5.0～8.0
工业用地	15.0～30.0

续表

类别名称	占城市建设用地的比例（%）
交通设施用地	10.0～30.0
绿地	10.0～15.0

注：工矿城市、风景旅游城市以及其他具有特殊情况的城市，可根据实际情况具体确定。

3.4.2 《镇规划标准》（GB 50188—2007）

1. 术语界定

《镇规划标准》（GB 50188—2007）是对《村镇规划标准》（GB 50188—1993）的修订，包括镇、镇域、镇区、村庄、县域城镇体系、镇域村镇体系、中心镇、一般镇、中心村、基层村等。

2. 镇村体系和人口预测

（1）镇村体系和规模分级

镇域村镇体系规划应依据县（市）域城镇体系规划中确定的中心镇、一般镇的性质、职能和发展规模进行制定。镇区和村庄的规划规模应按人口数量划分为特大、大、中、小型四级。在进行镇区和村庄规划时，应该按照规划期末常住人口的数量按表 3-11 的分级来确定级别。

表 3-11 规划规模分级（人）

规划人口规模分级	镇区	村庄
特大型	>50000	>1000
大型	30001～50000	601～1000
中型	10001～30000	201～600
小型	≤10000	≤200

（2）规划人口预测

① 镇域总人口应为其行政地域内常住人口，常住人口数是户籍、寄住人口数之和，其发展预测宜按式（3-1）计算：

$$Q=Q_0(1+K)^{n+p} \tag{3-1}$$

式中 Q——总人口预测数（人）；

Q_0——总人口现状数（人）；

K——规划期内人口的自然增长率（%）；

p——规划期内人口的机械增长数（人）；

n——规划期限（年）。

② 镇区人口的现状统计和规划预测，应按居住状况和参与社会生活的性质进行分类。镇区规划期内的人口分类预测，宜按表 3-12 的规定计算。

表 3-12　镇区规划期内人口分类预测

人口类别		统计范围	预测计算
常住人口	户籍人口	户籍在镇区规划用地范围内的人口	按自然增长和机械增长计算
	寄住人口	居住半年以上的外来人口，寄宿在规划用地范围内的学生	按机械增长计算
通勤人口		劳动、学习在镇区内，住在规划范围外的职工、学生等	按机械增长计算
流动人口		出差、探亲、旅游、赶集、等临时参与镇区活动的人员	根据调查进行估算

3. 用地分类和计算

（1）用地分类

镇用地应按土地使用的主要性质划分为 9 大类、30 小类，其中大类分别是：居住用地、公共设施用地、生产设施用地、仓储用地、对外交通用地、道路广场用地、工程设施用地、绿地、水域和其他用地。

（2）用地计算

镇规划用地应统一按规划范围进行计算。规划范围应为建设用地以及因发展需要实行规划控制的区域，包括规划确定的预留发展、交通设施、工程设施用地等，以及水源保护区、文物保护区、风景名胜区、自然保护区等。

分片布局的规划用地应分片计算用地，再进行汇总。现状及规划用地应按平面投影面积计算，用地的计算单位应为公顷。用地面积计算的精确度应按制图比例尺进行确定，1：10000、1：25000、1：50000 的图纸应取值到个位；1：5000 的图纸应取值到小数点后一位；1：1000、1：2000 的图纸应取值到小数点后两位有效数字。

4. 规划建设用地标准

（1）一般规定

建设用地应包括居住用地、公共设施用地、生产设施用地、仓储用地、对外交通用地、道路广场用地、工程设施用地和绿地八大类用地。人均建设用地指标应为规划范围内建设用地面积除以常住人口数量后所取的平均数值。人口统计应与用地统计的范围相一致。

（2）人均建设用地指标

人均建设用地指标应按表 3-13 的规定分为四级：60～80m²、80～100m²、100～120m²、120～140m²。

其中新建镇区的规划人均建设用地指标应按表 3-13 中的第二级确定；当地处现行国家标准《建筑气候区划标准》（GB 50178—1993）的 Ⅰ、Ⅶ建筑气候区时，可按第三级确定；在各建筑气候区内均不得采用第一、四级人均建设用地指标。对现有的镇区进行规划时，其规划人均建设用地指标应在现状人均建设用地指标的基础上，按照表 3-13 规定的幅度进行调整。第四级用地指标可用于 Ⅰ、Ⅶ建筑气候区的现有镇区。

表 3-13　规划人均建设用地指标

现状人均建设用地指标（m²/人）	规划调整幅度（m²/人）
≤60	增 0～15
第一级　>60，≤80	增 0～10
第二级　>80，≤100	增、减 0～10
第三级　>100，≤120	减 0～10
第四级　>120，≤140	减 0～15
>140	减至 140 以内

注：规划调整幅度是指规划人均建设用地指标对现状人均建设用地指标的增减数值。地多人少边远地区的镇区，可根据所在省、自治区人民政府规定的建设用地指标确定。

（3）建设用地比例

镇区规划中的居住、公共设施、道路广场以及绿地中的公共绿地占建设用地的比例宜符合表 3-14 的规定。邻近旅游区及现状绿地较多的镇区，其公共绿地所占建设用地的比例可大于上限。

表 3-14　建设用地比例

类别代号	类别名称	占建设用地比例（%）	
		中心镇镇区	一般镇镇区
R	居住用地	28～38	33～43
C	公共设施用地	12～20	10～18
S	道路广场用地	11～19	10～17
G1	公共绿地	8～12	6～10
四类用地之和		64～84	65～85

5. 公共设施

（1）公共设施项目配置

公共设施按其使用性质分为行政管理、教育机构、文体科技、医疗保健、商业金融和集贸市场六类，其项目的配置应符合表 3-15 的规定。

表 3-15　公共设施项目配置

类别	项目	中心镇	一般镇
行政管理	党政、团体机构	●	●
	法庭	○	—
	各专项管理机构	●	●
	居委会	●	●
教育机构	专科院校	○	—
	职业学校、成人教育及培训机构	○	○
	高级中学	●	○
	初级中学	●	●

续表

类别	项目	中心镇	一般镇
教育机构	小学	●	●
	幼儿园、托儿所	●	●
文体科技	文化站（室）、青少年及老年之家	●	●
	体育场馆	●	○
	科技站	●	○
	图书馆、展览馆、博物馆	●	○
	影剧院、游乐健身场	●	○
	广播电视台（站）	●	○
医疗保健	计划生育站（组）	●	●
	防疫站、卫生监督站	●	●
	医院、卫生院、保健站	●	○
	休疗养院	○	—
	专科诊所	○	○
商业金融	百货店、食品店、超市	●	●
	生产资料、建材、日杂商店	●	●
	粮油店	●	●
	药店	●	●
	燃料店（站）	●	●
	文化用品店	●	●
	书店	●	●
	综合商店	●	●
	宾馆、旅店	●	○
	饭店、饮食店、茶馆	●	●
	理发馆、浴室、照相馆	●	●
	综合服务站	●	●
	银行、信用社、保险机构	●	○
集贸市场	百货市场	●	●
	蔬菜、果品、副食市场	●	●
	粮油、土特产、畜、禽、水产市场	根据镇的特点和发展需要设置	
	燃料、建材、家具、生产资料市场		
	其他专业市场		

注：●——应设的项目；○——可设的项目。

（2）公共设施项目配置的具体要求

公共设施用地占建设用地的比例应符合《镇规划标准》关于建设用地标准的规定。教育和医疗保健机构用地必须独立选址，其他公共设施宜相对集中布置，形成公共活动中心。学校、幼儿园、托儿所的用地，应设在阳光充足、环境安静、远离污染和不危及学生、儿童安全的地段，距离铁路干线应大于 300m 且主要入口不应开向公路。医院、卫生院、防疫站的选址应避开人流和车流大的地段，并应满足突发及灾害事件的应急要求。

集贸市场用地应综合考虑交通、环境与节约用地等因素进行布置，并应符合下列规定：集贸市场用地的选址应有利于人流和商品的集散，并不得占用公路、主要干路、车站、码头、桥头等交通量大的地段；不应布置在文体、教育、医疗机构等人员密集场所的出入口附近和妨碍消防车通行的地段；影响镇容环境和易燃易爆的商品市场，应设在集镇的边缘，并应符合卫生、安全防护的要求。集贸市场用地的面积应按平集规模确定，并应安排好大集时需要临时占用的场地，休集时应考虑设施和用地的综合利用。

6. 道路交通规划

（1）镇区道路规划

镇区的道路应分为主干路、干路、支路、巷路四级。道路广场用地占建设用地的比例应符合规划建设用地标准的规定。镇区道路中各级道路的规划技术指标应符合表 3-16 的规定。镇区道路系统的组成应根据镇的规模分级和发展需求按表 3-17 确定。

表 3-16　镇区道路规划技术指标

规划技术指标	道 路 级 别			
	主干路	干路	支路	巷路
计算行车速度（km/h）	40	40	40	40
道路红线宽度（m）	24～36	24～36	24～36	24～36
车行道宽度（m）	14～24	14～24	14～24	14～24
每侧人行道宽度（m）	4～6	4～6	4～6	4～6
道路间距（m）	≥500	250～500	120～300	60～150

表 3-17　镇区道路系统组成

规划规模分级	道 路 级 别			
	主干路	干路	支路	巷路
特大、大型	●	●	●	●
中型	○	●	●	●
小型	—	○	●	●

注：●——应设的级别；○——可设的级别。

镇区道路应根据用地地形、道路现状和规划布局的要求，按道路的功能性质进行布置，并应符合以下要求：连接工厂、仓库、车站、码头、货场等以货运为主的道路，不应穿越镇区的中心地段；文体娱乐、商业服务等大型公共建筑出入口处应设置人流、车辆集散场地；商业、文化、服务设施集中的路段，可布置为商业步行街，根据集散要求应设置停车场地，紧急疏散出口的间距不得大于 160m；人行道路宜布置无障碍设施。

（2）对外交通规划

高速公路和一级公路的用地范围应与镇区建设用地范围之间预留发展所需的距离。

规划中的二、三级公路不应穿过镇区和村庄内部，对于现状穿过镇区和村庄的二、三级公路应在规划中进行调整。

7. 公用工程设施规划

（1）给水工程规划

① 生活用水量计算

居住建筑的生活用水量可根据国家标准《建筑气候区划标准》（GB 50178—1993）的所在区域按表 3-18 进行预测。

表 3-18　居住建筑的生活用水量指标（L/人·d）

建筑气候区划	镇区	镇区外
Ⅲ、Ⅳ、Ⅴ区	100～200	80～160
Ⅰ、Ⅱ区	80～160	60～120
Ⅵ、Ⅶ区	70～140	50～100

② 给水工程规划的用水量

给水工程规划的用水量可按表 3-19 中中人均综合用水量指标进行预测。

表 3-19　人均综合用水量指标（L/人·d）

建筑气候区划	镇区	镇区外
Ⅲ、Ⅳ、Ⅴ区	150～350	120～260
Ⅰ、Ⅱ区	120～250	100～200

注：表中为规划期最高日用水量指标，已包括管网漏失及未预见水量；有特殊情况的镇区，应根据用水实际情况，酌情增减用水量指标。

（2）供电工程规划

① 用电量预测

主要包括预测用电负荷，确定供电电源、电压等级、供电线路、供电设施。供电负荷的计算应包括生产和公共设施用电、居民生活用电。用电负荷可采用现状年人均综合用电指标乘以增长率进行预测。

规划期末年人均综合用电量可按式（3-2）计算：

$$Q = Q_1(1+K)^n \tag{3-2}$$

式中　Q——规划期末年人均综合用电量（kW·h/人·a）；

　　　Q_1——现状年人均综合用电量（kW·h/人·a）；

　　　K——年人均综合用电量增长率（%）；

　　　n——规划期限（年）。

K 值可依据人口增长和各产业发展速度分阶段进行预测。

变电所的选址应做到线路进出方便和接近负荷中心。变电所规划用地面积控制指标可根据表 3-20 选定。

表 3-20　变电所规划用地面积指标

变压等级（kV） 一次电压/二次电压	主变压器容量 [kV·A/台（组）]	变电所结构形式及用地面积（m²）	
		户外式用地面积	半户外式用地面积
110（66/10）	20～63/2～3	3500～5500	1500～3000
35/10	5.6～31.5/2～3	2000～3500	1000～2000

② 电网规划

镇区电网电压等级宜定为 110、66、35、10kV 和 380/220V，采用其中 2～3 级和两个变压层次；电网规划应明确分层分区的供电范围，各级电压、供电线路输送功率和输送距离应符合表 3-21 的规定。

表 3-21　电力线路的输送功率、输送距离及线路走廊宽度

线路电压（kV）	线路结构	输送功率（kW）	输送距离（km）
0.22	架空线	50 以下	0.15 以下
	电缆线	100 以下	0.20 以下
0.38	架空线	100 以下	0.50 以下
	电缆线	175 以下	0.60 以下
10	架空线	3000 以下	8～15
	电缆线	5000 以下	10 以下
35	架空线	2000～10000	20～40
66、110	架空线	1000～50000	50～150

8. 环境规划

（1）环境卫生规划

《村镇规划卫生规范》（GB 18055—2012）给出了村镇规划在功能分区、用地、环境卫生基础设施（给水、排水、垃圾处理、粪便处理、公共厕所）、村镇住宅用地等方面的卫生要求。

① 村镇规划功能分区的卫生要求

村镇规划用地布局必须进行功能分区，住宅区应与农业生产区、养殖区和工业副业区、大型集贸市场、垃圾粪便和污水处理地点严格分开；公共建筑应按各自的功能合理布置；乡镇医疗卫生机构应布置在相对独立的地段；学校、幼儿园、托儿所应布置在阳光充足、环境安静、远离污染和安全的地段。

② 村镇用地的卫生要求

应避开自然疫源地和地质灾害易发区；应避开水源保护区；应避免被高压输电线路、铁路、重要公路穿越。

③ 村镇环境卫生基础设施的卫生要求

给水工程设施宜选择水质良好、水量充足并且便于保护的水源，水源地应配置在

当地主导风向的上风侧和河流的上游；水源水质达不到现行国家标准要求时，应设置必要的处理工艺设施，以保证处理后的水质符合相关规定；供水方式宜首选集中式给水工程。日供水在 $1000m^3$ 以上集中式给水水厂的建设，应事先进行卫生学预评价；采用分散式给水方式时，必须对水源井、引泉池、集水场等水源地采取保护措施，以防水质污染，同时应设置生活饮用水消毒设施。

排水工程系统应设置生活污水和生产废水的排放和处理设施。排水方式宜首选雨水、污水分流制，污水排放应设置管道或者暗渠。当选择合流制时，在生活污水排入管网系统之前应选择化粪池或者沼气池处理设施。生活污水采用集中处理时，污水处理设施的位置应选择在镇区的下游，靠近受纳水体或农田灌溉区。污水的处理，宜选择污水处理厂、人工湿地、生物滤池或稳定塘等生物处理设施，以保证污水处理的排放或再利用符合现行有关的国家标准。乡镇内工业企业生产废水的排放和处理，必须设置单独的排水管道和废水处理厂，以保证处理后的废水排放符合现行国家标准。乡镇医疗卫生机构应单独设置污水处理和消毒设施，以保证其污染物排放符合现行国家标准。

生活垃圾处理应统一规划建设，宜推行村庄收集、乡镇集中运输、县域内集中处理的方式；应配套设置垃圾收集点和转运点、专用收集容器和运输车辆；暂时不能集中处理的垃圾可采用就地处理的方式；可生物降解的有机垃圾处理，宜选择高温堆肥或生物发酵处理设施；未能回收利用的无机垃圾处理，宜采用卫生填埋处理设施；垃圾填埋场严禁设在水源保护区内，宜选择在村庄主导风向的下风向、地下水位低、有黏土层防渗、与住宅区有一定的卫生防护距离的地点；乡镇医疗机构应单独设置医疗废弃物专用收集容器和送达指定处理地点的运输工具，以保证符合现行的医疗废弃物管理条例。

户厕建设应按实际需要选择适宜的厕所类型。不具备上下水的村庄不宜建水冲式厕所，粪便污水排出管道应与污水处理设施连接；粪便无害化处理，宜选择化粪池或沼气池设施；农家饲养畜、禽粪便的处理，宜采用三联通沼气池；各类设施清掏出来的粪渣、沼渣、污泥的处理，宜选择高温堆肥或生物发酵室处理设施。

村镇公共场所应根据服务人数设置足够数量、足够面积和分布合理的公共厕所。公共厕所应为无害化卫生厕所，与水源地、食堂、餐饮店、食品加工厂之间保持不小于 25m 的距离。

④ 村镇住宅用地的卫生要求

村镇住宅用地应布置在大气污染源的常年最小风频的下风侧以及水污染源的上游；应与过境公路保持一定距离；应选择地势较高并有不小于 0.5% 的坡度、向阳和通风良好的地段；地下水位离室内地面应不小于 1.5m，在地下水位较高处的住宅应采取防潮工艺措施；应选择土壤未受污染、放射性不高的地点，仅有局部地面受污染的土壤，也应采取换土去污措施；不得利用旧坟场、死畜掩埋场、垃圾填埋场、工业有毒废渣堆置场等场地建设住宅区。

住宅与生产车间等有害因素场所之间，应设置符合规定的卫生防护距离，见表 3-22，在其中可设置防护林隔离带。

表 3-22　卫生防护要求

类别	产生有害因素的场所和规模		卫生防护距离（m）
农副业	养鸡场（只）	10000～20000	200～600
		2000～10000	100～200
	养猪场（头）	10000～25000	800～1000
		500～10000	200～800
	小型肉类加工厂（t/a）	1500	100
公共建筑	镇（乡）医院、卫生院		100
	集贸市场（不包括大牲口市场）		50
废弃物处理设施	粪便垃圾处理场		500
	垃圾堆肥场		300
	垃圾卫生填埋场		300
	小三格化粪池集中设置场		30
	大三格、五格化粪池		30
交通线	铁路		100
	一～四级道路		100
	四级以下机动车道		50

住宅区与其他生产有害因素场所之间的卫生防护距离，包括乡镇工业企业、外来投资建设的工业企业、产生电磁辐射的设施等之间的卫生防护距离，应按照有关的工业企业防护距离卫生标准和环境电磁波卫生标准进行规划。

复杂地形条件下的住宅区与产生有害因素场所之间的防护距离，应根据环境影响评价报告，由建设单位主管部门与建设项目所在省、市、自治区的卫生、环境保护部门共同确定。

（2）环境绿化规划

镇区环境绿化规划应根据地形地貌、现状绿地的特点和生态环境建设的要求，结合用地布局，统一安排公共绿地、防护绿地、各类用地中的附属绿地，以及镇区周围环境的绿化，形成绿地系统。

公共绿地主要包括镇区级公园、街区公共绿地，以及路旁、水旁宽度大于 5m 的绿带，公共绿地在建设用地中的比例宜符合规划建设用地标准的规定；防护绿地应根据卫生和安全防护功能的要求，规划布置水源保护区防护绿地、工矿企业防护绿带、养殖业的卫生隔离带、铁路和公路防护绿带、高压电力线路走廊绿化和防风林带等；镇区建设用地中公共绿地之外各类用地中的附属绿地宜结合用地中的建筑、道路和其他设施布置的要求，采取多种绿地形式进行规划。

对镇区生态环境质量、居民休闲生活、景观和生物多样性保护有影响的邻近地域，包括水源保护区、自然保护区、风景名胜区、文物保护区、观光农业区、垃圾填埋场地应统筹进行环境绿化规划。栽植树木花草应结合绿地功能选择适于本地生长的品种，并应根据其根系、高度、生长特点等，确定与建筑物、工程设施以及地面上下管线间的栽植距离。

（3）景观规划

景观规划主要包括镇区容貌和影响其周边环境的规划。

镇区景观规划应符合以下要求：应结合自然环境、传统风格，创造富于变化的空间布局并突出地方特色；建筑物、构筑物、工程设施群体和个体的形象、风格、比例、尺度、色彩等应相互协调；地名及其标志的设置应规范；道路、广场、建筑的标志和符号、杆线和灯具、广告和标语、绿化和小品，应力求形式简洁、色彩和谐、易于识别。

（4）历史文化保护规划

镇、村历史文化保护规划必须体现历史的真实性、生活的延续性、风貌的完整性，贯彻科学利用、永续利用的原则，应依据县域规划的基本要求和原则进行编制；镇、村历史文化保护规划应纳入镇、村规划。镇区的用地布局、发展用地选择、各项设施的选址、道路与工程管网的选择，应有利于镇、村历史文化的保护；镇、村历史文化保护规划应结合经济、社会和历史背景，应全面深入调查历史文化遗产的发展历史和现状，依据其历史、科学、艺术等价值，确定保护的目标、具体的保护内容和重点，划定保护范围：包括核心保护区、风貌控制区、协调发展区三个层次，制定不同范围的保护管制措施。

镇、村历史文化保护规划的主要内容如下：

保护历史空间格局和传统建筑风貌；保护与历史文化密切相关的山体、水系、地形、地物、古树名木等要素；保护反映历史风貌的其他不可移动的历史文物，体现民俗精华、传统庆典活动的场地和固定设施等。

划定镇、村历史文化保护范围的界线。确定文物古迹或历史建筑的现状用地边界，包括：街道、广场、河流等处视线所及范围内的建筑用地边界或外观界面；构成历史风貌与保护对象相互依存的自然景观边界；保存完好的镇区和村庄应整体划定为保护范围。

镇、村历史文化保护要点：应严格保护该地区历史风貌，维护其整体格局及空间尺度，并制定建筑物、构筑物和环境要素的维修、改善与整治方案，以及重要节点的整治方案；应划定风貌控制区的边界线，并应严格控制建筑的性质、高度、体量、色彩及形式。根据需要划定协调发展区的界限；增建设施的外观和绿化布局必须严格符合历史风貌的保护要求；应限定居住人口数，改善居民生活环境，并应建立可靠的防灾和安全体系。

3.4.3　《村庄规划用地分类指南》（2014 年）

《村庄规划用地分类指南》（2014 年）由住房和城乡建设部于 2014 年 7 月 11 日发布，适用于村庄的规划编制、用地统计和用地管理工作。

1. 村庄用地分类及代码

村庄规划用地共分为 3 大类、10 中类、15 小类。村庄规划用地分类和代码应符合表 3-23 的规定。

表 3-23 村庄规划用地分类和代码

类别代码			类别名称	内容
大类	中类	小类		
V			村庄建设用地	村庄各类集体建设用地，包括村民住宅用地、村庄公共服务用地、村庄产业用地、村庄基础设施用地及村庄其他建设用地等
	V1		村民住宅用地	村民住宅及其附属用地
		V11	住宅用地	只用于居住的村民住宅用地
		V12	混合式住宅用地	兼具小卖部、小超市、农家乐等功能的村民住宅用地
	V2		村庄公共服务用地	用于提供基本公共服务的各类集体建设用地，包括公共服务设施用地、公共场地
		V21	村庄公共服务设施用地	包括公共管理、文体、教育、医疗卫生、社会福利、宗教、文物古迹等设施用地以及兽医站、农机站等农业生产服务设施用地
		V22	村庄公共场地	用于村民活动的公共开放空间用地，包括小广场、小绿地等
	V3		村庄产业用地	用于生产经营的各类集体建设用地，包括村庄商业服务业设施用地、村庄生产仓储用地
		V31	村庄商业服务业设施用地	包括小超市、小卖部、小饭馆等配套商业、集贸市场以及村集体用于旅游接待的设施用地等
		V32	村庄生产仓储用地	用于工业生产、物资中转、专业收购和存储的各类集体建设用地，包括手工业、食品加工、仓库、堆场等用地
	V4		村庄基础设施用地	村庄道路、交通和公用设施等用地
		V41	村庄道路用地	村庄内的各类道路用地
		V42	村庄交通设施用地	包括村庄停车场、公交站点等交通设施用地
		V43	村庄公用设施用地	包括村庄给排水、供电、供气、供热和能源等工程设施用地；公厕、垃圾站、粪便和垃圾处理设施等用地；消防、防洪等防灾设施用地
	V9		村庄其他建设用地	未利用及其他需进一步研究的村庄集体建设用地
N			非村庄建设用地	除村庄集体用地之外的建设用地
	N1		对外交通设施用地	包括村庄对外联系道路、过境公路和铁路等交通设施用地
	N2		国有建设用地	包括公用设施用地、特殊用地、采矿用地以及边境口岸、风景名胜区和森林公园的管理和服务设施用地等
E			非建设用地	水域、农林用地及其他非建设用地
	E1		水域	河流、湖泊、水库、坑塘、沟渠、滩涂、冰川及永久积雪
		E11	自然水域	河流、湖泊、滩涂、冰川及永久积雪
		E12	水库	人工拦截汇集而成具有水利调蓄功能的水库正常蓄水位岸线所围成的水面
		E13	坑塘、沟渠	人工开挖或天然形成的坑塘水面以及人工修建用于引、排、灌的渠道
	E2		农林用地	耕地、园地、林地、牧草地、设施农用地、田坎、农用道路等用地
		E21	设施农用地	直接用于经营性养殖的畜禽舍、工厂化作物栽培或水产养殖的生产设施用地及其相应附属设施用地，农村宅基地以外的晾晒场等农业设施用地
		E22	农用道路	田间道路（含机耕道）、林道等
		E23	其他农林用地	耕地、园地、林地、牧草地、田坎等土地
	E9		其他非建设用地	空闲地、盐碱地、沼泽地、沙地、裸地、不用于畜牧业的草地等用地

2. 村庄用地分类条文说明

《村庄规划用地分类指南》的用地分类以土地的主要性质划分为主,同时考虑土地权属等实际情况,如位于村庄居民点用地以外且占用集体用地的工厂,其用地应属于"村庄产业用地(V3)";位于村庄居民点用地以内未占用集体用地的工厂,其用地应属于"国有建设用地(N2)"。

《村庄规划用地分类指南》将用地划分为"村庄建设用地""非村庄建设用地""非建设用地"三大类,主要基于对建设用地和非建设用地两类土地的考虑,这有利于分类管理,实现全域覆盖。《村庄规划用地分类指南》在同等含义的用地分类上尽量与《城市用地分类与规划建设用地标准》(GB 50137—2011)、《土地利用现状分类》(GB/T 21010—2007)衔接,如表 3-24 所示。

表 3-24　《村庄规划用地分类指南》与《城市用地分类与规划建设用地标准》"三大类"对照表

《村庄规划用地分类指南》	《城市用地分类与规划建设用地标准》(GB 50137—2011)	
V 村庄建设用地	H14 村庄建设用地	
N 非村庄建设用地	H1 城乡居民点建设用地	H11 城市建设用地
		H12 镇建设用地
		H13 乡建设用地
	H2 区域交通设施用地	
	H3 区域公用设施用地	
	H4 特殊用地	
	H5 采矿用地	
	H9 其他建设用地	
E 非建设用地	E 非建设用地	

(1)村庄建设用地

村庄建设用地(V)分为五中类,主要包括村民住宅用地(V1)、村庄公共服务用地(V2)、村庄产业用地(V3)、村庄基础设施用地(V4)和村庄其他建设用地(V9),涵盖 2008 年 1 月颁布实施的《中华人民共和国城乡规划法》中所涉及的所有村庄规划用地类型。

(2)非村庄建设用地

非村庄建设用地包括对外交通设施用地和国有建设用地两类。对外交通设施用地包括村庄对外联系道路、过境公路和铁路等交通设施用地。国有建设用地包括公用设施用地、特殊用地、采矿用地以及边境口岸、风景名胜区和森林公园的管理和服务设施用地等。

(3)非建设用地

基于与《土地利用现状分类》(GB/T 21010—2007)和《中华人民共和国土地管理法》"三大类"衔接的要求,借鉴《城市用地分类与规划建设用地标准》(GB 50137—2011),《村庄规划用地分类指南》将"非建设用地"划分为"水域"(E1)、"农林用地"(E2)和"其他非建设用地"(E9)三中类。

3.5 村镇总体规划的地方政策与法规依据

3.5.1 部分地方特色性政策

1. 广东幸福村居

"幸福村居建设"是 2012 年广东省珠海市在《关于创建幸福村居的决定》中率先提出的。围绕"规划科学、生产发展、生活富裕、生态良好、文明幸福、社会和谐"的总要求，突出重点、逐步推进、争创品牌，打造"更加富裕、更加美丽、更加和谐、更加幸福"的珠海特色村居，改善人居环境、生产环境和生态环境，提高文明水平、保障水平和管理水平。

幸福村居遵循"以人为本，共建共享"的原则，具体内容为：（1）因地制宜，分类指导。坚持一切从实际出发，立足当地实际，从解决农民最迫切、最基本的生产生活环境、民生问题和公共服务入手，建设展现地方特色、农民认可的幸福村居。（2）规划先行，典型示范。坚持实用性与前瞻性相结合，编制各种类型村居的创建规划，以点带面，确保"创建一个、成功一个"。（3）立足实际，量力而行。创建活动应适应现阶段农村生产力发展水平，立足于提升不同层次、不同区域农村居民的幸福感。

珠海建设幸福村居的做法得到了广泛认可和推广，广东省在《广东省创建幸福村居五年行动计划》中提出加快转型升级，将建设幸福广东的理念与解决民生问题有机结合起来，具体落实在四个方面：一是突出立足实际，适应现阶段生产力发展水平；二是突出当前农民所反映的最突出、最迫切的民生、环境和公共服务等问题；三是突出尊重农民意愿，充分发挥农民的主体作用；四是突出强化责任，明确各级责任，建立工作机制。

幸福村居六大举措：（1）推进"四大建设"，提升宜居度，包括"两不具备"的村庄搬迁、农村低收入住房困难户改造、幸福安居示范村建设、示范村名村建设。（2）实施"四大工程"，夯实宜业基础，包括农田水利万宗工程、高标准基本农田建设工程、农民专业合作社建设工程、渔民转产转业工程。（3）强化"四大整治"，改善生态环境，包括生活垃圾整治、生活污水整治、供水综合整治、村容村貌整治。（4）深化"四大活动"，提高文明素质，包括农民思想道德教育活动、农村普法教育活动、农村文体活动、农民科技培训活动。（5）提升"四个水平"，营造和谐氛围，包括农村医疗服务水平、居民社会保障水平、农村教育水平、农村社区服务水平。（6）构建"四大活动"，创建平安环境，包括构建村居综治信访维稳工作平台、农村"三联"治理工作平台、农村技防工作平台、农村社会治安工作平台。

此外，广东省创建幸福村居在提升宜居水平、夯实宜业基础、改善生态环境、提高文明素质和营造和谐氛围等方面提出了具体要求，进一步把创建幸福村居的工作落到实处。

2. 浙江特色小镇

2015 年浙江省发布的《浙江省人民政府关于加快特色小镇规划建设的指导意见》

对特色小镇规划建设进行了规范。特色小镇的规划建设有利于扩大有效投资，弘扬传统优秀文化；有利于集聚人才、技术、资本等高端要素，实现小空间大集聚、小平台大产业、小载体大创新；有利于推动资源整合、项目组合、产业融合，加快推进产业集聚、产业创新和产业升级，形成新的经济增长点。

（1）概念

特色小镇是相对独立于市区，具有明确产业定位、文化内涵、旅游和一定社区功能发展空间的平台，区别于行政区划单元和产业园区。

（2）总体要求

① 产业定位。特色小镇聚焦信息经济、环保、健康、旅游、时尚、金融、高端装备制造等支撑浙江省未来发展的七大产业，兼顾茶叶、丝绸、黄酒、中药、青瓷、木雕、根雕、石雕、文房等历史经典产业，坚持产业、文化、旅游"三位一体"和生产、生活、生态的融合发展。

② 规划引领。特色小镇规划面积一般控制在 $3km^2$ 左右，建设面积一般控制在 $1km^2$ 左右。特色小镇在相应的年限要完成相应的资产投资，要建设成为 3A 级以上景区，旅游产业类特色小镇要按 5A 级景区标准建设。

③ 运作方式。特色小镇建设要坚持政府为引导、企业为主体，并坚持市场化运作，既凸显企业主体地位，充分发挥市场在资源配置中的决定性作用，又加强政府引导和服务保障，在规划编制、基础设施配套、资源要素保障、文化内涵挖掘传承、生态环境保护等方面更好地发挥作用。

（3）创建程序

浙江省将重点培育和规划建设 100 个左右特色小镇，规划建设一批产业特色鲜明、体制机制灵活、人文气息浓厚、生态环境优美、多种功能叠加的特色小镇，其创建程序包括：

① 自愿申报。由县（市、区）政府向"省特色小镇规划建设工作联席会议办公室"报送创建特色小镇的书面材料，制定创建方案，明确特色小镇的范围、产业定位、投资主体、投资规模、建设计划，并附概念性规划。

② 分批审核。根据申报创建特色小镇的具体产业定位，坚持统分结合、分批审核，先分别由省级相关职能部门牵头进行初审，再由"省特色小镇规划建设工作联席会议办公室"组织联审，经"省特色小镇规划建设工作联席会议"审定后由省政府分批公布创建名单。

③ 年度考核。对申报审定后纳入创建名单的省重点培育特色小镇，建立年度考核制度，考核合格的兑现扶持政策。考核结果纳入各市、县（市、区）政府和牵头部门目标考核体系，并在省级主流媒体公布。

④ 验收命名。通过 3 年左右创建，对实现规划建设目标，达到特色小镇标准要求的，由"省特色小镇规划建设工作联席会议"组织验收，通过验收的特色小镇将认定为省级特色小镇。

（4）政策措施

① 土地要素保障。各地结合土地利用总体规划，将特色小镇建设用地纳入城镇建设用地扩展边界内。特色小镇建设按照节约集约用地的要求，充分利用低丘缓坡、滩涂资源和存量建设用地。

② 财政支持。特色小镇在创建期间及验收命名后，其规划空间范围内的新增财政收入上交省财政部门。

3. 湖北绿色幸福村

"绿色幸福村"建设是湖北省在总结和提炼全国试点村庄成功经验的基础上，倡导的一种社会主义新农村建设模式，是鄂西生态文化旅游圈建设三年行动计划的一项重要工作内容。

湖北省发展战略规划办公室从 2012 年 11 月 8 日开始正式启动鄂西圈"绿色幸福村"建设示范工程。本着试点先行、科学示范、分类指导、有序推进的原则，为"绿色幸福村"后续的生态文化旅游产业发展一体化提供品牌策划与营销方案。

（1）绿色幸福村要义

"绿色幸福村"的内涵是"风貌古朴、功能现代、产业有机、文明复归"。"绿色幸福村"的现实意义在于，一方面避免了鄂西圈几千年来传承的原生态村落遭到不可逆转的毁灭性破坏，为保护中华历史悠久的农耕文明尽一份责任。另一方面让村民和市民都能从村庄得到美好的体验和享受。引导村民通过生态环境与乡风的改善，建立起自我组织、自我管理和自我运行的载体，让原生态村庄有机地嫁接到现代文明之上，自食其力过上比城市居民幸福指数还要高的美好新生活。同时，让来到村庄的城市居民体会远古田园和农耕时代的生活，体验和享受与城市生活系统截然不同的生产生活方式。通过把农村建设得更像农村，让鄂西村庄成为人们安放心灵的家园，实现以"绿色幸福村"统筹城乡和谐发展的内在实践价值。

（2）组织实施

① 明确主体。市、州（林区）及县（市）区发改部门及县（市）区政府负责项目的申报和指导，乡镇政府负责试点工作的组织和领导。村民群体以自然村为单位，负责完成试点项目中与自己村庄建设相关的所有具体工作。

② 整合资源。整合一切可支持"绿色幸福村"建设的社会资源，凝聚力量，加快试点建设。加强与各级党委政府派驻的指导和扶持农村发展工作队的沟通，争取最大的财力、物力、信息、理念支持；充分发挥社会各界（党员干部、复退军人、乡村知识分子等）在乡村建设中的积极影响和推动作用，发挥社会各界对村庄建设理念更新、智力支持和技术援助作用。

③ 培养自主意识。充分调动村民的积极性，强化独立自主、自我发展的意识，充分发挥村民的创造力。弘扬爱家、爱村、爱国家的精神，鼓励村民为村集体贡献体力劳动和精神智慧。

④ 监督规划落实。行政村村民自治组织负责试点示范的监督实施，确保严格按照地方发展战略规划办审定的方向和认定的技术支持单位提出的方案，实施村庄建设。未经审定的项目，一律不得动建，具体手续由县、市（区）发改部门协调相关主管部门加以完善。一经审定的项目，一律不得擅改，确有必要修改的项目内容，需上报并经原技术支持单位认定。

（3）实施村庄保护和改造工程

规划控制范围内的村舍和环境保护应遵循以下要求：房屋的室内装修必须风貌古朴，陈设富有当地农家特色；村庄环境整治和道路、水系等基础设施建设严格按规划程序施工；村庄和家庭美化禁止使用城镇园林风格，在整体上，村庄按照田园风格和旧时家院风貌修复，树木因时就势错落有致；倡导"孙氏水卫养猪系统"，恢复家庭有机养猪，促进资源节约、循环经济和有机农业；公共厕所要使用方便、内里干净、外观有本地特色；流转土地、改良土地、安排生产、发展产业、建设公益设施等重大事项，由村民委员会和村民自治组织决定。

4. 新疆富民安居

为了让各族人民群众住上房、住好房，新疆从 2010 年 6 月开始实施"富民安居"工程，按照"面积、功能、质量、产业二十年不落后"的要求，高起点、高标准地推进工程建设。

以新疆哈巴河县的安居富民工程为例，为切实抓好哈巴河县安居富民工程，不断改善农民群众的住房条件，让发展成果惠及各族群众，结合地方实际出台了《哈巴河县 2016 年安居富民工程建设实施方案》（哈政办发〔2016〕17 号）。

（1）基本原则

① 坚持高起点、高水平、高效益规划建设的原则。按照"三个集中"的发展思路，着眼于率先实现全面建成小康社会的宏伟目标，做到住房面积、功能、质量、产业不落后。

② 坚持科学发展、统筹推进的原则。使安居富民工程建设与抗震安居工程建设相结合；与村镇建设竞赛等活动相结合；村镇布局规划与村庄整治规划相结合；新居建设与产业发展相结合；新建与原址重建相结合；户型美观与经济实用相结合；地方民族特色与现代生产生活方式相结合；新居建设与公共服务设施配套、环境综合治理相结合；援疆支持与自力更生相结合。

③ 坚持区域相对集中、整村推进、拆旧建新、一步到位的原则。优化村庄布局，有效整合资源，积极推进小村向中心村集中，向规划居民点集中，做到连片建设。房屋建设原则为砖混结构，房屋功能注重节能保温和环保的理念。

④ 坚持整合资金、捆绑使用的原则。采取政府补助、对口支援、社会帮扶、农民自筹相结合的办法，有效集聚各方力量，集中使用各类资金，形成推进安居富民工程建设的强大合力。

⑤ 坚持因地制宜、分类指导、突出特色的原则。针对不同村庄、不同风俗、不同条件，实行"一村一规划、一户一方案"，避免千篇一律，做到有所创新、有所发展，既体现现代文明，又突出区域特色和民族特色。

（2）工作重点

解决农村困难群体住房难的问题，大力改善住房条件。根据自治区、地区要求，在实施安居富民工程中，解决农村低收入家庭住房困难户的数量不得低于当年建房总任务的 30％。实施安居富民政策的乡（镇），由县、乡（镇）两级民政部门审核认定无建房能力的特困户、五保户，在有宅基地、符合村庄规划许可的前提下，采取"两户一体"方式，由政府帮助在规划区域内提供能够满足其基本生活需求的免费建房政策。

拆旧建新。在符合土地和农村建设规划的前提下，散户建设以拆旧建新、原址重建为主。安居房建设原则上以农户自建为主，自建确有困难的农户，乡（镇）、行政村应发挥组织协调作用，帮助农户选择有资质的施工队伍建设，确保住房保质保量按期完工。坚持整村推进与原址重建相结合，安居房建设任务相对集中的村庄要统筹安排道路、供水、环保等配套设施的建设，整体改善村庄人居环境。边境一线的农村安居房建设，以原址重建为主，确需异地新建的，应靠紧边境，不得后移。

（3）申报程序

① 个人申请。建房户个人提出书面申请，申请内容包括房屋面积和户型，服从统一规划和设计，保证按图纸设计要求施工。

② 乡（镇）审核。审定申请户资格，包括户口性质、贫困标准、是否享受过住房优惠政策等，并以户为单位建立质量档案，签订建房协议书。

③ 县级复审。安居富民领导小组办公室复审确定补助标准后，乡（镇）城建所办理《农村住房建设规划许可证》和下达《开工通知单》。所在乡（镇）国土资源所、城建所定桩放线后予以开工建设。

④ 验收程序。每个村（片区）安居富民工程的地基与基础、主体工程、竣工验收由安居办牵头，各乡（镇）主管机构、村民理事会、施工方和住户共同进行；安居办对散建户各阶段验收进行不定期抽查。村理事会承担所在村安居建房户的全程监督管理，配合有关部门开展建房日常管理，对施工过程中出现的质量安全隐患督促整改。验收组验收时对施工存在的各种问题要下达通知，告知整改事项。各乡（镇）、村分户验收完成后，由县安居办牵头，县委农办、发改委、住建局、财政局、民政局共同制定全县安居富民工程建设项目验收鉴定报告。

（4）保障措施

① 由县安居富民工作领导小组给各乡（镇）下达年度计划任务，各乡（镇）务必制定翔实可行的安居富民工程建设实施方案，将任务分解到村，落实到户。

② 县安居工程贷款办公室落实完成建房户贷款、审核、审查工作。

③ 落实自治区贷款贴息政策。各乡（镇）专门成立审查工作小组和清收工作小组，帮助农民协调建房贷款，为农民建房提供资金保障。

④ 做好统筹规划。科学合理实施土地和建设规划工作，各乡（镇）对异地新建的房屋要提前办理土地和建设规划手续，安居富民房选址必须符合村庄建设规划，并需要通过审批；各有关部门（单位）要切实加强对工程建设资金的监督管理，严禁截留、挤占和挪用；加大节能推广示范宣传，扩大节能建设覆盖面。

⑤ 加强对管理人员和施工队伍的建设以及建房户的培训。积极组织各乡（镇）主管领导、乡（镇）助理员、施工队负责人参加地区业务培训，在注重专业人才队伍培养，为安居富民工程建设提供技术保障。

⑥ 加强建筑材料市场供应和监管工作。积极引进一批新型建材生产企业，有效提升现有生产能力，加大紧缺建材生产力度，最大限度地保障安居富民工程的建材供应。发改、物价等部门要加大对建材市场的监督检查力度，核定企业成本，从源头和下游严格控制建材价格，依法维护建筑、建材市场秩序。做到备工备料保质保量，让老百姓住上安心房、放心房。

⑦ 加强质量和安全保障体系建设。县住建局、质监局、安居办等部门要加大巡查力度，重点加强施工队伍的管理。各有关部门要有针对性、有计划性地组织技术力量深入一线，为农村安居富民工程建设提供技术指导和服务。

⑧ 强化检查考核。加大检查考核力度，将安居富民工程建设情况纳入各乡（镇）、

相关部门（单位）年度工作目标考核，研究制定安居富民工程检查考核办法，督促各乡（镇）完成年度目标任务。

⑨ 抓好舆论宣传。广泛宣传安居富民工程的各项优惠政策、理论经验，激发群众筹集资金、投工投劳建设美好家园的积极性、主动性和创造性，形成全社会积极支持参与的良好氛围。

（5）实施步骤

① 宣传调查阶段。召开安居富民工作动员大会，调整和完善领导机构，制定安居富民工程建设实施方案，各乡（镇）召开村民动员大会，制定具体的安居富民工作措施。

② 规划、审批阶段。科学合理地做好乡（镇）、村规划，做到"一村一规划、一户一方案"，经济实用并突出地方政策，符合老百姓的要求。各乡（镇）在开工前务必完成各项审核、审批手续的办理，杜绝"先建后办"的违规行为。

③ 技术培训和资金落实阶段。选派建筑专业技术人员对农民工匠进行建筑技术培训，确保建房户自筹资金到位，确保安居工程建设顺利实施。

④ 工程建设阶段。由住建局和安居富民办公室全程负责监管施工质量，各乡（镇）负责拆迁工作。安居富民办公室负责协调工程建设中的有关问题，包括相关配套项目（水、电、道路的施工）的实施等。

⑤ 工程验收阶段。县安居富民领导小组组织相关部门（单位）按照标准对各乡（镇）安居富民建设工作情况进行检查、验收和评估。

5. 广东贫困村

深入贯彻中央扶贫开发工作会议和习近平总书记关于扶贫开发的系列重要讲话精神，围绕协调推进"五位一体"总体布局和"四个全面"战略布局，贯彻落实创新、协调、绿色、开放、共享发展理念，坚持精准扶贫、精准脱贫，坚持规划到户、责任到人，协调动员各方面力量，扎实推进脱贫攻坚十项工程，着力提高贫困人口收入，完善社会保障，推进基本公共服务均等化和社会保障城乡一体化，改变贫困地区落后面貌。

以广东省为例，根据《关于新时期精准扶贫精准脱贫三年攻坚的实施意见》（粤扶组〔2016〕4 号）扎实推进扶贫开发工作，打好新时期脱贫攻坚战，在广东省 2277 个相对贫困的村开展定点扶贫工作。

（1）安排原则

① 结合新时期对口帮扶结对关系，安排珠三角地区广州等 6 市帮扶粤东西北 11 市和肇庆市的 1719 个定点扶贫村。

② 安排省直和中直驻粤单位帮扶粤东西北 11 市和肇庆市的 255 个定点扶贫村。

③ 汕头市、惠州市分别帮扶本市全部 37 个、46 个定点扶贫村。

粤东西北 11 个市和肇庆市其余 220 个定点扶贫村，原则上由市直单位承担帮扶。

（2）工作职责

① 落实精准识贫。按照"县为单位、分级负责、精准识别、长期公示、动态管理"的原则，认真细致地做好相对贫困户的精准识别工作，对贫困户的摸查全覆盖。坚持"四看"、"五优先"、"六进"、"七不进"，确保精准识别到位。"四看"即：一看房、二

看粮、三看劳力强不强、四看家中有没有读书郎。"五优先"即：五保户和低保户优先、无房户和危房户优先、重大疾病和残疾户优先、因病返贫和因灾返贫户优先、因教和因老致贫户优先。"六进"即：一是家庭主要劳动力死亡、孩子未成年的农户要进；二是不符合五保条件的孤寡农户和单亲家庭要进；三是家庭主要劳动力长期生病、不能从事基本劳动的农户要进；四是家庭人口有丧失劳动能力的残疾人口的农户要进；五是住房不避风雨的农户要进；六是因自然灾害、突发事件造成家庭特别困难的农户要进。"七不进"即：一是近三年内新建建筑面积为 $80m^2$ 以上的住房或在城镇购买商品房的农户不能进；二是子女有赡养能力但不履行赡养义务的农户不能进；三是家庭拥有小汽车或大型农机具的农户不能进；四是直系亲属有属于财政供养人员的农户不能进；五是长期雇佣他人从事生产经营活动的农户不能进；六是对举报或质疑不能作出合理解释的农户不能进；七是有劳动能力但好吃懒做、打牌赌博导致贫困的农户不能进。

② 落实申报程序。要严格执行《广东省农村扶贫开发条例》规定的程序，由农户向行政村村委会提出申请，驻村工作队会同村委会组织对提出申请的农户家庭居住条件、收入和家庭成员健康状况进行核实，召开村民大会或村民代表大会评议，对符合条件的农户在村委会和各村民小组公示 7 天，群众无异议后在农户申请表出具初审意见，造册汇总后报所在镇政府审核。镇级人民政府组织对各村上报的相对贫困户情况进行核查，在农户申请表上加具审查意见，并以村为单位按有劳动能力农户、没有劳动能力农户进行分类造册统计上报所在县扶贫办。县扶贫办在政府网站和镇村进行公告，并会同有关部门组成核查组对各镇报送的相对贫困农户和人口数量真实性进行核查，将核查结果报县级人民政府审定最终名单。

③ 落实建档立卡。在相对贫困户逐户实行精准识别后，要逐户建档立卡，录入电脑，长期公示。要做好被帮扶贫困村、相对贫困户的登记造册工作，做到户有卡、村有册，建立动态档案，反映真实情况。在此基础上，被帮扶的贫困户、帮扶干部要建立统一的《帮扶记录卡》台账，帮扶干部个人的帮扶情况及贫困户受帮扶的情况必须如实记录在《帮扶记录卡》上，由相对贫困村负责人和驻村工作队队长签名确认，录入电脑，并建立电子信息档案，通过扶贫信息网络实现省、市、县联网管理，作为检查考核评价帮扶工作的重要依据。

④ 落实帮扶规划。驻村工作队按照政府的工作部署和要求，根据实际情况，制定贫困村和贫困户精准扶贫精准脱贫三年攻坚规划及年度工作计划，做到年度有计划三年有规划。要对贫困村村情、民情开展深入调查研究，广泛听取当地干部群众对脱贫工作的意见和建议，从实际出发帮助贫困村制定脱贫规划。对贫困户家庭人口情况、致贫原因、人均收入等方面进行深入调查，摸清底数，深入了解贫困户发展需求，在尊重贫困户意愿的基础上，按照"一户一法"要求，分类制定帮扶措施，落实帮扶责任，确保扶贫对象精细化管理，扶贫资源精确化配置，扶贫对象精准化扶持，实现精准脱贫。

⑤ 落实帮扶到户。要按照"六个精准"要求，采取"五个一批"，实施"十项工程"，帮扶措施"一户一法"，精准施策，落到实处。一要帮思想转变，扶贫先扶志，要大力宣传党和政府的扶贫政策和有关规定，教育和引导贫困农户克服"等、靠、要"思想，激发脱贫的内生动力和主动性，自觉接受新技术、新理念，树立通过自主创业，

依靠自身努力逐步摆脱贫困的信心。二要帮增收脱贫，按照有劳动能力的贫困户意愿，指导贫困农户选定帮扶项目，并在资金、物资、技术、信息、就业等方面为贫困农户予以扶持。要按照实际情况提供就业扶贫、产业扶贫、旅游扶贫等具体帮扶措施，根据其自身愿望和当地实际，多措并举扶持贫困户发展特色优势种养业或从事农产品加工、服务及其他产业。进一步增强"造血"功能，实现产业帮扶到户。积极开展种养业技能培训和劳动力转移就业培训，根据企业用工需求，开展订单式免费技能培训和转移就业。对有创业意愿的贫困家庭人员，积极组织创业技能培训，提升其创办电商、维修服务等创业就业技能，实现靠技能脱贫。安排贫困劳动力在公益性岗位中就业。优先照顾当地贫困人口在创业致富带头人创办的各类企业或创业孵化基地中就业。优先吸纳本村或当地贫困劳动力在新农村建设、扶贫开发项目建设中就业，确保有劳动能力的贫困户按其意愿每户至少一人能进入务工。对教育引导后仍没有发展生产增收脱贫意愿的贫困户不给予扶持。三要帮政策措施落实，积极协调教育、医疗卫生、社保、人口计生、涉农直补等各项惠民政策落实到贫困农户，切实解决好"三保障"问题。确保贫困户子女不因贫辍学，确保贫困人口大病医疗得到有效保障，防止因病更贫、因贫弃医，优先解决住房最危险、经济最困难农户及无房户的基本安全住房问题。将符合农村低保政策条件的贫困家庭，纳入农村低保范围，其个人缴纳的养老保险费，按政策规定落实财政补贴。根据贫困户意愿，投入扶持资金参与专业大户、家庭农场、农民合作社等新型经营主体，或参与龙头企业、产业基地、光伏、水电、乡村旅游等生产经营，或购买商铺、物业等，折股量化给被扶持的贫困户并按股分红，增加资产收益。

⑥ 落实整村推进。要大力改善相对贫困村的生产生活条件，为相对贫困村长远发展奠定坚实基础。按照建设社会主义新农村的要求和"一村一策"的思路，扶持村集体经济发展，积极争取行业资金和社会资金的支持，对定点扶贫的相对贫困村的农田水利、饮水安全、村民用电、村内道路等基础设施和教育、卫生、文化等公共服务项目以及发展特色产业，进行统一规划，集中安排，规划到村，分步实施，整村推进。加大贫困村生活垃圾处理、污水治理、改厕和村庄绿化美化净化力度，实现旧村新貌。加大贫困地区传统村落保护力度。继续推进贫困地区农村环境连片整治，基本改善贫困村落后面貌，解决困难群众迫切需要解决的现实问题，让更多的贫困村农民分享扶贫开发成果。

⑦ 落实组织建设。协助驻村所在乡镇党委抓好村"两委"班子建设，培养造就一支农村工作骨干队伍。强化村党组织的领导核心作用，帮助村干部提高依法办事能力，指导完善村规民约，落实村务公开和群众监督制度。协助落实乡镇（街道）领导干部驻点普遍直接联系群众制度，集中力量帮助贫困村解决基层治理基础性源头性问题。通过察民情、听民意，回应群众需求，做好群众工作，搞好建章立制，协助化解矛盾纠纷，树立良好村风。

⑧ 落实社会扶贫。结合"千企帮千村"行动，鼓励和引导各类企业与贫困村开展"村企共建"活动。通过产业带村、项目兴村、招工帮村、资金扶村等形式，带建一批基础设施，带动一批项目，带活一批市场，带强一批产业。驻村工作队要与进村参加帮扶的企业加强协作，形成合力。积极开展"10·17"国家扶贫日和"6·30"广东扶贫济困日活动，发动乡贤反哺家乡参与精准扶贫，动员社会各界及爱心人士捐款捐物

资助特困群众改善生产生活条件。大力鼓励和支持志愿者、社会工作专业人士、企业家等参与扶贫调研、支教支医、文化下乡、科技推广等扶贫活动。

⑨ 落实资金管理。驻村工作队要积极争取各级各行业部门落实相关扶持措施，积极争取派出单位扶持资金、行业扶持资金、社会扶持资金。按照扶贫开发工作的需要做好资金的使用方案。加强财政专项资金监管和审计工作，按照"项目跟随规划走，资金跟随项目走，监管跟着资金走"原则，坚持专项资金专项使用，严格执行扶贫项目招标制度和政府采购制度。审计部门加强扶贫资金管理使用的监督，按计划对扶贫项目开展跟踪审计。确保资金不被挤占挪用、截留私分、虚报冒领、挥霍浪费，确保扶贫资金使用安全。

⑩ 落实工作制度。驻村工作队要认真学习领会党中央、国务院和广东省关于农村工作特别是扶贫开发的重大方针政策，不断提升扶贫工作的理论水平和工作能力。严格遵守党纪国法，洁身自爱，遵守驻村工作队的管理规定。要以问题为导向，推进扶贫工作，分类整理扶贫工作资料。驻村期间，要定期向县扶贫部门、派出单位汇报扶贫工作进展情况，每年年终要对扶贫工作进行绩效评价和总结。

（3）保障措施

① 强化工作责任。帮扶单位"一把手"是定点扶贫工作责任人，要切实履行帮扶工作职责，加强对定点帮扶村的工作指导，积极筹措资金，整合资源，加大帮扶投入。

② 加强统筹协调。各市、县、镇党委、政府对本地脱贫攻坚负主体责任。落实联系村户制度，镇派出的联系村干部要把贫困村、贫困户的脱贫作为主要工作职责，列为年度述职考核的重要内容，主动配合、协助帮扶单位开展工作。加大行业扶贫资金投入，定期对帮扶工作进展、资金落实情况和帮扶成效进行跟踪检查，加强工作指导，及时解决工作中出现的新情况、新问题，形成"省督查到市、县，市、县督查到乡镇，乡镇督查到村到户"的工作机制，一级抓一级，层层抓落实。

③ 严格考核问责。驻村工作队按广东省制定的驻村干部选派和管理的规定进行管理。完善对定点扶贫工作的考核办法，重点考核脱贫成效。建立定点扶贫督查制度、扶贫工作年度报告和定期通报制度，省、市、县定期对定点扶贫工作进行检查，每年组织考核评价，对扶贫工作推进缓慢、成效不明显的单位和个人，要在全省进行通报，限期整改；对未完成年度任务的，要对帮扶单位一把手和相对贫困村所在镇委书记进行约谈；对不作为甚至弄虚作假的要依党纪政纪进行严肃追责。各级审计部门要加强审计监督，纪检监察机关要严肃查处扶贫资金等违纪违法行为。加强对定点扶贫工作绩效的社会监督，开展贫困地区群众扶贫满意度调查，建立扶贫脱贫成效第三方评估机制。将脱贫攻坚实绩作为选拔任用干部的重要依据，对在脱贫攻坚中表现优秀的干部特别是干出实绩、群众欢迎的驻村干部要重点培养，同等条件下优先提拔使用。驻村干部驻村期间参照乡镇行政事业单位工作人员乡镇工作补贴制度领取乡镇工作补贴。

3.5.2 部分地方村镇规划编制导则与标准

1. 编制导则列表

本书收集全国各地村镇规划编制技术导则共 20 份，其中省级村镇规划编制导则 12

份，市级村镇技术导则 8 份（表 3-25、表 3-26）。以下选取部分代表性技术导则进行重点介绍。

表 3-25 部分省级村镇编制导则列表

序号	名称	类别	施行时间	发布单位
1	《江西省重点镇规划编制技术导则》	镇	2008 年 8 月 20 日	江西省住房和城乡建设厅
2	《河北省镇、乡和村庄规划编制导则》	镇	2010 年 3 月 17 日	河北省住房和城乡建设厅
3	《海南省小城镇规划编制技术导则》	镇	2011 年 11 月 10 日	海南省住房和城乡建设厅
4	《新疆维吾尔自治区镇（乡）总体规划技术规程》	镇	2012 年 9 月 11 日	新疆维吾尔自治区住房和城乡建设厅
5	《山东省村庄建设规划编制技术导则》	村	2006 年 6 月 1 日	山东省住房和城乡建设厅
6	《江苏省村庄规划导则》	村	2008 年 6 月 1 日	江苏省住房和城乡建设厅
7	《海南省村庄规划编制技术导则》	村	2011 年 11 月 10 日	海南省住房和城乡建设厅
8	《黑龙江省新农村村庄建设标准（试行）》	村	2011 年 11 月 25 日	黑龙江省住房和城乡建设厅
9	《陕西省村庄规划编制导则》	村	2014 年 4 月 18 日	陕西省住房和城乡建设厅
10	《甘肃省村庄规划编制导则（试行）》	村	2014 年 5 月	甘肃省住房和城乡建设厅
11	《浙江省村庄规划编制导则》	村	2015 年 8 月 3 日	浙江省住房和城乡建设厅
12	《广东省县（市）域乡村建设规划编制指引（试行）》	村	2016 年 8 月 26 日	广东省住房和城乡建设厅

表 3-26 部分市级村镇编制导则列表

序号	名称	类别	施行时间	发布单位
1	《成都市镇总体规划编制办法（试行）》	镇	2015 年 12 月 30 日	成都市规划管理局
2	《重庆市村镇规划编制技术导则》	镇	2009 年 8 月	重庆市规划局
3	《齐齐哈尔市村庄建设规划编制导则（试行）》	村	2006 年 5 月	齐齐哈尔市规划局
4	《惠州市村庄规划编制技术导则》	村	2009 年 6 月 11 日	惠州市规划建设局、广东省城乡规划设计研究院
5	《上海市村庄规划编制导则》	村	2010 年 8 月 1 日	上海市规划和国土资源管理局
6	《广州市村庄规划编制指引》	村	2013 年 6 月 20 日	广州市规划局
7	《合肥市中心村村庄规划编制导则（试行）》	村	2014 年 12 月 30 日	合肥市规划局
8	《哈尔滨市村庄规划编制技术导则（试行）》	村	2015 年 10 月 19 日	哈尔滨市城乡规划局

2. 广东省

（1）分级与分类

《广东省县（市）域乡村建设规划编制指引（试行）》（2016）将村镇等级分为中心镇（重点镇）、特色镇、一般镇、中心村（重点村）、特色村、一般村（基层村）等。根据发展现状，村庄发展可分为基本保障、环境改善和特色营造三个阶段类型。

《广州市村庄规划编制指引（试行）》（2013）将广州市村庄分为以下四种类别：城中村、城边村、远郊村、搬迁村。

（2）用地标准

①《广东省县（市）域乡村建设规划编制指引（试行）》（2016）

在乡村建设用地规模上，按照县（市）总体规划要求，结合"三规合一"成果（"三规"指城市规划、土地利用总体规划、国民经济和社会发展五年规划），确定乡村居民点管控边界。

乡村用地管控要求上，严格保护基本农田，保护耕地、园地、林地，严格控制各项建设工程占用国家重点公益林、天然林、自然保护区、森林公园以及江河源头等生态敏感、脆弱的地区。加强对现状未利用地的梳理及乡村未利用地的生态恢复、保护和合理利用。

②《广州市村庄规划编制指引（试行）》（2013）

导则要求根据村庄人口规模预测和定位产业发展，因地制宜，明确规划期内居住用地、公共服务设施用地、生产设施用地、仓储用地、道路及交通设施用地、公用工程设施用地、绿地及广场等各类建设用地规模，明确各类用地的用地范围和界线。

（3）公共服务设施标准

①《广东省县（市）域乡村建设规划编制指引（试行）》（2016）

建立公共服务综合平台，并确定其等级、布局和配置标准，形成县（市）、乡镇（街道）、村（社区）三级联动互补的基本公共服务网络。

明确教育设施、医疗卫生设施、文化体育设施等的配置原则、空间布局和配建标准。在教育设施上，普通高中、职业教育宜集中在县城布局，偏远地区可考虑依托中心镇布置；医疗卫生设施上，原则上一个行政村设置一个村卫生站（乡镇卫生院所在地原则上不设村卫生站），人口少于 1500 人和服务半径在 3km 以内的行政村，可以与相邻行政村合设村卫生站；文化体育设施上，以建设农村"十里文化圈"为目标，提出加强基层文化站、村综合文化室、农家书屋等公共文化设施网络的建设。

②《广州市村庄规划编制指引（试行）》（2013）

美丽乡村的行政村公共服务设施设置应当同时满足"五个一"要求（一个不少于 300m² 公共服务站、一个不少于 200m² 文化站、一个户外休闲文体活动广场、一个不少于 10m² 宣传报刊橱窗、一批合理分布的无害化公厕），构建 20 分钟服务圈。分布可适度集中，可充分利用村庄原有祠堂和公共建筑，具体要求见表 3-27。

表 3-27　广州市村庄公共管理与公共服务设施项目配置标准表

设施类别	设施名称	规模（建筑面积，m²）	配置要求
行政管理	村委会	—	●
公共服务	公共服务站	300	●
教育机构	托儿所	—	○
	幼儿园	—	○
	小学	—	○
文化科技	综合文化站（室）	200	●
	农家书屋	—	●
	老年活动室	100	●

设施类别	设施名称	规模（建筑面积，m²）	配置要求
文化科技	户外休闲文体活动广场	—	●
	文化信息共享工程服务网点	—	●
	宣传报刊橱窗	10	●
医疗卫生	卫生站或社区卫生服务站	200	●
	计生站	—	○
体育	体育活动室	—	○
	健身场地	—	●
	运动场地	—	○
社会保障	养老服务站	—	○
环境卫生	无害化公厕	—	●
	垃圾收集点	—	●

注：●——应设的项目；○——可设的项目。

（4）基础设施建设规划

①《广东省县（市）域乡村建设规划编制指引（试行）》（2016）

道路交通规划上，明确不同等级道路的选线、断面、景观的建设标准及整治要求，确定公交车站等重要对外交通设施的布局，预留农村公交站用地，优化公交线路布局。中心村对外联系道路建议参照三级公路标准，一般村对外联系道路建议参照四级公路标准。

在环卫设施方面明确提出对厕所的改造，按照粪便无害化处理要求提出户厕和公共厕所的改造方案和配建标准，因地制宜地选择卫生厕所类型。

②《广州市村庄规划编制指引（试行）》（2013）

道路交通规划上，充分利用村庄现状道路，改造和升级村庄对外联系道路，结合开敞空间建立慢行交通系统；鼓励清洁能源的使用；污水处理上，实现污水收集暗管（渠）化、污水处理有机分散等目标。

（5）风貌及环境规划指引

①《广东省县（市）域乡村建设规划编制指引（试行）》（2016）

风貌指引上，划分乡村风貌建设分区，明确田园风光、自然景观、建筑风格和历史文化保护等风貌要素的控制要求，提出重点片区的建设指引。

人居环境整治上，以保障村民基本生活条件、治理村庄环境、提升村庄风貌为主要任务，从农房改造、特色传承与发展等方面提出相关要求，并对不同阶段的村庄进行指引。

②《广州市村庄规划编制指引（试行）》（2013）

风貌指引及人居环境经营上，注重农村文化传承，充分挖掘和展示村庄的自然肌理和历史文化遗存，营造岭南特色乡村风貌。新村建设方面，着力打造岭南新民居与新农村，旧村建设方面，开展旧村整治专项规划。

3. 安徽省

（1）分级和分类

①《安徽省村庄规划编制标准》（2015）

村庄按其在镇村体系规划中的地位和职能一般分为中心村、自然村两个层次。根据村庄建设模式，中心村分为整治（保护）型、提升拓展型、新建型三种模式；自然村一般为整治（保护）型模式。根据产业类型，中心村可分为农林型、旅游型、综合型等。

②《合肥市中心村村庄规划编制导则（试行）》（2014）

规划中心村主要分为提升拓展型、集中新建型和整治型（保护）三种。

（2）公共服务设施标准

①《安徽省村庄规划编制标准》（2015）

各类公共服务设施的选址要求地质条件好，避免自然灾害，在村域范围内统筹布点，宜在中心村布局，方便村民使用。公共服务设施设置需要考虑村域内外的共建共享，服务半径的合理性，同时根据村庄分级分类及所在处的区位条件，按配置要求分为刚性配置和弹性配置，见表3-28。

表3-28　安徽省中心村公共服务设施配置一览表

类别	配置要求	序号	配置项目	备注
公共服务设施	刚性配置	1	公共服务中心	村域共享
		2	小学	结合县城教育设施布点
		3	幼儿园	根据规模要求
		4	卫生室	可与公共服务中心合建
		5	图书室	
		6	文化活动室	
		7	养老设施	村域内共享
		8	健康活动场地	宜与公共服务中心广场、农民文化活动乐园结合
	弹性配置	9	乡村金融服务网点	根据市场需求
		10	邮政网点	
		11	农贸店	
		12	便民超市	
		13	农贸市场	

在公共服务设施规划上，各类公共服务设施以方便村民使用为原则，结合村民习惯合理布局、综合利用，在考虑人口规模的基础上提供相关参考建设指标，见表3-29。

表3-29　中心村公共服务设施建设参考指标一览表（m²）

类型	服务人口3000人左右	服务人口2000人左右	服务人口1500人左右	服务人口1000人左右
公共服务中心	350	300	250	200
小学（占地面积）	6000	4000	3000	—

续表

类型	服务人口3000人左右	服务人口2000人左右	服务人口1500人左右	服务人口1000人左右
幼儿园	900	600	450	300
文化活动室	200	100	70	50
图书馆	60	40	30	30
卫生室	120	100	80	80
健身场地	800	600	500	300
老年活动室	150	100	80	60
邮政网点	40	30	20	20
便民超市	80	60	40	30
农贸市场	60	50	40	30
农贸店	60	50	40	30
乡村金融服务网点	40	35	30	25

②《合肥市中心村村庄规划编制导则（试行）》（2014）

新建中心村各项设施应与住房同步建设，有条件时可集中布置。提升拓展型、整治型（保护）村庄应在现有设施的基础上加以改造和完善，并达到美好乡村的建设要求，中心村配建设施见表 3-30。

表 3-30　中心村配建设施一览表

类别	序号	项目	配置要求	备注
公共服务设施	1	公共服务中心	必须配置	村域共享
	2	小学	按需配置	
	3	幼儿园	按需配置	
	4	卫生所	必须配置	可与公共服务中心合建
	5	图书室	必须配置	
	6	文化活动室	必须配置	
	7	乡村金融服务网点	按需配置	
	8	邮政所	按需配置	
	9	农资店	按需配置	
	10	便民超市	按需配置	村域共享或依托城镇设施
	11	农贸市场	按需配置	
	12	养老设施	必须配置	
	13	健身活动场地	必须配置	可与公共服务中心广场结合
基础设施	14	污水处理设施	必须配置	—
	15	公交站、停车场	按需配置	公交站结合区域交通规划要求
	16	垃圾收集点	必须配置	—
	17	公共厕所	按需配置	

（3）道路交通规划标准

①《安徽省村庄规划编制标准》（2015）

村域主干路的路幅宽度应根据不同地域条件确定，具体要求见表 3-31。

表 3-31　村域主路路面宽度控制

名称		建设标准	备注
村域主干道	皖北片区 皖中片区	路面宽度控制在 5.0～6.0m	满足会车要求
	皖西片区 皖南片区 沿江片区	路面宽度控制在 4.0～6.0m	满足会车要求

村庄道路分为干路、巷路两级。中心村的干路应满足双向行车；自然村的干路应满足单向行车并保证会车要求；巷路应满足农用车通行要求，具体要求见表 3-32。

表 3-32　村庄道路宽度控制

道路级别	设计车速（km/h）	路面宽度（m）
干路	20～30	4～6
巷路	10～15	≥2.5

②《合肥市中心村村庄规划编制导则（试行）》（2014）

村庄道路分为村庄干路、村庄巷路两级。中心村的村庄干路尽量满足双向行车，应至少满足单向行车和错车；村庄巷路应满足农用车进出需求，道路宽度控制指标如表 3-33 所示。

表 3-33　村庄道路宽度控制

道路级别	设计车速（km/h）	道路红线宽度（m）	路面宽度（m）
干路	20～30	8～15	≥6
巷路	10～15	3～5	≥2.5

注：道路断面宜采用一块板形式。路面横坡宜采用双面坡形式，路面宽度小于 3.0m 时，可采用单面坡，坡度控制在 1%～2%。

（4）风貌及环境规划指引

①《安徽省村庄规划编制标准》（2015）

村庄绿化主要指村口绿化、滨水绿化、道路绿化及其他空间绿化；水体主要指村庄内的河、沟、渠、溪、塘等。绿化应自然、亲切、宜人，充分利用现状条件，并能体现地方特色与标志。

村庄整治规划主要针对村庄现状条件较好的整治（保护）型中心村以及村庄布点规划保留完整的自然村。村庄整治规划主要包括农房改造、道路交通设施整修、公共服务设施和基础设施完善、村庄环境和风貌提升、防灾减灾措施强化等。

②《合肥市中心村村庄规划编制导则（试行）》（2014）

在绿化指标方面，村庄建成区绿化率应达到 40% 以上；村内道路、坑塘、沟渠周边应绿化全覆盖，绿化率应不低于 90%；结合村庄干路、公共活动场地、水系绿带形成绿化系统；中心村应建有合理面积的公共绿化及游憩场所；绿化方面，应对村旁绿化、宅旁绿化、水旁绿化、路旁绿化、水体绿化、村口景观绿化及其他绿化作出具体指引；整治规划上，对旧房整治、环境整治、传统村落风貌保护提出相关要求。

4. 海南省

（1）分级与分类

①《海南省小城镇规划编制技术导则（征求意见稿）》（2011）

按国家《镇规划标准》，一般分为基层村、中心村、中心镇三级结构，其中中心镇是镇域的中心。根据海南国际旅游岛特色旅游镇（村）建设需要，对旅游资源丰富的小城镇，宜设置为特色村、中心村、中心镇。

乡村居民点体系包括迁移型村庄、保留整合型村庄、空心型村庄、城中和城边型村庄、促进发展型村庄、古村落保护性开发与利用型村庄。

"特色旅游风情镇"包括《海南国际旅游岛发展纲要（2010—2020）》所确定的除县城以外的小城镇和《海南国际旅游岛特色旅游小镇（村）总体规划》所确定的全部小城镇。"特色旅游村"为《海南国际旅游岛特色旅游小镇（村）总体规划》所确定的全部特色旅游村庄。

②《海南省村庄规划编制技术导则（试行）》（2011）

等级上，按村庄在镇村体系规划中的地位和职能宜分为基层村和中心村。分类上，除城镇规划建设用地范围内的村庄外，根据所处区位，可将村庄划分为近郊型村庄和远郊型乡村；根据主导产业及现状资源条件，可分为种植型、养殖型、旅游型、渔港型村庄等。

（2）用地标准

《海南省小城镇规划编制技术导则（征求意见稿）》（2011）中人均建设用地指标应符合以下规定：新建镇区的规划人均建设用地指标应大于 $80m^2$ 且小于 $100m^2$；对现有的镇区进行规划时，其规划人均建设用地指标应在现状人均建设用地指标的基础上，按《镇规划标准》的要求进行调整。

镇区规划中的生活居住综合用地、公共服务设施用地、道路广场用地以及绿地中的公共绿地，这四类用地占建设用地的比例宜符合表 3-34 中的规定。

表 3-34　建设用地比例

类别代号	类别名称	占建设用地比例（%）镇区
RC	生活居住综合用地	35～45
C	公共服务设施用地	10～15
S	道路广场用地	9～15
G1	公共绿地	8～12
四类用地之和		62～87

注：通勤人口和流动人口较多的小城镇，其公共服务设施用地比例可选择规定幅度内的较大值。旅游小城镇及现状绿地较多的镇区，其公共绿地所占建设用地的比例可大于表中的规定。产业用地占建设用地的比例最高不得超过 30%。

（3）公共服务设施标准

①《海南省小城镇规划编制技术导则（征求意见稿）》（2011）

按照服务范围和服务人口规模合理均衡配置的原则，导则将公共服务设施配置分为中心镇、中心村和基层村（特色村）三级。部分小城镇的镇村体系结构为四级，次中心集镇可参考本导则根据具体情况配置。各级主要公共服务设施的配置应符合表 3-35 中的基本要求。

表 3-35　村镇主要公共服务设施分级配置一览表

类别	项目	中心镇	中心村	基层村
行政管理	C11 党政机关、社会团体	●	●	●
	C12 公安、法庭、治安管理	●	—	—
	C13 建设、市场、土地等管理机构	●	—	—
	C14 经济、中介机构	●	○	—
教育机构	C21 幼儿园、托儿所	●	●	●
	C22 小学	●	●	○
	C23 初级中学	●	—	—
	C24 高级中学或完全中学	○	—	—
	C25 职教、成教、培训、专科院校	○	—	—
文体科技	C31 文化娱乐设施	●	●	●
	C32 体育设施	●	○	○
	C33 图书科技设施	●	●	○
	C34 文物、纪念、宗教类设施	○	○	○
医疗保健	C41 医疗保健设施	●	●	●
	C42 防疫与计生设施	●	—	—
	C43 疗养设施	○	—	—
社会保障	C71 残障人康复设施	●	—	—
	C72 敬老院和儿童福利院	●	○	—
	C73 养老服务站	●	○	—

注：●——应建的设施；○——有条件可建的设施；"—"——一般不建的设施。

②《海南省村庄规划编制技术导则（试行）》（2011）

公共服务设施配套指标按每千人 1000～2000m^2 建筑面积计算。经济条件较好的村庄，可适当提高，公益性公共建筑项目参照表 3-36 配置。

表 3-36　公益性公共建筑项目配置表

内容	设置条件	建设规模
村（居）委会	村委会所在地设置，可附设其他建筑	100～300m^2
幼儿园、托儿所	可单独设置，也可附设于其他建筑	—
文化活动室（图书室）	可结合公共服务中心设置	不少于 50m^2
老年活动室	可结合公共服务中心设置	—
卫生所、计生站	可结合公共服务中心设置	不少于 50m^2

续表

内容	设置条件	建设规模
健身场地	可与绿地广场结合设置	—
文化宣传栏	可与村委会、文化站、村口结合设置	—
公厕	与公共建筑、活动场地结合	1～2 座
公共墓葬地	村庄周边、荒山、瘠地	人均 6m²

（4）道路交通规划标准

①《海南省小城镇规划编制技术导则（征求意见稿）》（2011）

镇区规划道路宜分为主干路、干路、巷路三级。主干路是镇区主要交通通道；干路是连接主干路与巷道的通道；巷道是街坊内的联系道路。

②《海南省村庄规划编制技术导则（试行）》（2011）

村庄道路可分为主要道路、次要道路、宅间道路三级。村庄主要道路的间距宜为120～300m，村庄主、次要道路的间距宜为 50～100m。根据村庄不同的规模，选择相应的道路等级系统。

村庄主要道路：路面宽度 4～6m；村庄次要道路：路面宽度 2.5～3.5m；宅间道路：路面宽度 2～2.5m；建筑退让应满足管道铺设、绿化及日照间距等要求。

规模较大（1000 人以上）村庄可按照主要、次要、宅间道路进行布置，中小规模村庄可酌情选择道路等级与宽度。

（5）风貌及环境规划指引

①《海南省小城镇规划编制技术导则（征求意见稿）》（2011）

风貌导引包括一般规定（包括对滨海圈层、台地圈层、山地圈层的导引）、镇（村）肌理导引、建筑风貌导引。

应充分利用小城镇地形、地貌、水系、林地等自然环境，塑造自然山水景观，凸显田园风光特色；并注重地域文化和人文特征的发掘，塑造具有地域文化特色的人文景观。

②《海南省村庄规划编制技术导则（试行）》（2011）

景观规划包括绿化景观规划、建筑风貌景观规划及滨水景观规划。其中村庄绿地可分为防护绿地和公共绿地。公共绿地可分为小公园、宅间绿地。建筑风貌景观则侧重于重要节点、环境设施小品、道路景观相结合。滨水景观强调对原有地形河脉的尊重。

风貌引导着重体现在建筑与聚落的风貌规划上。根据村庄原有地域要素，确定村庄景观特色，注重对村庄自然生态环境的保护与利用。建筑布局应与山、水、地形地势等有机结合，村庄建筑风格应整体协调统一。历史文化名村可根据需要编制遗迹保护图，对有历史价值和艺术价值的地段或建筑采取规划保护与整治措施。

5. 黑龙江省

（1）分级与分类

①《黑龙江省新农村村庄建设标准（试行）》（2011）

村庄按其在村镇体系中的地位和职能一般分为基层村、中心村两个层次。村庄的类型共有四类，分别为农业型、农工型、旅游型、复合型。

②《哈尔滨市村庄规划编制技术导则》(2015)

村庄是指农村居民生活和生产的聚居点，按其在村镇体系中的地位和职能一般分为中心村、基层村和自然屯。

(2) 用地标准

①《黑龙江省新农村村庄建设标准（试行）》(2011)

人均建设用地指标划分为四级：60～80m²/人、80～100m²/人、100～120m²/人、120～150m²/人。新建村庄的规划，人均建设用地指标宜按第四级确定，当发展用地紧张时，可按第三级确定。村庄整治规划，人均建设用地指标应以现状建设用地的人均水平为基础，根据人均建设用地指标级别和允许调整的幅度确定。

村庄规划中的居住建筑用地、公共服务设施用地、道路广场用地及绿地，这四类用地占建设用地的比例宜符合表3-37中的规定。

表3-37　建设用地构成比例

类别代号	用地类型	占建设用地比例（%）
R	居住建筑用地	55～70
C	公共服务设施用地	6～10
S	道路广场用地	9～16
G1	公共绿地	2～4
	四类用地之和	72～100

注：通勤人口和流动人口较多的大型中心村，其公共服务设施用地所占比例宜选取规定幅度内的较大值。邻近旅游区及现状绿地较多的村庄，其公共绿地所占比例可大于4%。

②《哈尔滨市村庄规划编制技术导则》(2015)

村庄人均建设用地指标应为规划范围内的建设用地面积除以规划总人口，人口统计应与用地统计的范围相一致。

村庄人均建设用地指标的等级划分为五个级别，见表3-38。

表3-38　人均建设用地指标分级表

级别	一	二	三	四	五
人均建设用地指标（m²/人）	>60, ≤80	>80, ≤100	>100, ≤120	>120, ≤150	>150, ≤170

新建村庄人均建设用地指标宜按第四级确定，当发展用地偏紧时，可按第三级确定。

对现有的村庄进行规划时，规划人均建设用地指标应在现状人均建设用地指标的基础上，按表3-39规定的幅度进行调整。

表 3-39　规划人均建设用地指标

现状人均建设用地指标（m²/人）	人均建设用地指标等级	规划调整幅度（m²/人）
≤60	一、二	可增 10～25
60.1～80	一、二	可增 5～15
80.1～100	二、三	可增 0～10
100.1～120	二、三、四	可增 0～10
120.1～150	三、四	可减 0～15
150.1～170	四、五	可减 0～20
>170	五	应减至 170 以内

注：允许调整幅度是指规划人均建设用地指标对现状人均建设用地指标的增减数值。对于现状人均建设用地较高的村庄，或者存在大型生产、仓储企业的村庄，规划人均建设用地指标可适当提高。

村庄规划中的村民住宅用地、村庄公共服务设施用地、村庄公共场地、村庄道路用地四类用地占村庄建设用地的比例宜符合表 3-40 的规定。

表 3-40　村庄建设用地比例

用地类别	占建设用地比例（%）	
	中心村/基层村	自然屯
村民住宅用地（V11）	55～70	65～80
村庄公共服务设施用地（V21）	4～10	2～4
村庄公共场地（V22）	5～8	2～4
村庄道路用地（V41）	9～16	9～12
合计	70～90	75～90

注：邻近旅游区及现状绿地较多的村庄，其公共场地所占比例可大于所占比例上限。

（3）公共服务设施标准

①《黑龙江省新农村村庄建设标准（试行）》（2011）

社会公益型公共建筑项目的配置应符合表 3-41 中的规定。

表 3-41　社会公益型公共建筑项目配置

公共建筑项目	中心村	基层村
村委会	●	●
小学	○	—
中学	○	—
幼儿园、托儿所	●	○
文化站（室）	●	●
公用礼堂	○	○
卫生所、计生站	●	●
运动场地	●	○

注：●——应设的项目；○——可设的项目

②《哈尔滨市村庄规划编制技术导则》（2015）

村庄公共服务设施一般包括独立占地的公共管理、文体、教育、医疗卫生、社会福利、宗教、文物古迹等设施用地以及兽医站、农机站等农业生产服务设施用地。各类公共服务设施以方便村民使用为原则，结合村民习惯合理布局，宜集中布置在位置适中、内外联系方便的地段。

村庄公共服务设施配套指标应符合省市有关标准，其最低指标应符合表 3-42 的规定。

表 3-42　公共服务设施建设控制一览表

分类	项目		建筑面积控制指标	用地面积控制指标	设置要求
公共管理	村委会		200～500m²	—	—
教育	小学	4 班	≥1543m²	≥2973m²	结合教育设施布点规划
		6 班	≥2120m²	≥9131m²	
		12 班	≥3432m²	≥15699m²	
	公办幼儿园	6 班	≥1751m²	≥2779m²	参照执行
		9 班	≥2505m²	≥3976m²	
		12 班	≥3263m²	≥5179m²	
文体	文化室		200～600m²	—	内容包括：多功能厅、文化娱乐、图书、老人活动用房等，其中老人活动用房占三分之一以上
	青少年、老年活动室			—	
	文体活动中心（活动场）			—	
医疗卫生	卫生站、计生所		60～100m²	—	可合建
社会福利	区域性农村敬老院		3500m²	—	平均每院床位 100 张，每张床位建筑面积 35m²
	五保家园		≥500m²	—	每个五保家园 10 户左右，每户建筑面积 50m²
农业生产服务设施	兽医站		—		根据需求设置
	农机站		—		根据需求设置

（4）道路交通规划标准

①《黑龙江省新农村村庄建设标准（试行）》（2011）

村域范围内的道路按主要功能和使用特点应划分为过境公路和村庄道路两类。过境公路规划设计标准、宽度应符合国家现行的《公路工程技术标准》中的有关规定；村庄道路可分为干路、支路、巷路三级。一般过境公路不宜从村庄内部穿过；对于已在公路两侧形成的村庄，宜进行用地调整。

②《哈尔滨市村庄规划编制技术导则》（2015）

村庄内的道路可分为干路、支路、巷路三级，其规划的技术指标应符合表 3-43 的规定。

表 3-43　村庄道路等级规划

道路级别	建筑控制线宽度（m）	路面宽度（m）	道路间距（m）
干路	14～18	6～8	300～400
支路	10～14	4～6	150～200
巷路	—	3.5～4	—

村庄道路系统的组成应根据村庄的规模和发展需求按表 3-44 确定。

表 3-44 村庄规模与道路等级配置

村庄层次	规划规模分级	道路分级		
		干路	支路	巷路
中心村	特大型、大型	●	●	●
	中型	●	●	●
	小型	○	●	●
基层村、自然屯	特大型、大型	●	●	●
	中型	○	○	●
	小型	—	○	●

注：●——应设的级别；○——可设的级别。

道路断面宜采用一块板形式，路面横坡宜采用双面坡，路面宽度小于 3.0m 时，可采用单面坡，坡度不小于 1.5%；村庄道路应与村域道路合理衔接，并依据村域交通规划合理设置客运停靠站；村庄道路设计应考虑交通安全，完善交通安全设施，包括交通标志、交通标线及安全防护设计等；自行车、小汽车停车场库的布局结合村民的居住模式灵活布置，社会公共停车场结合公共场地设置。停车场泊位控制可参考表 3-45。

表 3-45 停车场泊位控制指标

车辆类型 小康标准	自行车 （车位/户）	摩托车 （车位/户）	小汽车 （m²/户）	小型农用车 （m²/户）
一般标准	1	0.5	20～40	5
推荐标准	1～1.5	0.5～1	40～50	5～10
理想标准	1.5～2	1～1.5	50～100	10～20

（5）绿地规划指引

①《黑龙江省新农村村庄建设标准（试行）》（2011）

村庄居民点应根据不同等级规模，合理安排公共绿地，绿地率不低于 30%。中心村公共绿地指标一般应≥1.5m²/人，基层村≥1.0m²/人。不能达到条件的村庄至少应有一处大于 500m² 的集中公共绿地。绿地应充分结合场地创造丰富的环境景观；应结合建筑小品，安排处理好与道路、场地和院落的关系。绿地布置应方便居民利用，可采用集中与分散相结合的布置方式，且应设置休憩场地、游戏场地和集体活动场地。

②《哈尔滨市村庄规划编制技术导则》（2015）

村庄公共场地是村民活动的公共开放空间用地，包括小广场、小绿地等。村庄规划应结合不同等级规模，合理安排公共场地。各等级村庄公共场地宜按表 3-46 进行配置，不能达到条件的村庄建议配建一处大于 500m² 的集中公共场地。

表 3-46 公共场地配置标准

人口规模（人）	中心村	基层村	自然屯
人均公共场地面积（m²）	≥1.5	≥1.0	—

公共场地布局应方便居民利用，宜结合村庄主要出入口、村庄公共中心及沿主要道路布置，采用集中与分散相结合的布局方式。主要公共场地应设置休憩场地、游戏

场地和集体活动场地。

6. 新疆维吾尔自治区

（1）分级及分类

《新疆维吾尔自治区镇（乡）总体规划技术规程》（2012）按乡镇在镇村体系规划中的地位和职能，将乡镇分为镇区、中心村、基层村三个等级。

《新疆维吾尔自治区村庄规划建设导则（试行）》（2010）按乡镇在村镇体系中的地位和职能，将乡镇分为中心村、行政村、自然区村三种形式。类型上，村庄规划分为新建型、改建型和撤并型三种。

（2）用地标准

新疆地域广大，村庄现状人均用地指标有较大差别，为节约村庄建设用地，应遵循以下原则：位于城郊的村庄，人均建设用地面积控制在 $100m^2$/人，其他村庄控制在 $150m^2$/人。

根据村庄实际，提出各类用地类别和所占建设用地的比例。在村庄规划中应合理控制各类用地，规划四类主要用地可按表 3-47 中的要求进行控制。

表 3-47　建设用地构成比例

类别代号	用地类别	占建设用地比例（%）
R	居住建筑用地	60～70
C	公共服务设施用地	6～15
S	道路广场用地	12～18
G1	公共绿地	4～6

（3）公共服务设施标准

①《新疆维吾尔自治区镇（乡）总体规划技术规程》（2012）

按镇区、中心村、基层村三个等级，明确行政管理、教育机构、文体科技、医疗保健、商业金融、社会福利、集贸市场等七类公共设施的配置原则和相应的规模要求，提出主要公共设施的规划配套建设指标，见表 3-48。

表 3-48　主要公共设施项目配置

类　别	项目名称	镇区	中心村	基层村
行政管理	党、政府、人大、团体	●	—	—
	法庭	○	—	—
	各专项管理机构	●	—	—
	派出所	●	○	—
	警务室	—	●	●
	居委会	●	—	—
	村委会	○	●	●
教育机构	专科院校	○	—	—
	职业学校、成人教育及培训机构	○	—	—

续表

类 别	项目名称	镇区	中心村	基层村
教育机构	高级中学	○	—	—
	初级中学	●	○	—
	小学	●	●	○
	幼儿园、托儿所	●	●	○
文体科技	文化站（室）青少年及老年之家	●	●	○
	体育场馆	●	—	—
	科技站、农技站	●	○	—
	图书馆	●	—	—
	展览馆、博物馆	○	—	—
	影剧院、游乐健身场所	●	○	○
	广播电视台（站）	●	—	—
	宗教场所	○	—	—
医疗保健	计划生育站（组）	●	●	○
	防疫站、卫生监督站	●	—	—
	医院、卫生院、保健站	●	●	●
	休疗养院	○	—	—
	专科诊所	○	○	—
商业金融	生产资料、建材、日杂商品	●	○	○
	粮油店	●	●	—
	药店	●	○	—
	燃料店（站）	●	○	—
	理发馆、浴室、照相馆	●	○	—
	综合服务站	●	○	○
	物业管理	●	○	—
	农产品销售中介	○	○	—
	银行、信用社、保险机构	●	—	—
	邮政局所	●	○	—
社会福利	残障人康复中心	●	—	—
	敬老院	●	○	—
	养老服务站	●	●	—
集贸市场	蔬菜、果品、副食市场	●	○	—
	粮油、土特产、畜禽市场、水产市场	●	○	—
	燃料、建材家具、生产资料市场	○	—	—
	其他	○	○	—

注：●——必须设置；○——可以选择设置；"—"——可以不设置。

②《新疆维吾尔自治区村庄规划建设导则（试行）》（2010）

公益性公共服务设施按照自然村、行政村、中心村选配，并控制建筑面积，应符合表 3-49 中的规定。经济条件较好的地区，可结合当地情况适当提高。

表 3-49 公共设施项目配置

类 别	项目名称	自然村	行政村	基层村
行政管理	村（居）委会	—	●	●
教育	幼儿园	○	○	○
	小学	—	○	○
	初中	—	—	—
文化	文化活动站（室）	○	●	●
医疗	门诊所	○		
	卫生所（计生站）	—	○	●
体育	室内体育活动室	—	—	○
	健身场地	○	●	●

注：●——必须设置；○——可以选择设置；"—"——可以不设置。

（4）道路交通规划标准

《新疆维吾尔自治区镇（乡）总体规划技术规程》（2012）规定按照主干路、干路、支路、巷路四级体系布局镇区道路系统，确定道路的控制宽度、断面形式。

《新疆维吾尔自治区村庄规划建设导则（试行）》（2010）将道路系统分为主要道路、次要道路、宅间道路三级。根据村庄的规模和布局，选择相应的道路系统。

（5）绿地配置标准

村庄绿地率不应小于 30%，旧村改造绿地率不应小于 25%。周边林木多、绿化环境好的村庄，绿地率可适当降低。公共绿地至少有一边与村庄干道相邻，其中绿化面积（含水面）不宜小于 70%。公园绿地应同时满足宽度不小于 8m，面积不小于 500m² 的要求。

（6）历史和特色景观资源保护规划

①《新疆维吾尔自治区镇（乡）总体规划技术规程》（2012）

存在自然保护区、风景名胜区、特色街区、名镇名村、保护建筑、古树名木等历史文化和特色景观资源的镇和乡，应参照相关规范和标准编制相应的保护规划，确定保护的目标、内容和重点，划定保护范围，提出保护措施。

对于达不到自然保护区、风景名胜区、特色街区、名镇名村的设立标准，但拥有具保护价值的历史文化和特色景观资源的镇和乡，宜参照有关规范和标准提出保护要求和措施。

②《维吾尔自治区村庄规划建设导则（试行）》（2010）

村庄景观风貌应作为村庄总体外观、主街、干道交叉口、村口的规划内容之一。根据村庄原有地域要素，包括整体风貌特色、生活习俗、地形地貌特征与外部环境条件、传统文化等因素，确定景观特色。

建筑群体的空间组合及其环境营造要延续历史文化传承，其中公共建筑应满足功能要求并方便使用，与村庄环境充分协调，营造特色空间。

思考题

1. 法律的概念和基本特征是什么？

2. 法律法规的形式和渊源是什么？

3. 法律、行政法规、部门规章、地方法规、技术规范和标准的关系是什么？

4. 城乡规划法律体系的主干法是什么？

5. 《城乡规划法》（2008 年）较《城市规划法》（1990 年）有何进步之处，具体体现在哪几个方面？

6. 与村镇总体规划有直接关联的技术标准有哪些？

7. 村镇总体规划的政策依据主要有哪些？并写出其主要内容。

8. 村镇总体规划的法规依据主要有哪些？并写出其主要内容。

9. 幸福村居的内容和意义分别是什么？

10. 浙江特色小镇的创建程序是什么？

11. 谈一谈绿色幸福村与社会主义新农村、生态文明建设的关系。

12. 地方特色性政策有哪些？主要内容是什么？

13. 谈一谈村镇总体规划时需要参照哪些法律法规作为依据。

第4章
村镇总体规划的工作流程与法定程序

4.1　村镇总体规划工作流程

村镇总体规划编制的一般程序：制定计划并提出编制申请、根据国家相关法规组织招投标、确定具有资质的编制单位、准备编制经费、收集工作底图和调研基础资料、对现状资料进行深入分析、编制规划方案、组织专家论证及公众听证、上报相关部门审批等程序。

内容上，村镇总体规划包括现状分析、产业规划、性质定位、用地布局、各专项规划等内容，分为调查—分析—规划三个阶段（图 4-1）。

调研阶段主要是对现实状况进行充分的了解，主要包括以下内容：对研究对象内部的自然条件、建设条件等方面进行勘察；搜集上层次及相关规划，了解上层次及相关规划对村镇的要求及设想；有针对性地对居民（村民）行进问卷调查，体现规划的基层民主性，加强公众参与。分析阶段主要根据调研所得的基础资料，对现状的优势、特色及问题矛盾、周边的发展环境等进行总结，为规划方案设计提供依据及基础。规划阶段首先要确定规划区域的发展思路、明确发展目标和产业发展方向，形成初步规划设计方案，经过多方案比选，形成最终的规划方案和成果。

4.1.1　村镇总体规划的特点

村庄、集镇的总体规划，是乡级行政区域内村庄和集镇的布点规划以及相应的各项建设的整体部署，包括乡级行政区域村庄、集镇的布点，村庄和集镇的位置、性质、规模和发展方向，村庄和集镇的交通、供水、供电、商业、绿化等生产和生活服务设施的配置。

村镇总体规划是空间规划的一种类型，以国民经济发展规划、上层次及相关规划、村镇经济社会自然条件、资源条件、发展历史等为依据，对全镇及村辖区范围内进行合理布局。但是由于两者行政等级及范围大小不同，因此在具体的规划工作内容上有所区别。

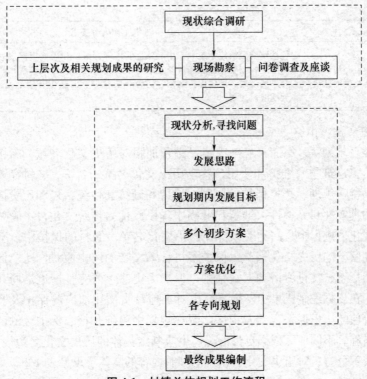

图 4-1　村镇总体规划工作流程

1. 镇总体规划的特点

镇总体规划可以划分为镇域规划及镇区规划两个层次，其成果要求包括文本、图纸及附件，其中规划文本是法定规划文件，图纸是对规划内容的形象表达，附件应包括说明书和基础资料汇编。

镇总体规划的内容涉及面广、综合性强，与城市总体规划相比，某些技术指标要求更详细，如用地分类上，城市总体规划一般分类到大类或中类，而镇总体规划一般用地需要分类到中类或小类，在地块的划分上也更为细致、精确。

一些镇（乡）在职能、资源等方面具有特殊性，不同于一般镇（乡），其规划侧重点有所不同，这些特殊类型镇（乡）主要有：

（1）中心镇

中心镇总体规划更强调其对周边乡镇和村庄的服务能力，其人口规模和集聚程度较一般镇更大，需要有更完善的配套设施，规划内容上也更加强调规划的细致性与控制性。一些省份对中心镇规划有专门的规定，如表 4-1 所示。

表 4-1　部分省份中心镇规划内容要求

省份	规范名称	规划工作内容要求
广东省	广东省中心镇规划指引	与一般镇相比，中心镇在规划内容上要求更多：如要求完成用地分区管制，提出"三区六线"的控制要求；相比一般镇，中心镇需要规划控制图，对镇区的土地利用性质、开发强度、公共配套设施、道路交通、市政设施及城市设计等方面做出控制规定，以增强规划的可操作性，并为下一阶段详细规划提供控制依据；说明书中还需包括规划控制表格、地块的用地现状、征地状况、规划建设状况、用地规模、容积率、建筑密度、绿地率等规划控制指标

续表

省份	规范名称	规划工作内容要求
安徽省	安徽省中心建镇规划编制及管理办法	包括镇域城镇体系规划、中心镇性质规划、人口和用地规模规划、主要发展方向规划、主要公共服务设施规划、市政管线规划、河湖水系和园林绿地的整治和发展规划、环境保护规划、综合防灾规划、旧区更新整治及用地调整规划、近期建设规划

（2）历史文化名镇

根据《城乡规划法》第三十一条规定，必须加强对历史文化名城、名镇、名村的保护，加强对历史建筑物的维护和使用。鉴于历史文化名城、名镇、名村存续方式的特殊性，必须遵循科学规划、严格保护的原则，保持和延续其传统格局和历史风貌，维护历史文化遗产的真实性和完整性，继承和弘扬中华民族优秀传统文化，正确处理经济社会发展与历史文化遗迹保护之间的关系。在历史文化名镇、名村的保护中，不仅要保护其各个历史时期留下的历史文化遗产，保护不可移动文物的历史原状，还应保护其承载的传统起居生活形态、文化习俗和人文精神，保护历史遗存的完整街道格局和建筑风貌以及独特环境。在规划编制成果中，更要突出对本地珍贵文化遗产的保护及利用，特别是对于有重大价值的历史保护建筑及街区，要在规划中明确其核心保护区的范围，并制定完善的保护措施。不同地区根据自身情况，也应制定具体的历史文化名镇规划编制办法。国家层面以及部分省市对历史文化名镇规划编制内容的具体要求见表 4-2。

表 4-2　各层面历史文化名镇规划编制内容的要求

法规名称	对规划编制内容的要求
历史文化名城、名镇名村保护条例	保护原则、保护内容和保护范围；保护措施、开发强度和建设控制要求；传统格局和历史风貌保护要求；历史文化街区、名镇、名村的核心保护范围和建设控制地带；保护规划分期实施方案
河北省历史文化名城名镇名村保护办法	历史文化价值与特色；总体目标、保护原则、内容和重点、总体保护策略和镇域保护要求；保护范围，包括文物保护单位、地下文物埋藏区、历史建筑的保护范围、名镇的核心保护范围和建设控制地带、保护范围内相应的保护控制措施；历史城区的界限与名镇传统格局、历史风貌、空间尺度及其相互依存的地形地貌、河湖水系等自然景观和环境的保护措施；开发利用的要求与措施；规划实施管理措施；保护规划分期实施方案
江苏省历史文化名城名镇保护条例	从城镇整体风貌上确定城镇功能的改善、用地布局的调整、空间形态的保护等；根据历史文化遗存的性质、形态、分布和空间环境等特点，确定保护原则和工作重点，挖掘和研究传统文化内涵，保护和利用人文资源；根据构成历史风貌的因素及现状，划定重点保护区
广州市历史文化名城保护条例	历史文化名镇保护规划应当依据历史文化名城保护规划单独编制，其规划深度应当达到国家有关规划编制的要求，并可以作为该镇的控制性详细规划；历史文化名城保护规划中应当明确下列重点保护内容：历史城区的传统格局和历史风貌；传统文化艺术、民俗风情、民间工艺等突出反映岭南文化的非物质文化遗产的保护；划定历史文化名镇、名村的核心保护范围
苏州市历史文化名城名镇保护办法	城镇原有的整体空间环境，包括古镇格局、整体风貌等；历史街区的传统风貌、水系、地下文物埋藏区、具有文物价值的古文化遗址、古建筑、石刻、近代现代的重要史迹和代表性建筑、古树名木、地貌遗迹等；具有地方特色的传统戏曲、传统工艺、传统产业、民风民俗等口述或其他非物质文化遗产；划定重点保护区；重点地区的城市景观设计和城市设计的内容，严格控制建筑密度和建筑高度；历史文化名镇应以旅游及文化为主要产业，不得影响名镇的保护，防止无序和过度开发

总之，镇总体规划必须从实际出发，既要满足镇发展的需要，又要针对各种城镇的不同性质、所处的具体环境、政策、特点和问题，确定规划的主要工作内容和处理方法。

2. 村总体规划的特点

村总体规划可以划分为村域规划和居民集中区规划两个层次，村总体规划应包括以下内容：规划区范围、住宅、道路、供水、排水、供电、垃圾收集、畜禽养殖场所等农村生产、生活服务设施，公益事业等各项建设的用地布局和建设要求，以及对耕地等自然资源和历史文化遗产保护、防灾减灾等措施的具体安排。

村庄规划的编制应当根据国民经济和社会发展计划，结合当地经济发展的现状和要求以及自然环境、资源条件和历史情况等，统筹兼顾，综合部署村庄的各项建设。规划中应当注意合理用地、节约用地，对于各项建设应当相对集中，规划要充分利用现有的用地和设施，需要新建住宅、扩建设施时应尽量不占用耕地和林地。规划布局方面应按照有利生活、方便生活的原则，合理安排村内各项公共设施和公益事业的建设布局，保护和改善生态环境，防止污染和其他公害，加强绿化、村容村貌、环境卫生的建设。

不同类型的村庄，其发展中遇到的问题及发展特点有所不同，因此在规划内容上也会各有侧重。

从村庄所在的位置来看，可以分为城郊村、城边村及城中村。不同类型的村庄面临的问题不同，相应的规划内容也应有所侧重。城郊村，一般以农业为主，距离市区较远，各项配套设施一般来说较为缺乏，经济相对较弱。一般此类村庄人口外流较大，容易出现空心村及留守儿童、留守老人的现象，因此在规划内容方面应侧重其产业的发展、交通区位的改善、配套设施的完善、社会关怀的提高、村庄文化的保护传承等。同时对于人口逐渐减少的村庄，在规划中也应实事求是对其用地进行控制。城边村位于城市边缘地区，与城市的联系较为紧密，交通区位条件较城郊村要优越，人员构成相对复杂，属于城市与村庄的交界地带，在城市的发展扩展中可能会遇到征地拆迁问题，因此，此类村庄在规划中应对用地权属、土地集约利用、产业升级等问题有所侧重。城中村所在位置的经济价值较高，由于利益而引起的各种矛盾也较为尖锐、集中，这类村庄往往涉及拆迁改造问题。同时城中村往往被城区包围，内部环境存在与周边城市格格不入的状况，人口构成复杂且流动性大，改造费用高，管理难度也较大，因此在规划中需要对用地权属和改造后村民的回迁安置等问题予以更多的关注。

根据村庄定位的不同，可以分为中心村和一般村。一般来说，中心村的人口规模更大、配套设施方面更完善，具有辐射带动周边一般村的作用。因此从规划内容的角度来看，中心村的规划要求更高，特别是对于各项配套服务设施方面要求更为完善。

从村庄职能的角度，村庄又可以分为生态农业型、旅游型、历史文化型等。生态农业型村庄的规划发展中应侧重于对农田耕地的保护、对当地特色农产品的开发利用和宣传、对农业养殖区域合理布局等问题。旅游型村庄在规划中则应侧重于强化旅游规划的内容，根据村庄公共服务设施、村民住宅的开发利用，合理安排旅游服务设施，更注重旅游资源和村庄生态环境的保护。历史文化名村的规划更侧重于对于历史建筑、村庄传统格局及空间的保护以及对于非物质文化遗产的继承（表 4-3）。

表 4-3　广州市与苏州市对历史文化名村规划内容要求

法规名称	对规划编制内容的要求
广州市历史文化名城保护条例	评估历史文化价值、特色和存在的问题；划定核心保护范围；提出整体格局和历史环境要素的保护措施；提出核心保护范围内建筑物、构筑物和历史环境要素的分类保护措施和要求；提出延续传统文化、保护非物质文化遗产的规划措施；提出科学利用传统村落历史资源的措施，保持地区活力、延续传统文化
苏州市历史文化名城名镇保护办法	对基本格局、整体风貌、空间环境、文物古迹、古树名木、河道水系等明确具体保护措施；古村落保护范围内的建设项目，在高度、形式、体量、色彩等方面应当予以控制，并与周边环境相协调

　　此外，从内容上纵向划分，村总体规划还包括村域和居民集中区两个层面。其中村域层面，应明确土地利用总体规划、村镇体系规划等上层次及相关规划的要求；完成村庄产业规划、村域用地现状分析、村域道路交通现状分析、村域内居民点分布的现状分析、建设用地范围的划定及基本农田位置及规模的确定。居民集中区层面，需要完成建筑质量及建筑高度的评估分析、公共服务设施及市政公用设施现状分析、内部道路交通状况分析；根据现状发展的问题及条件潜力，进行居民点总体布局，包括旧村整治及新村规划；根据国家法规及当地技术管理规定要求布局并完善各项公共服务设施、路网系统及市政设施管网，进行村庄景观风貌规划、环保环卫规划、住宅规划选型等；对于具有历史价值的村庄或历史文化名村，还应专门论述如何保护历史建筑及格局。

　　村庄规划是地域特色鲜明的规划类型，各地方的要求相差较大，部分地区（以海南省、广东省、广西壮族自治区为例）对村庄总体规划的要求见表 4-4。

表 4-4　部分地区村庄总体规划内容及成果要求

省份	村庄规划内容要求	成果表达形式要求
海南省	村域层面包括现状分析、产业发展方向确定、经济社会发展目标、环境保护、防灾减灾、历史文化保护目标的确定，村域范围内建设用地总量、村域农业及畜禽水产养殖、场院及农机站库、各类仓储和加工设施、乡村旅游等生产经营设施用地位置的布局，人口规模预测、三区划定、自然及人文景观规划。 村庄建设规划主要包括村庄用地布局、基础设施规划、公共建筑安排、景观风貌规划、农宅规划布局、村庄宅基地规划、近期建设整治规划等内容	村庄规划成果一般包括规划说明书和规划图纸。 规划说明书应当包括：概述、村域规划、村庄建设规划、村庄近期建设规划或村庄近期整治规划、规划实施对策建议等。规划说明书还应附有基础资料汇编或清单、村民意见反馈、专家论证意见等资料。 根据村庄具体情况不同，规划设计图纸可作增减或合并，必要时可绘制分析图，但必须保证必备图纸的绘制。至少包括以下图纸：村域位置图、村域现状分析图、村域总体规划图、村域基础设施规划图、村域主导产业规划图、村庄现状分析图、村庄建设规划图、村庄基础设施规划图、住宅建筑方案图、村庄规划建设总体彩色鸟瞰图及绿化景观效果图。所有规划设计图纸均应标明图纸要素，如图名、图例、图标、图签、比例尺、指北针、风向玫瑰图等
广东省	确定村庄整治区范围、现状调查和村庄咨询，调整村庄用地布局、整治村庄道路，提出改善村民住宅及宅院设施的建议性方案，配置公共服务设施、配套公用工程设施规划，塑造村庄风貌以及制定规划实施措施	村庄整治规划的成果包括"一书""一表"和"三图"。"一书"为规划说明书，是对规划的目标、原则、内容和有关规定性要求等进行必要的解释和说明的文本；"一表"为项目一览表，是表达村庄整治主要项目及投资估算、资金来源及实施时序等内容的表格；"三图"为建设现状平面图、整治规划平面图、公用工程管线与设施综合图。 规划说明书的主要章节包括规划依据、现状评述、咨询村民意见的整理与回应、规划范围、整治目标和原则、用地布局调整，需列出"主要技术经济指标一览表"。村庄道路整治，需列出"道路整治一览表"。还包括村民住宅及宅院设施改善建议、公共服务设施的配置与完善、公用工程设施的配套与完善、塑造村庄风貌规划以及规划实施的措施与建议。 图纸包括建设现状平面图、整治规划平面图、公用工程管线与设施综合图

续表

省份	村庄规划内容要求	成果表达形式要求
广西壮族自治区	村庄规模和布局、住宅用地规划、公共设施规划、道路交通规划、用地竖向规划、公用工程设施规划、清洁能源利用规划、环境卫生规划、防灾减灾规划、绿地规划	规划成果包括规划说明书和规划图纸两部分。 规划说明书应对村庄的现状概况、规划期限、规划范围、规模、村庄用地选择、空间结构、用地布局、道路交通、竖向规划、公用工程设施规划、防灾规划和建设项目投资估算等内容的详细描述，可根据实际需要适当增减内容。 规划图纸应包含现状图、总平面图和设施布置图

4.1.2 村镇总体规划工作的方法步骤

从村镇总体规划的具体编制步骤来看，大致可以分为前期准备工作阶段、分析整理阶段、具体编制阶段及修改完善阶段四个阶段。

1. 前期准备工作阶段

这一阶段主要为现状资料的搜集，包括前期调研的准备、现场勘察、资料的收集整理等。通过对现状资料的收集，规划人员可以全面地掌握规划范围内的基本情况及各部门、各行业的需求，深入了解规划区的自然资源及建设条件。这一阶段的工作是村镇规划的基础环节。

资料收集的途径主要包括：通过省、地、市、县有关部门收集，通过当地政府有关部门收集，通过现场调研收集。由于总体规划需要的资料内容较多，其中部分资料需要以历年数据作为研究基础，为了调研工作的顺利进行，一般规划工作人员应将需要的相关资料整理成资料清单提前发给相关部门。

从资料收集的内容来看，涉及规划区交通、产业、土地利用、公共设施、历史文化等各个方面的内容，需要调研的基础资料主要可以分为以下 10 类：

（1）背景资料

镇及村庄所在城市及区域的经济、社会发展水平。需要调研的相关规划包括城市总体规划、涉及规划区域上层次产业的发展规划、交通规划、国民经济与社会发展规划、历史文化保护规划、相关各转向规划等，以及政府阐述未来发展重点、发展方向的相关文件。

（2）规划范围资料

规划范围资料包括规划区的历史沿革、经济条件、社会发展状况及建设情况等。

（3）工作底图

地形图是规划调研及设计的主要工作底图，需要符合以下特征：图面完整清晰，各项地物如河流、道路、山体、农田、林地、居民集聚区表达清晰，图上应标明镇及村庄的用地范围，镇（村）域内村落的位置及其名称和范围，名胜古迹、厂矿、防洪堤坝、高压电线、电信线路和已有的工程设施；图纸比例合适，具体比例应按照镇或村的辖区范围大小而定，由于镇与村的行政辖区范围相差较大，因此对于地形图的比例要求也有所不同。一般来说，较小的镇用 1：5000 或 1：10000 的地形图，较大的镇可用 1：20000 或 1：25000 的地形图，而村庄则一般采用 1：2000 或 1：1000 的地形图。

（4）工程地质条件

工程地质条件包括地质构造、地基承载力及不良工程地质现象。地质承载力主要影响具体的建设方向，如承载力较差的地区不适合安排重型工业。不良的工程地质现象包括地震、滑坡、岩溶、采空区等。

（5）水文地质条件

水文地质条件包括地下水的水位、含水层分布位置及厚度、水质、水量、流向等；还要了解是否有泉水、自流井及其位置、流量，开采及利用状况等。优质的地下水是宝贵的资源，水质优良的地下水可以作为饮用水，而含有特殊矿物的温泉和矿泉水更是重要的资源，在旅游、食品开发领域都有良好的利用。

（6）水文条件

水文条件包括河流湖泊的水位、流量、流向、枯水季及洪水位等。水文条件在洪水预防、水上运输及水利工程建设等方面都有重要的意义。

（7）气象条件

气象条件主要包括风、日照、气温、湿度、降水量等。

（8）人口资料

人口资料包括现状及历年人口规模、人口构成、人口变动、人口分布等人口基本情况。人口构成包括农业人口与非农业人口、劳动人口与非劳动人口、常住人口与非常住人口的数量及其在总人口中所占的比例，也包括人口的职业构成、性别构成、文化水平构成及职业构成等情况。

（9）经济资料

经济资料包括国民经济发展现状及规划有关资料，包括历年的生产总值、区域内主要企业的经营状况。

（10）村镇建设资料

村镇建设资料包括各类土地利用现状、规划区内建筑物用途及使用状况等。

村镇总体规划的基础资料调研可参考表4-5。

表4-5　村镇总体规划基础资料清单（参考）

部门	资料清单
党政办公室	国民经济和社会发展规划；本地重点建设项目的情况；反映本地发展思路的相关会议文件及重要讲话等；政府调研报告、发展政策报告等；其他有关本地发展思路、社会经济及建设、产业发展、人文历史及旅游开发等资料
城建办（规划办）	以往不同版本的城镇总体规划说明书及图件（包括CAD电子文件）；控制性详细规划、近期建设规划、小区规划、重要企业园区规划及其他专项规划（市政、绿地、抗震防灾、消防、人防、住房等）的文本、图纸（CAD、JPG格式）；各类已批建设项目红线（包括各类重大基础设施、各类道路断面及长度、桥梁的位置及宽度、各类企业、住房建设等）；历史文物保护、历史街区保护与规划；"三旧"改造等相关规划；城乡规划建设管理技术规定；近年工作总结、工作报告、发展规划及发展设想；其他相关资料
国土所	土地利用总体规划（建设用地、基本农田保护区）及相关专题研究（电子版或纸质版的文本与图纸）、土地开发整理补充耕地专项规划（文本与图纸的电子版）、土地整治规划（文本与图纸的电子版）；镇区（村庄居民点）及镇（村）域地形图；土地调查数据；镇域内资源分布及储量调查数据；其他相关资料
统计办公室	统计年鉴或者相关统计报表数据（2009—2014年）；人口普查数据（包括人口总数、文化构成、城镇人口、非农人口、年龄构成、外来人口等）；旅游量、旅游收入统计情况；社会经济统计报表等相关材料；其他相关统计资料

部门	资料清单
派出所	近年常住人口登记表；近年人口的变动情况（迁出、迁入、出生、死亡等）相关数据；人口普查数据（包括人口总数、文化构成、城镇人口、非农人口、年龄构成、外来人口等）；近年外来人口统计情况；其他相关资料
计划生育办公室	人口数量、构成（包括性别、文化程度、年龄等）；外来人口情况；人口发展计划
经济科技企业办公室	工业园区建设情况；工业企业发展情况；产业发展规划；其他相关资料
社会事务办公室	社会保障情况；社会福利基本情况；婚姻状况；社会福利机构的基本情况（包括福利院、老人院、特殊学校的数量、名称、地点、位置、人员配备、年投入金额等）；各类民政设施统计的使用情况（社会福利院、敬老院、殡仪馆、墓园），存在的问题及发展设想；近年工作总结、工作报告
农林水办公室	农业基本情况（产值、构成、劳动力、耕地面积、各种作物种植面积、人均收入等）；水利基本情况（水资源、水利工程设施、防洪、抗旱等）；主要水利设施（蓄水、引水、灌溉、防洪、排涝等工程的名称、位置、规模、功能等）；农业、水产业、畜牧业的基本概况；水产业及畜牧业加工点、主要运销地点、运输条件；水源保护区分布图和建设情况（包括红线、面积）；风景名胜区分布图和建设情况（包括红线、面积）；自然保护区（森林公园、湿地等）、林场、野生动物保护区等的分布现状及发展保护规划（包括红线、分布、保护对象、级别）；种植业、林业和森林资源现状；排涝设施规划及防洪、排涝规划；近年工作总结、工作报告；其他相关资料
教育办	中等职业学校、中小学、幼儿园等教育机构的基本情况（包括数量、类别、位置、设施配置、人员配置、占地面积、建筑面积、学生数量、班级数、投入资金等）及发展特征；教育事业发展及配套设施的现状、特征、存在的问题及成因分析；各级中小学的布局原则及配置标准；教育发展五年规划；职业教育发展规划；近年工作总结、工作报告
镇文化站	各类文化设施，包括新闻出版单位（通讯社、报社和出版社）、文化艺术团体、各广播电视台（省、市、区级广播电台、电视台转播台和差转台）、各图书展览设施（公共图书馆、科技馆、展览馆和纪念馆）、各影剧院设施（影剧院、剧场、音乐厅、杂技场和各单位对外营业的同类设施）、各游乐设施（文化馆、综合文化活动中心、科技文化中心、青少年宫、文化宫、老年活动中心、游乐场、舞厅和俱乐部）现状统计情况；体育设施情况（运动场馆的名称、规模）；旅游文化建设相关资料；历史文化资源分布情况，包括历史文化保护区、历史街区、古村落和各级文物保护单位的名称、位置、范围、界线、规模、年代和保护范围及要求等；历史文化保护规划、历史名城保护规划、文物古迹保护规划；文物保护管理规定；近年工作总结、工作报告
环保办	环境质量监测资料、环境质量评价报告；环境污染的主要类型、主要污染源的分布、数量、危害程度及范围；环境治理和环境保护方案等；垃圾收集与处理情况；污水处理情况；生活垃圾处理规划；固体废物污染防治规划；危险废物处理规划；污水处理厂规划（分布和处理能力）；近年工作总结、工作报告
交管所	交通发展现状（包括铁路、高速路、国道、省道、县道的线路、公交线网、交通站场、港口等）；公路网规划、综合交通运输体系规划、铁路（轨道、地铁）发展规划、公共交通规划、物流园区总体布局规划、港口规划；公路一览表（包括名称、起止点、长度、等级、宽度、路面质量、车流量、公路网络图、线路与站场位置等）；公路客货运场站建设现状统计（含位置、规模、运能等信息）；近期交通建设项目安排（含项目名称、概况、投融资等信息）；近年工作总结、工作报告
供电所	供电线网、变电站分布图；电网现状、特征及存在问题；电源：各个电站名称、位置、机组容量、年供电量、年用电量、计划发电量；供电网络：110kV、35kV、10kV 线路的走向、起止点、主要变电设施的技术等级、容量，供电服务范围；用电需求情况；相关图件（电力电缆分布图、电力规划图等）；重要电力设施（发电厂、变电站）建设计划与规划；近期重要电力设施（发电厂、变电站）建设计划与规划；近年工作总结、工作报告
自来水公司	水源、水厂的位置和生产能力，供水范围，保证程度；给排水管网图；给水专项规划；供水设施（取水点、泵站、自来水厂等）布局与规划；给水中长期发展规划；给水发展五年规划；自来水供应管网建设规划；近年工作总结、工作报告
工商所	商业网点的基本情况；旅游产品、游客的基本情况；近年工作总结、工作报告
电信支局	有线、无线电话发展情况；网络发展情况；电信线路图；近年工作总结、工作报告

2. 分析整理阶段

资料收集后，需要对其进行整理分析。首先，将收集到的资料进行分门别类的整理，并对资料的可靠性进行分析，根据整理的资料绘制出现状图表；然后，根据得出的主要结论分析整理，进行归纳总结，一般需要得出以下方面的信息：

（1）规划区现状存在的主要问题

规划的目的之一就是解决村镇在发展中存在的各种问题，如交通不成系统、交叉口设计不合理、用地功能混杂且互相影响、历史文化特色丢失等，只有充分分析并且了解现状存在的问题，才能在后期规划中有针对性地进行规划设计，切实解决当地问题。

（2）挖掘地方发展潜力

现状分析中需要对村镇现状条件进行细致的分析，特别是相比其他地区与众不同之处。发现规划区域发展的潜在优势，特别是对于一些现状发展已经趋于衰落的地区，发现潜在优势显得尤为重要，通过规划为地区发展寻求可靠路径。

资料分析常用的方法可以分为定量分析法、定性分析法以及空间模型分析法。其中，定量分析法一般运用概念、计算统计和模型等，如离散程度分析、频数和频率分析、线性规划模型、一元线性回归分析、多元回归分析等。定性分析包括因果分析法、比较法等。一般针对复杂的问题，特别是对于一些难以量化的问题，多采用定性分析。空间模型分析法，主要包括等值线法、方格网法等。

3. 具体编制阶段

通过对现状分析寻找村镇发展中存在的问题，在研究解决问题的过程中形成初步规划方案的构思。由于村镇存在的问题不同，解决问题的方法途径不同，所形成的规划方案也会有所区别，应设计多个规划方案加以比选。

从镇总体规划及村总体规划的编制过程来看，镇总体规划的编制工作可以划分为以下步骤：宏观发展背景分析→现状分析（总结特点与主要存在问题）→主导产业选择→确定性质定位→人口用地规模预测→镇域规划→镇区规划（包括用地布局、道路交通规划与市政专项规划等）→建议与措施。村庄总体规划的具体规划编制工作可以划分为以下步骤：发展背景分析→现状分析（细致到建筑风格、质量等）→确定发展方向→人口用地规模预测→村域规划→村民聚居点详细设计（包括平面布局、道路交通规划、市政专项规划、建筑选型等）→建议与措施。

4. 修改完善阶段

在编制过程中，村镇规划方案需要经过专家组、相关部门及利益相关人员的多次审议、论证和修改。一般来说，修改完善阶段对于方案的前瞻性、可实施性等方面的提升是至关重要的。

4.2 村镇总体规划的法定程序

村（镇）总体规划法定程序一般包括"组织编制→公众参与及专家论证→人大代表会或村民代表会表决→上报审批→依法公开→规划实施管理"等步骤，突出了村镇总体规划的公众参与性和基层民主性。

　　村镇总体规划由人民政府组织编制，并应严格符合《城乡规划法》的程序要求。但也存在一些特殊情况，如历史文化名镇，除了按照一般镇总体规划的法定程序之外，还需报有关文物主管部门备案。除此之外，由于村镇在区域中的定位不同，其法定流程上也会有所区别，如一般镇总体规划需上报县人民政府审批，而县人民政府所在地镇，由于其在区域中定位更接近于城市，需地级市或以上级别的人民政府审批。对于中心镇，不同省市在审批流程上有各自的要求，如安徽省要求中心镇总体规划在经过有关部门及专家初审之后，还需报省小城镇规划评审委员会评审，再由县级人民政府审批。

4.2.1　镇总体规划的法定程序

1. 规划编制审批流程

　　镇总体规划一般由镇人民政府组织编制，经镇人民代表大会审议通过后，报上一级人民政府审批，在上报审批时应将本级人民代表大会代表的审议意见和修改规划的情况一并报送。县人民政府所在镇的控制性详细规划，由县人民政府城乡规划主管部门根据镇总体规划的要求组织编制，经县人民政府批准后，报本级人民代表大会常务委员会和上一级人民政府备案（图 4-2）。

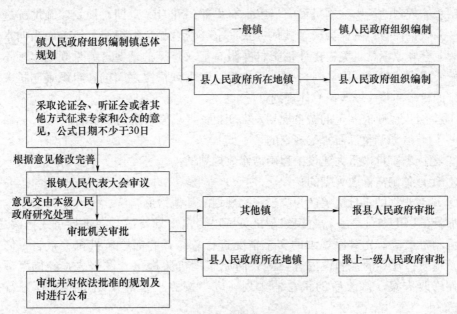

图 4-2　镇总体规划编制审批流程

　　对于历史文化名镇的申报、批准程序，由于其规划重点与一般城镇不同，在规划编制流程及要求上也有很大区别。根据国务院《历史文化名城名镇名村保护条例》，国务院建设主管部门应会同国务院文物主管部门负责全国历史文化名镇、名村的保护和监督管理工作。地方各级人民政府负责本行政区域内历史文化名镇、名村的保护和监督管理工作。历史文化名镇、名村获批后，所在地县级人民政府应当组织编制历史文化名镇、名村保护规划，保护规划应当自历史文化名镇、名村批准公布之日起 1 年内编制完成。

不同地区由于经济发展状况不同，规划编制过程除了依据国家现行的相关行政法规外，还应结合当地的具体经济发展状况、社会风俗以及村、镇本身不同的定位，因此各地的审批流程及编制主体有所差别，如《河北省历史文化名城名镇名村保护办法》，规定河北省内历史文化名镇的保护规划应由设区的市人民政府报省人民政府审批，报省住房城乡建设主管部门、省文物主管部门备案，在规划批准后，组织编制机关应及时公布。依法批准的历史文化名镇规划，应当作为建设项目规划许可的依据，划入历史文化名镇的区域，不再编制相应的镇控制性详细规划。

2. 镇总体规划的修编

镇总体规划具有一定的法律效力，因此需要保证在实施过程中不被随意篡改，人民群众的合法权益不遭受侵害。随着对城乡规划的深入了解，规划界越来越重视城乡规划的动态性，而不再是终极蓝图式的规划。这就要求城乡规划在实施一段时间后，应当由专门的机构进行定期评估，以确保规划适应当时城镇发展的实际需要。由于经济的发展、社会的进步、各种新技术的普及以及政策环境的变化，规划难免有修编的需求，以适应新时代、新形势的发展，根据《城乡规划法》，镇总体规划的修编需要遵循严格的程序。

镇总体规划的组织编制机关应当组织有关部门和专家定期对规划实施情况进行评估，并采取论证会、听证会或者其他方式征求公众意见。组织编制机关应当向本级人民代表大会和原审批机关提出评估报告并附具征求意见的情况。如果规划出现不符合城镇发展需求的状况，则应对规划进行修编。有下列情况之一的，组织编制机关可按照规定的权限和程序修改镇总体规划：

① 上级人民政府制定的城乡规划发生变更，提出修改规划要求的；
② 行政区划调整确需修改规划的；
③ 因国务院批准重大建设工程确需修改规划的；
④ 经评估确需修改规划的；
⑤ 城乡规划的审批机关认为应当修改规划的其他情形。

如具备以上条件之一，组织编制机关可以提出规划修编。在进行正式修编之前，组织编制机关应首先对原规划的实施情况进行总结，并向原审批机关报告。修改如果涉及镇总体规划的强制性内容，应先向原审批机关提出专题报告，经同意后，方可编制修改方案。修改后的镇总体规划，应当按照正常的规划审批流程进行报批（图 4-3）。

3. 规划实施管理

规划实施管理可以说是规划法定流程中最后和最关键的一环，好的规划如果得到差的执行和实施，也无法发挥其应有的作用。无法执行和实施的原因，一方面是规划脱离现实，过于理想化以至于无法实施；另一方面则是由于规划没有得到有效的实施，导致"有规划无执行"。

《城乡规划法》第七条明确规定：经依法批准的城乡规划，是城乡建设和规划管理

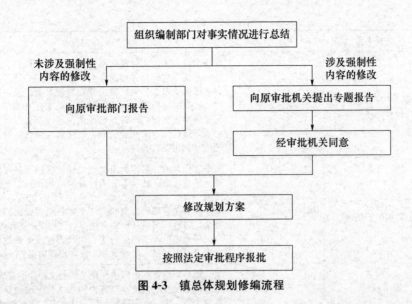

图 4-3 镇总体规划修编流程

的依据，未经法定程序不得修改。这里所说的城乡规划依据，包括城镇体系规划、城镇总体规划、专项规划、乡规划和村庄规划等。

根据《城乡规划法》第三十六条、第三十七条、第三十八条和第四十条规定，在镇规划区内建设项目的选址、使用土地和各项工程建设，都必须经由城乡规划主管部门管理，核发《建设项目选址意见书》《建设用地规划许可证》和《建设工程规划许可证》，即"一书两证"制度。其中《建设项目选址意见书》是城乡规划主管部门依法核发的，以划拨方式提供国有土地使用权的建设项目选址和布局的法律凭证。《建设用地规划许可证》是经城乡规划主管部门依法确定其建设项目位置、面积、允许建设范围等的法律凭证。《建设工程规划许可证》是经城乡规划主管部门依法确认其建设工程项目符合控制性详细规划和规划条件的法律凭证。在规划实施中，除了要符合国家的法律法规之外，各地还应符合各自省份或城市的发展状况及管理特色，部分地区还会制定进一步的管理办法以确保规划的落实，尤其是对于历史文化名镇此类具有特殊意义和地位的城镇，政府会通过法规文件的形式进一步对其保护和监督机制进行明确。如河北省在 2013 年制定的《河北省历史文化名城名镇名村保护办法》中就明确提出由县级以上人民政府负责本行政区域内名镇、名村的保护和监督管理工作，设区的市、县级人民政府应当设立历史文化名镇、名村保护委员会，而具体工作则由城乡规划（建设）主管部门负责，对于名镇、名村的保护必须纳入国民经济和社会发展规划中，并安排保护专项资金（表 4-6）。

表 4-6 不同等级文件对历史文化名镇、名村规划实施的要求

级别	法规名称	实施时间	规划实施监督
国家级	历史文化名城、名镇、名村保护条例	2008 年 7 月 1 日	国务院主管部门会同国务院文物主管部门应当加强对保护规划实施情况的监督检查。县级以上地方人民政府应当加强对本行政区域保护规划实施情况的监督检查，并对历史文化名镇、名村保护状况进行评估，对发现的问题应当及时纠正、处理

续表

级别	法规名称	实施时间	规划实施监督
省级	河北省历史文化名城名镇名村保护办法	2013年10月1日	省住房城乡建设主管部门会同省文物主管部门，对保护规划实施情况进行监督检查，对存在保护不力等问题，应及时向设区的市、县人民政府提出整改意见。设区的市、县级人民政府应当对本行政区域内历史文化名镇保护工作进行监督检查和评估。检查和评估信息应当通过政府门户网站、新闻媒体等向社会公布，接受社会监督，对发现的问题应及时纠正、处理
省级	江苏省历史文化名城名镇保护条例	2010年11月1日	历史文化名城、名镇和历史文化保护区的保护规划一经批准，所在地市、县（市）人民政府应当予以公布，并组织实施。 城乡规划主管部门应当同级文物行政主管部门定期对历史文化名城、名镇和历史文化保护区的保护工作进行检查，及时处理违反本条例的行为，对严重违反保护规划的情况应当及时向同级人民政府和上级主管部门报告
市级	广州市历史文化名城保护条例	2016年5月1日	市人民政府负责本市历史文化名城的保护和监督管理工作。区、镇人民政府负责本辖区内历史文化名城的保护和监督管理工作。街道办事处履行历史文化名城保护的相关职责。确定历史文化街区、历史文化名镇、历史文化名村、历史风貌区、传统村落的保护责任人，向社会公布历史文化街区、历史风貌区所在地街道办事处为保护责任人；历史文化名镇所在地的镇人民政府为保护责任人；历史文化名村、传统村落所在地的村民委员会为保护责任人；市、区人民政府设立保护对象的保护管理组织，该组织为保护责任人。跨村的保护对象的保护责任人由所在地街道办事处或者镇人民政府指定，跨街道、镇的保护对象的保护责任人由所在地区人民政府指定，跨区的保护对象的保护责任人由市人民政府指定

4.2.2 村总体规划的法定程序

1. 规划编制审批流程

根据现行的规划法规，村庄规划应由乡、镇人民政府组织编制，经过村民会议或者村民代表会议讨论同意，报上一级人民政府审批，具体的实施方式根据各地具体规定有所不同。如广东省制定了村庄整治规划编制指引，明确规定应以各县（市、区）规划建设部门为主导力量，县（市、区）规划行政主管部门具体组织村庄整治规划的编制工作，镇（乡）负责村庄整治具体项目的指导和组织实施工作，规划审批前要求经村民会议讨论同意，由镇级人民政府报县级人民政府批准。若规划涉及对上层次规划局部调整，还需取得上层次规划原审批机关的同意，方可审批（图4-4）。

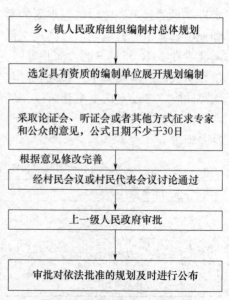

图4-4 村总体规划编制流程

乡、镇人民政府组织编制村总体规划

选定具有资质的编制单位展开规划编制

采取论证会、听证会或者其他方式征求专家和公众的意见，公式日期不少于30日

根据意见修改完善

经村民会议或村民代表会议讨论通过

上一级人民政府审批

审批对依法批准的规划及时进行公布

由于村庄发展外部条件发生变化或遇到新的机遇，村庄规划也会面临修编的情况。根据《城乡规划法》第二十二条规定，应由乡、镇人民政府组织修改村庄规划，并报上一级人民政府审批。由于各地具体情况不同，在遵守《城乡规划法》的前提下，各地区也会根据本地情况制定更为细致的修编规定，如根据广东省规定，村庄规划的调整，首先需经村民会议同意，然后由镇级人民政府具体组织，并报县级人民政府备案。

2. 规划实施管理

村庄规划的实施，主要是通过对建设活动的管理进行的。根据《城乡规划法》第四十一条规定，在村庄规划区范围内开展的各项土地建设活动，都须由城乡规划管理部门核发《乡村建设规划许可证》。建设单位或个人在取得《乡村建设规划许可证》之后方可办理用地审批手续和开展建设活动。《乡村建设规划许可证》是经城乡规划主管部门确认其符合乡、村庄规划要求的法律凭证。

同时根据村庄内建设活动的不同，具体申请建设程序也有所不同，大致可以分为住宅建设、公共设施建设和乡村企业建设。农村村民在村庄规划区内建设住宅时，还应当先向村集体经济组织或者村民委员会提出建房申请。在经过村民会议讨论后，若需要使用耕地，还应经乡镇人民政府审核、县级人民政府建设行政主管部门审查同意并出具《选址意见书》后，方可依照《土地管理法》向县级人民政府土地管理部门申请用地。经县级人民政府批准后，由县级人民政府土地管理部门划拨土地；如果使用原有宅基地、村内空闲地和其他土地的，则由乡级人民政府根据村庄规划和土地利用规划批准；乡村公共设施、公益事业建设，须经乡级人民政府审核、县级人民政府建设主管部门审查同意并出具《选址意见书》后，建设单位依法向县级人民政府土地管理部门申请用地，经县级以上人民政府批准后，由土地管理部门划拨土地。

规划具体实施中，由于各地情况不同，一些省份或直辖市会根据本地情况制定相应的管理条例对建设管理工作进行进一步的细化，对于具体落实规划的负责部门或主要实施的主体力量进行明确规定，从而确定规划实施阶段是由专门部门负责管理的，进一步加强规划的现实意义，避免"规划编好，无人落实"的现象。部分省份村庄规划编制实施管理的对比见表 4-7。

表 4-7　不同省份村庄规划编制实施管理对比表

区域/层次	法规名称	编制审批流程	申请用地需遵循的相关规定	建设活动需申请的文件
全国	村庄和集镇规划建设管理条例	乡人民政府组织编制→村民会议讨论同意→乡人民政府报县级人民政府批准	《土地管理法》	建房申请、村民建设活动要使用耕地的，需出具《选址意见书》，使用原有宅基地、空闲地和其他土地的须符合规划
广东省	广东省村庄整治规划编制指引	县（市、区）规划行政主管部门组织编制→经村民会议讨论同意→报县级人民政府批准	《村庄和集镇规划建设管理规定》《土地管理法》	符合《村庄和集镇规划建设管理规定》

续表

区域/层次	法规名称	编制审批流程	申请用地需遵循的相关规定	建设活动需申请的文件
广西壮族自治区	村庄和集镇规划建设管理条例	地区行政公署和市、县人民政府建设行政主管部门负责；风景名胜旅游区的村庄由地区行政公署或设区的市人民政府批准；城市规划区内的村庄由所在城市人民政府批准	《村庄和集镇规划建设管理规定》《土地管理法》	提出申请，由乡人民政府核发选址意见书
安徽省	安徽省村镇规划建设管理条例	乡人民政府组织编制→村民代表会或村民大会通过→乡（镇）人民政府审查批准→报县级人民政府备案	《土地管理法》《安徽省实施办法》	《建设用地规划许可证》《建设工程规划许可证》

思考题

1. 村镇总体规划中，资料搜集的内容主要包括哪些？

2. 村镇现状分析图主要有哪些？

3. 历史文化名镇总体规划在现状调研阶段与一般乡镇的侧重点有何不同？

4. 试论述镇总体规划的工作流程包括哪些步骤？

5. 村镇总体规划的成果主要以哪种形式反映？

6. 镇总体规划的主要内容有哪些？

7. 镇总体规划的审批流程。

8. 国家在对于历史文化名镇规划实施管理方面与一般城镇规划实施管理有何不同？

9. 镇总体规划在哪些情况下允许进行修编？

10. "一书两证"制度如何对城镇内的建设活动进行管理？

11. 谈一谈村庄总体规划的主要内容。

12. 村庄规划的审批流程。

13. 试论述村庄内住宅建设活动的具体申请程序。

第 5 章
村（镇）域规划

5.1 概述

村（镇）域规划，是国家和地区对村（镇）建设发展做的总体部署，是村（镇）长远建设计划的一种形式。村（镇）域规划要解决的是：在全局范围内制定村镇发展的指导思想；分析村镇发展的自然资源条件、地理交通条件、人口条件、技术条件的利用及可能带来的影响；明确各级村、镇在村（镇）域经济中的地位和作用；确定发展的总体规模、布局和长远发展方向；处理与其他村（镇）之间的关系。通过村（镇）域规划，明确分析村（镇）在区域中的经济地位和社会关系，分析村（镇）依托的经济基础和"腹地"，从而有利于进一步确定村（镇）的性质和发展规模，指导村（镇）社会经济发展。

根据编制对象、规划重点、内容及目标的不同，镇（乡）域规划和村域规划同属于我国城乡规划体系中最底层、最基本的规划类型，但在规划范畴、规划内容、规划重点及实现目标方面有一定的区别（表5-1）。

(1) 镇（乡）域规划编制对象是经省、自治区、直辖市人民政府批准设立的镇，是农村城镇化的重点地区，也是我国新型城镇化的重要组成内容。一般情况下镇、乡具有相近的概念。

(2) 村域规划一般以行政村为单位，主要对村庄（居民点）布点及规模，产业及配套设施的空间布局，耕地等自然资源的保护等提出规划要求，村域范围内的各项建设活动应当在村域规划指导下进行。

表 5-1　村（镇）域规划类型一览表

	规划重点	主要规划内容	实现目标
镇（乡）域规划	强化镇域功能和空间资源的整合；人口集中、产业集聚和土地集约发展；构建地方生活圈；地方文化、区域景观和美丽城镇特色塑造	生态、生活、生产空间划定与空间组织；构建县城-镇区快速交通、洁净水、清洁能源、现代信息网等系统；建设干道网、公交网、商贸网、信息网系统以及教育和健康保障体系	现代化小城镇发展基础和环境；农村城镇化重点和示范

续表

规划重点	主要规划内容	实现目标
村域规划	农业土地适度规模经营；现代农民培育条件建设；农业经济和乡村发展	满足农业土地适度规模经营的基本农田建设；培养现代农民、种养大户和农副产品职业经理人条件建设；"一村一品"地域特色农业体系；保育村域自然景观格局、历史记忆与文化传统；加强农村环境面源污染管理	自下而上解决三农问题；生产发展、生活宽裕、乡风文明、村容整洁、管理民主

5.2 镇（乡）域规划

5.2.1 镇（乡）域规划的基本要求

1. 规划依据、规划范围与规划期限

镇、乡是《中华人民共和国宪法》中规定的基层行政区域。镇（乡）域规划是《中华人民共和国城乡规划法》规定的镇规划和乡规划的组成部分，根据镇（乡）域经济社会发展和统筹城乡发展的需要，其规划区覆盖镇（乡）行政辖区的全部范围。

镇（乡）域规划包括对镇域总体发展目标和规模的确定，对镇域范围内人口、产业、道路、能源、通信等公共基础设施的布局等。镇（乡）域规划的编制应坚持"全域统筹、注重发展、节约用地、因地制宜"的原则，突出对镇（乡）全域发展的指导，协调农村生产、生活和生态关系，统筹建用地和非建用地的合理布局。通过镇域规划，体现地域特色、乡村特色和民族特色，尊重地区的多样性和差异性。

镇（乡）域规划的规划期限一般为 20 年，近期为 5 年，并应当对镇（乡）更长远的发展做出预测性安排。镇（乡）域规划的编制依据包括国家的法律法规、部门规章、地方纲领性文件及上位规划、同级国民经济和社会发展规划、土地利用规划、环保、交通、水利、旅游等相关规划。

2. 规划类型

我国历史悠久、幅员辽阔、镇（乡）众多，不同地区的乡镇各具特色，差异极大。在遵循基本框架的前提下，不同类型镇（乡）域规划的侧重点和关注点应有所不同，具体规划内容也存在差异，要根据具体情况合理调整、因地制宜。

（1）镇类型

一般来说，为适应不同类型镇（乡）域规划的需要，镇可分为中心镇、重点镇、特色镇、卫星镇和一般镇（表5-2）。镇（乡）域规划的编制应突出发展要点和地方特色。

表 5-2　镇域规划镇类型

镇类型	概念	规划编制指导思想
中心镇	除县城外，在县域经济、社会发展中承担片区中心职能的建制镇	规划建设成为县域经济、文化、教育、医疗、交通、物流、农技的地方中心，市政设施和社会设施配置达到县城标准，配套建设重点中学、地方医院

镇类型	概念	规划编制指导思想
重点镇	在县域内被国家部委、省市人民政府确定重点发展的建制镇	突出城镇优势、提升城镇综合实力和竞争力，规划产业园和生态农业区，集聚人口和产业，市政设施和社会服务设施应达到县城配置水平
特色镇	指具备一种以上发展优势特色的建制镇	注重镇（乡）域特色要素，划定特色空间，保护特色资源，集中发展特色产业
卫星镇	位于城市周边，区位和交通优势明显的建制镇	依托母城的基础设施和公共服务设施发展，充分利用母城的资本、技术与市场等要素辐射，逐步形成自立城镇
一般镇	一般建制镇	合理引导集中、集聚、集约的经济产业发展，构建镇（乡）域生活圈，将市政设施与公共服务设施向镇（乡）域延伸覆盖

（2）乡类型

从行政建制来看，乡可以分为普通乡和民族乡。从产业发展来看，乡可以分为农业乡、林业乡、牧业乡、渔业乡。

从空间分布来看，乡的发展情况存在地区性差异：东部沿海地区农田基础设施和农业发展水平普遍较好；中部地区生态环境较为脆弱，农业发展水平受限；西部地区农业发展状况极大地受制于土壤、地形、地貌、气候等自然地理条件（表 5-3）。

表 5-3　不同区域乡域发展差异

地区	农业区类型	乡域发展特征
东部地区	东北农林区	我国人均粮食产量最多的地区和最大的天然用材林区；广阔的平原地区以农业种植业和林业为主，其中兴安岭和长白山地区以林业为主
	黄淮海农业区	平原为主，以农业种植业为主导产业；耕地面积居东部地区之首，农业生产设施现状较好，是农业发展水平较高，基础良好的地区
	长江中下游农业养殖区	人多地少，农业、林业、渔业都比较发达，水热资源丰富，农业生产水平较高
	华南农林热作区	四季常青，90%以上为丘陵山地；人多地少，地区农业生产水平差异较大，是热带经济作物的主产区和重要的水产区
中部地区	内蒙古及长城沿线牧农林区	北部以畜牧业为主，南部以种植业为主，中部半农半牧；农业种植业单产较低，生态环境比较脆弱
	黄土高原农林牧区	水土流失较为严重，农业生产条件较差、生产水平不高，生态环境亟待综合治理，退耕还草、退耕还林是主要发展方向
	西南农林区	以山地丘陵为主，少数民族众多，农业生产类型多样，自然条件优越，但农田水利设施水平较差，平均亩产较低
西部地区	甘新农牧林区	气候干旱，地广人稀，少数民族聚居；绿洲农业依靠灌溉，荒漠以畜牧业为主，平原牧场和山地牧场相结合的季节性游牧
	青藏高原牧农林区	高原山区为主。东南部有大规模天然牧场，以畜牧业为主；东部有广阔的天然森林，兼有耐寒性较强的农作物

3. 规划内容

镇（乡）域规划是镇（乡）行政区域内村、镇布点及各项建设活动的整体部署，是镇区、村庄规划的依据，其主要工作内容包括：

（1）镇（乡）域现状调研及分析。研究分析镇行政区域内社会经济发展情况，进行镇（乡）行政历史沿革、产业发展分析，居民点分布现状对生产发展影响的分析，商业、交通、能源、科技、文化教育的分析，预测其发展方向和发展水平。研究确定镇（乡）行政区域内村、镇布点，包括零散自然村庄的迁并。

（2）确定镇（乡）域规划目标和社会经济发展战略方针。研究确定镇（乡）行政区域内主要村、镇居民点的选址、性质定位、人口规模和建设用地的发展方向和布局，确定建设用地范围和基本农田的保护区范围。

（3）镇（乡）域总体规划布局。根据现状资料分析，各项目标预测和专项规划取得的结果，作出镇（乡）域规划的总体布局。

（4）镇（乡）域空间保护与发展规划。十分珍惜、合理利用土地是我国的基本国策，合理改造和利用土地是镇（乡）域规划的重要内容。镇（乡）域空间保护和发展规划是对镇（乡）域土地，对生态空间和特色资源进行保护和优化整合，应包括以下几个方面：基本农田保护、禁限建区划定、建设用地增长边界划定、景观生态格局规划、镇（乡）域空间发展规划。

（5）镇（乡）域产业发展规划。根据镇（乡）域产业发展的战略和目标，分析镇（乡）域产业发展现状和社会经济发展基础，在对镇（乡）域内现有资源分析评价的基础上，全面梳理镇（乡）域产业类型，对镇（乡）域内产业空间进行合理规划布局。镇（乡）域产业发展规划应包括三方面内容：产业发展定位与产业选择、产业发展策略与空间布局规划、产业园区与产业用地规划。

（6）镇（乡）域镇村体系规划。对镇（乡）域范围内的居民点体系及相关内容规划，明确镇区和村庄群体在经济、社会和空间中的有机联系，包括镇（乡）域村镇发展规模预测、镇（乡）域镇村体系规划、镇（乡）域生活圈构建、镇（乡）域生态、景观和文化保护规划。

（7）镇（乡）域支撑体系规划。镇（乡）域支撑体系主要包括镇（乡）域综合交通规划、镇（乡）域供水、供电、通信与能源工程规划、镇（乡）域公共服务设施规划、河流水系保护规划、镇（乡）域排水与环境卫生规划、镇（乡）域综合防灾减灾规划等内容。

（8）镇（乡）域生态文明建设。镇（乡）域生态文明建设主要包括构建可持续生态系统，对自然保护区、生态林地、森林公园等自然生态要素进行保护和利用，规划布局绿道网、公园绿地等。

其中镇（乡）域规划的强制性内容包括：规划区范围、镇区（乡政府驻地）建设用地范围、镇区（乡政府驻地）和村庄建设用地规模、基础设施和公共服务设施用地、水源地和水系、基本农田、环卫设施用地、历史文化和特色景观资源保护以及防灾减灾等。

4. 镇（乡）域规划成果要求

镇（乡）域规划的规划成果包括文本、图纸和说明书。文本应当规范、准确、含义清晰。图纸内容应与文本一致。规划成果应当有书面和电子文件两种形式。

（1）镇（乡）域规划说明书

镇（乡）域规划说明书的内容包括分析现状、论证规划意图、解释规划文本等，并附重要的基础资料和必要的专题研究报告。

说明书编写要求：现状叙述清晰、资料分析透彻、目标预测和战略设想准确、总体布局合理、规划实施措施落实得当，文字简练、层次分明、图文并茂。如果规划内容较多，需深入说明时，可撰写若干专题说明。

主要包括：现状、经济社会优势和制约因素分析、预测和确定规划目标、经济社会发展战略方针、总体规划布局、规划实施措施和保障、专题规划说明。

（2）镇（乡）域规划图纸

镇（乡）域规划的图纸除区位图外，图纸比例尺一般为1：10000，根据镇、乡行政辖区面积大小一般在1：5000～1：25000之间选择。应出具的规划图纸和内容如表5-4所示。

表5-4 镇（乡）域规划图纸名称和内容

序号	图纸名称	图纸内容
1	区位图	标明镇、乡在大区域中所处的地理位置和周围环境
2	镇（乡）域现状分析图	标明行政区划、土地利用现状、镇村居民点分布、道路现状、基础设施、河湖现状、产业分布、矿产资源分布、环境污染、基本农田及农作物、主要风景旅游资源等内容
3	镇（乡）域用地适应性评价图	产业用地范围，各种用地不利因素，如矿产开采、塌陷、江河湖、地震高烈度、滑坡位移、山坡洼地，建设用地、可耕地的界定等
4	镇（乡）域空间管制规划图	标明行政区划，划定禁建区、限建区、适建区的控制范围和各类土地用途界限等内容
5	镇（乡）域城乡空间结构	镇（乡）域空间结构发展
6	镇（乡）域经济社会发展与产业布局规划图	可选择绘制镇（乡）域产业布局规划图或镇（乡）域产业链规划图，重点标明镇（乡）域三次产业和各类产业集中区的空间布局
7	镇（乡）域空间布局规划图	确定镇（乡）域山区、水面、林地、农地、草地、村镇建设、基础设施等用地的范围和布局，标明各类土地空间的开发利用途径和设施建设要求
8	镇（乡）域空间管制规划图	标明行政区划，划定禁建区、限建区、适建区的控制范围和各类土地用途界限等内容
9	镇（乡）域居民点布局规划图	标明行政区划，确定镇（乡）域居民点体系布局，划定镇区（乡政府驻地）建设用地范围
10	镇（乡）域综合交通规划图	标明公路、铁路、航道等的等级和线路走向，组织公共交通网络，标明镇（乡）域交通站场和静态交通设施的规划布局和用地范围
11	镇（乡）域供水、供能规划图	标明镇（乡）域给水、电力、燃气等的设施位置、等级和规模、管网、线路、通道的等级和走向
12	镇（乡）域环境环卫治理规划图	标明镇（乡）域污水处理、垃圾处理、粪便处理等设施（集中处理设施和中转设施）的位置和占地规模
13	镇（乡）域公共设施规划图	标明行政管理、教育机构、文体科技、医疗保健、商业金融、社会福利、集贸市场等各类公共设施在镇（乡）域中的布局和等级
14	镇（乡）域防灾减灾规划图	划定镇（乡）域防洪、防台风、消防、人防、抗震、地质灾害防护等需要重点控制的地区，标明各类灾害防护所需设施的位置、规模和救援通道的线路走向
15	镇（乡）域历史文化和特色景观资源保护规划图	标明镇（乡）域自然保护区、风景名胜区、特色街区、名镇名村等的保护和控制范围
16	镇（乡）域近期发展规划图	近期建设范围、项目等

5.2.2 镇（乡）域发展定位与目标

通过镇（乡）域现状调查与分析，确立镇（乡）域规划目标和发展战略，为镇（乡）区总体规划以及产业、交通、环保、水利等专项规划提供参考依据。镇（乡）域是农村城镇化的重点地区，镇（乡）域城镇化是指农业人口向城镇地区集中、非农产业向城镇集中集聚、农业劳动力向非农劳动力转移以及地域景观、生活方式、文化价值等向城镇地区转变的变化过程，是实现新型城镇化的主要途径。镇（乡）域规划应依照上位及相关规划内容、相关政策要求以及现状发展分析，明确镇（乡）域发展方向，确定镇（乡）域发展定位，并在此基础上构建镇（乡）域发展的目标体系。发展定位与目标应充分体现镇（乡）域发展的地方特色。

1. 镇域规划目标

镇是广大乡村地区中非农产业更发达、人口集聚程度更高、非农经济活动更频繁的区域节点，是承载农村人口转移的主要空间，也是承载村镇现代产业集聚的重要空间。镇域规划的目标应符合新型城镇化的要求，人口、产业、资源等应当更加集约与集聚，在城镇化地区和农村地区之间建立快速连接、流通的干道网、公交网、信息网、能源网、商贸网及物流网等，配置良好的基础设施并使其向农村地区延伸。

2. 乡域规划目标

乡域规划的主要目标在于指导乡域集聚生产要素来发展经济、提升人居环境水平、指导各类建设活动和保护美丽乡村环境等。

现代乡村的发展突出强调现代化的农业、生态化的农村及职业化的农民，并能为非农人口提供休闲、旅游等使用功能。乡域内不强调"集聚"而强调"特色"，寻找乡村"绿色"发展的路径。围绕农业发展，优化村庄布局，构建乡村"一村一品"特色农产业体系，构建农村社会服务体系、农产品市场及物流体系、农村设施体系等，建设现代化的美丽乡村。

5.2.3 镇（乡）域职能结构与规模等级

1. 镇（乡）域职能结构

职能结构是指村镇体系的内在职能，特别是指服务于村镇以外的职能构成及其相互关系，主要有社会职能和经济职能两种。

（1）社会职能

职能等级是指村镇体系中，村镇在村、镇（乡）域乃至更大范围内承担的社会方面的主要职能，并以此划分等级结构。

根据村镇体系中村镇在承担社会方面的主要职能和影响范围，一般可以划分为五个等级：中心镇、一般镇、集镇、中心村、基层村。常见的镇（乡）域职能等级结构有三种形式（表5-5）。

表 5-5 镇（乡）域职能等级构成表

构成之一			构成之二			构成之三		
职能等级	村或镇	主要职能服务、影响范围	职能等级	村或镇	主要职能服务、影响范围	职能等级	村或镇	主要职能服务、影响范围
			中心镇	建制镇	县域片（分）区或附近乡镇	中心镇	建制镇	县域片（分）区或附近乡镇
一般镇	建制镇或乡集镇	镇域或乡域				一般镇	非乡政府所在地集镇	镇域片区
中心村	村庄	镇（乡）域片区或村域	中心村	村庄	镇域片区	中心村	村庄	镇域片区
基层村	村庄	村域	基层村	村庄	村域	基层村	村庄	村域

注：1. 上述镇（乡）域职能等级构成为一般情况，不包括某些地区的特殊情况。

　　2. "构成之三"的情况较少。

（2）经济职能

经济职能类型是指村镇在一定区域范围内承担的经济方面的职能，以及据此形成的等级结构。镇的经济职能类型有工业、交通（包括海港、航空港、河港、公路、铁路等）、金融、贸易、商业、旅游等；村的经济职能类型有林业、牧业、种植业（包括花卉、瓜果等）、渔业、养殖业、旅游、手工业等。

村镇的职能类型一般由在村镇经济发展中起最重要作用的若干个行业构成（表5-6），村镇职能类型是确定村镇性质的重要依据之一。村镇主导行业需要通过定性和定量方法分析确定，由于村镇经济发展的情况差异较大，职能类型种类多样，应根据村镇实际情况确定。

表 5-6 村镇职能类型

镇	村
工业（工矿）型、交通型、旅游型、贸工型、商贸型、农贸型、边贸型、综合型	林业型、牧业型、农业种植型、渔业型、农旅型、农工型

2. 镇（乡）域规模等级

依据城镇所处地理位置的重要程度以及在区域社会经济活动中所处的地位及发挥作用的大小，城镇具有明显的等级层次特征，而这种等级层次特征，又与城镇的规模大小、性质、职能特点有很大的相关性。

一般而言，在一定地域范围内的城镇，等级层次越高，其相应的职能地位越高，职能类型越全面，城镇规模也就越大，在这个范围内数量也就越少。城镇的规模等级在本质上反映了各级城镇不同功能及其不同层次之间的组织协调程度。

镇（乡）域村镇体系等级规模通常呈"金字塔"形分布，位于塔顶的是规模等级最高、数量最少的中心镇或一般镇，规模等级地位低而数量多的基层村则位于"金字塔"的底座。

在镇（乡）域村镇体系等级规模结构规划中，一般以规模等级和职能等级相对应来划分，镇（乡）域村镇体系可分为三级（表5-7）。

表 5-7 镇（乡）域村镇体系等级规模

等级	村庄		建制镇、集镇	
	基层村	中心村	一般镇	中心镇
大型	>300	>1000	>3000	>10000
中型	100～300	300～1000	1000～3000	3000～10000
小型	<100	<300	<1000	<3000

5.2.4 镇（乡）域空间布局与管制

镇（乡）域空间保护与发展规划是对镇（乡）域生态空间和特色资源进行保护和优化整合，分空间利用布局和空间管制两个层次。

1. 空间利用布局

划定镇（乡）域山区、水面、林地、农地、草地、城镇建设、基础设施等用地空间的范围，结合气候条件、水文条件、地形状况、土壤肥力等自然条件，提出各类用地空间开发利用、设施建设和生态保育的措施。

（1）山区保护与开发。以保护和改善生态环境为核心，提出山区农林产品、旅游开发、矿藏采掘等开发利用措施。

（2）水资源与滨水空间保护与利用。优先确定保护和整治水体环境方案，合理安排农田灌溉设施布局，对滨水空间、特色水产品、水上观光等水资源进行利用与开发规划，并对河道清淤及其长效管理提出建议。

（3）林地保育与利用。完善水土保持、林地保育等生态空间；规划苗圃、生态林、经济林等林地及其种植范围；安排林地道路系统、林木产品加工、林区生态旅游等设施用地。

（4）农地利用及农田基本建设。规划农业种植项目，并确定其空间分布；统筹安排农业设施和农田水利建设工程，确定其分布和规模等；科学划定需要改造的中低产田区域、农田整治区域和可复垦农田地区，并提出相应的农田基本建设工程项目。

（5）草地利用与牧区布局。划定草场，进行草场载畜量评价，实行"以草定畜"确定生产规模，避免超载过牧；划定需要实施草地改良的区域，并提出相关的水利、道路、虫害治理和轮牧措施；规划牧区生产和防灾抗灾的生命线工程和必备的公共基础设施、公共服务设施。

（6）村镇建设布局。确定村镇居民点体系，结合空间管制确定镇（乡）域建设用地的规模和布局，分别划定保留建设用地和新增建设用地的范围。

（7）基础设施用地布局。划定各类交通设施、公用工程设施和水利设施的用地范围。构建镇（乡）域机耕路、林区作业路、农田水网、灌溉渠网、运输管道等与工农业生产密切相关的通道网络，确定其线路走向并控制宽度。

各类用地空间可能的开发利用途径、设施建设重点和生态保育要求可参考表 5-8。

表 5-8　镇（乡）域空间利用导引

用地类型	分类	开发利用途径	设施建设重点	生态保育要求
山区	植被覆盖	农林产品种植、旅游开发	山林管理设施、旅游服务设施	依据生态敏感度评价，实行分级保护
山区	裸岩砾石	旅游开发、矿藏采掘	旅游服务设施、矿产采掘设施	
水面	河流湖泊	水产品养殖、滨水旅游、农业灌溉	养殖设施、旅游服务设施、取水设施	严格保护水面范围
水面	水库坑塘	水产品养殖、滨水旅游、农业灌溉	养殖设施、旅游服务设施、取水设施、防渗设施	
水面	滩涂	水产品养殖、滨水旅游	养殖设施、旅游服务设施	
水面	沟渠	农业灌溉	沟渠疏浚、防渗设施	
林地	园地	林果种植、茶叶种植、其他经济林种植（橡胶、可可、咖啡等）、采摘旅游	林业管理设施、林区作业路、旅游服务设施、防（火）灾设施	依据生态功能评估，实行较严格的保护，园地与林地之间、林地与农田之间可进行一定的转用
林地	林地	用材林木、竹林、苗圃、观光旅游	林业管理设施、林区作业路、旅游服务设施、防（火）灾设施	
农地	水田	水生农作物种植、观光农业	排涝设施、节水灌溉设施、机耕路、旅游服务设施	严格保护田地范围，保育水土条件，进行土地整理
农地	水浇地	旱生农作物种植、采摘农业	灌溉渠网、灌溉设施、大棚等农业设施、机耕路、旅游服务设施	严格保护田地范围，保育水土条件、进行土地整理
农地	旱地	旱生农作物种植、采摘农业	节水灌溉设施、防旱应急设施、大棚等农业设施、机耕路	较严格保护，符合规划的条件下可转用为建设用地、进行土地整理
草地	牧草地	牲畜养殖、旅游开发	生产设施、防灾抗灾设施	实行以草定畜，控制超载过牧
村镇	镇区（乡政府驻地）	城镇建设	基础设施、公共服务设施、经营设施等	村镇绿化建设及矿区复垦等
村镇	村庄	农村居民点建设	基础设施、公共服务设施、经营设施等	
村镇	产业园区与独立工矿区	工业开发、矿产采掘	工矿基础设施、配套生活服务设施	
设施	基础设施用地	—	交通设施、公用工程设施、水利设施、生产通道	—

注："—"——空缺。

　　镇（乡）域空间发展规划主要是划分镇（乡）域功能区，确定城乡空间发展结构。在镇（乡）域空间管制的基础上，将镇（乡）域空间划分为城镇化引导区、乡村协调发展区、生态发展区等功能空间。

　　其中，城镇化引导区指镇（乡）域人口和经济最为密集、城镇化率较高的地区，也是城镇向外拓展的主要地区。

乡村协调发展区指镇（乡）域内农村居民点较为集中的地区，以从事农林渔等生产活动为主，是自然条件较好的生态培育区向人口密集的城镇建设区过渡的区域。

生态发展区指镇（乡）域内生态敏感性较高，具有调蓄防洪、调节气候、净化水质、保持生物多样性等生态功能，是关系区域生态安全的基本功能区。

2. 空间管制

根据生态环境、资源利用、公共安全等基础条件划定生态空间，确定相关生态环境、土地、水资源、能源、自然与文化遗产等方面的保护与利用目标和要求，综合分析用地条件，划定镇（乡）域内禁建区、限建区和适建区的范围，提出镇（乡）域空间管制原则和措施。划定禁限建区需要考虑的因素包括：地质、水系、绿地、农地、环境、文物等。禁建区是指各类建设开发活动禁止进入或应严格避让的地区，主要包括自然保护区、基本农田保护区、水源地保护区、生态公益林、水土涵养区、湿地等；限建区是指附有限制准入条件但可以建设开发的地区；适建区是指适宜进行建设开发的地区。禁建区、限建区的划定参照表5-9执行。

表5-9 镇（乡）域禁建区和限建区划定

要素	序号	要素大类	具体要素	空间管制分区	
				禁建区	限建区
地质	1	工程地质条件	工程地质条件较差地区	—	●
			工程地质条件一般及较好地区	—	—
	2	地震风险	活动断裂带	—	●
	3	水土流失防治	25°以上陡坡地区	—	●
			泥石流危害沟谷	—	危害严重、较严重
			水土流失重点治理区	—	●
			山前生态保护区	—	●
	4	地质灾害	泥石流、砂土液化等危险区	—	●
			地面沉降危害区	—	危害较大区、危害中等区
			地裂缝危害区	所在地	两侧500m范围内
			崩塌、滑坡、塌陷等危险区	●	—
	5	地质遗迹与矿产保护	地质遗迹保护区、地质公园	—	●
			矿产资源保护	—	●
水系	6	河湖湿地	河湖水体、水滨保护地带	—	●
			水利工程保护范围	—	●
	7	水源保护	地表水源保护区	一级保护区	二级保护区、三级保护区
			地下水源保护区	核心区	防护区、补给区
	8	地下水超采	地下水严重超采区	—	严重超采区
			地下水一般超采及未超采区	—	—
	9	洪涝调蓄	超标洪水分洪口门	●	—

续表

要素	序号	要素大类	具体要素	空间管制分区	
				禁建区	限建区
水系	9	洪涝调蓄	超标洪水高风险区	—	●
			超标洪水低风险区、相对安全区和洪水泛区	—	—
			蓄滞洪区	●	—
绿地	10	绿化保护	自然保护区	核心区、缓冲区	实验区
			风景名胜区	特级保护区	一级保护区、二级保护区
			森林公园、名胜古迹区林地、纪念林地、绿色通道	—	●
			生态公益林地	重点生态公益林	一般生态公益林
			种子资源地、古树群及古树名木生长地	●	—
农地	11	农地保护	基本农田保护区	●	—
			一般农田	—	—
环境	12	污染物集中处置设施防护	固体废弃物处理设施、垃圾填埋场防护区、危险废物处理设施防护区	—	●
			集中污水处理厂防护区	—	●
	13	民用电磁辐射设施防护	变电站防护区	110kV 以上变电站	
			广播电视发射设施保护区	保护区	控制发展区
			移动通信基站防护区、微波通道电磁辐射防护区		●
	14	市政基础设施防护	高压走廊防护区	110kV 以上输电线路的防护区	—
			石油天然气管道设施安全防护区	安全防护一级区	安全防护二级区
	15	噪声污染防护	高速公路环境噪声防护区	—	两侧各 100m 范围
			铁路环境噪声防护区	—	两侧各 350m 范围
			机场噪声防护区		沿跑道方向距跑道两端各 1~3km，垂直于跑道方向距离跑道两侧边缘各 0.5~1km 范围
文物	16	文物保护	国家级、市级文物保护	文保单位	建设控制地带
			区县级文物保护单位、历史文化保护区	—	●
			地下文物埋藏区	—	●

注：●——应列为禁建区或限建区；"—"——空缺；文字说明表示该项相应内容。

镇（乡）域建设用地增长边界划定。划定增长边界被视为是控制城市蔓延、引导城市合理增长的有效规划途径。在镇（乡）域规划中，划定增长边界可以为规划期内建设用地增长选择最优的可能及确定最佳的发展时序；对环境友好、应变弹性较大的都市区空间结构进行情景描述，并形成引导方案；抑制镇（乡）区边缘建设用地的蔓延，促进边界内低效率建设用地的置换，划定建设用地增长边界。

镇（乡）域建设用地增长边界的划定应把握以下原则：（1）区域统筹原则，运用政策工具统筹城乡发展，合理布局城市发展区，防止地方政府盲目竞争带来土地资源的浪费。（2）经济发展原则，一方面为城市发展留有足够的空间以容纳产业增长与人口集聚，另一方面要抑制建设用地的无序蔓延、适当提高镇（乡）域建设密度。（3）交通引导原则，通过有意识的规划引导城镇沿交通走廊发展，以实现基础设施的高效利用。

5.2.5　镇（乡）域产业发展规划

镇（乡）域产业发展规划是对镇（乡）域产业类型、发展策略和产业空间规划的全面安排。

1. 产业发展定位与产业选择

通过实地查勘、调研和访谈，了解镇域产业发展现状和社会经济发展基础，并对镇（乡）域内现有的资源进行分析评价。根据镇（乡）域产业的发展现状、资源禀赋条件以及区域产业发展影响，确定镇（乡）域产业的发展定位和主导类型，明确镇（乡）域产业结构调整目标、产业发展方向和重点，提出三次产业发展的主要目标和发展措施。

镇（乡）域产业类型：根据镇域产业发展定位和主导产业类型的不同，常见的镇域产业类型有农业生产主导型、制造业主导型、商贸物流主导型、旅游业主导型、历史文化保护型、生态环境保育型等。

2. 产业空间布局规划

根据镇（乡）域产业发展的需求，统筹规划镇（乡）域三次产业的空间布局，合理确定农业生产区、农副产品加工区、产业园区、物流市场区、旅游发展区等产业集中区的选址和用地规模。

镇（乡）域产业规划应设置镇产业园区与村庄产业用地体系，划定产业园区用地边界，引导和完善镇级产业园区的建设和发展，协调村镇产业发展关系，在空间上合理分配村、镇两级的产业用地数量，实现资源、基础设施和土地的集约利用。

明确镇（乡）域产业园区的产业选择、园址选择、规模、开发建设强度、投入产出强度以及审批管理办法，确定村域内各村镇产业用地的产业类型和空间分布。

园区产业体系可分为专业型产业园区和综合型产业园区。其中，专业型产业园区包括农业产业园区、制造业园区、科技产业园区和物流产业园区等。根据产业园区类型的选择和定位，制定产业构成，进行空间布局。

同时，建立产业园区土地使用强度标准和准入标准，保证产业用地集约化利用，以及镇域在经济、社会和环境方面的可持续发展。园区土地使用强度包括：建设开发强度和投资产出强度。建设开发强度包括建筑密度、容积率、建筑高度等指标，投资产出强度包括土地投资强度和土地产出强度。土地投资强度主要包括固定资产投资强度，土地产出强度包括单位面积土地总产值、销售收入、税收和就业情况。

产业园区准入标准应包括：项目准入条件、项目优先准入条件、项目规划和建设要求、园区项目准入联合审查机制、工业项目准入控制程序、奖惩措施六个部分，涵盖经济、社会和环境等方面。

5.2.6 镇（乡）域镇村体系规划

镇域范围内居民点体系的规划，包括镇域内镇村发展规模预测，镇村体系构建，镇域生态、景观和文化保护规划等内容。

1. 镇村发展规模预测

人口规模包括镇区和镇村人口总数，依照自然增长率和机械增长率进行预测。

用地规模预测包括镇村建设用地和非建设用地预测。建设用地预测包括镇建设用地（一般应包含产业园区建设用地）和村庄建设用地预测。建设用地规模，依据现状人均建设用地指标以及国家与地方关于人均建设用地指标的相关规定综合考虑和调整。

镇域总人口应为其行政地域内常住人口，常住人口为户籍、寄住人口数之和，其发展预测宜按下式计算：

$$Q=Q_0(1+K)^{n+p}$$

式中　Q——总人口预测数（人）；

　　　Q_0——总人口现状数（人）；

　　　K——规划期内人口的自然增长率（%）；

　　　p——规划期内人口的机械增长数（人）；

　　　n——规划期限（年）。

2. 镇村体系构建

分析镇（乡）域范围内各村现状经济发展水平、人口用地规模、发展潜力及发展方向、公共服务设施及基础设施配套水平、区位条件、交通条件等因素，确定各村的等级规模及其在镇（乡）域镇村体系中的地位和作用，在均衡布局的原则下，提出镇（乡）域居民点集中建设、协调发展的总体方案和村庄整合的具体安排，构建镇区（乡政府驻地）、中心村、基层村三级体系。

预测镇区（乡政府驻地）和镇（乡）域各行政村人口规模和建设用地规模，建设用地分类和人均建设用地指标由各省级住房和建设主管部门按照本地实际情况确定相应的标准和规定，确定镇区（乡政府驻地）功能，划定镇区（乡政府驻地）建设用地范围。

（1）镇区发展指引

综合考虑镇区发展情况和发展机遇，提出镇区规划理念，描述镇区建设愿景。

镇区规划应体现集约化、特色化、生态化的建设要求，推动小城镇发展与疏解大城市中心城区功能相结合、特色产业发展相结合、服务"三农"相结合，实现公共服务均等的城镇统筹发展，有条件的镇可以向中小城市发展。

（2）村庄发展指引

根据镇（乡）域镇村体系规划，制定村庄产业发展、人口流动、历史文化、生态环境、防灾减灾等策略，综合确定村庄发展类型，为各类村庄发展指引方向。

（3）中心村的遴选

中心村以服务农业、农村和农民为目标。中心村遴选应当综合考虑以下条件：规模较大；经济实力较强；基础设施和公共服务设施较为完备；能够带动周围村庄建设和发展。平原地区服务半径一般按 1 个中心村带动 5 个左右基层村为宜，山区等特殊地区可根据实际情况确定中心村服务半径。

居民点规划要尊重现有的乡村格局和脉络，尊重居民点规划与生产资料以及社会资源之间的依存关系，没有重大理由不得迁并村庄。村庄迁并不得违反农民意愿、不得影响村民生产生活。要确保村庄整合后，村民生产更方便、居住更安全、生活更有保障。应特别注重保护当地历史文化、宗教信仰、风俗习惯、特色风貌和生态环境等。

村庄迁并主要考虑下述情形：位于城市近郊区，在相关城市已批准的法定规划中确定将纳入城镇化的村庄；存在严重自然灾害安全隐患且难以治理的村庄，如位于行洪区、蓄滞洪区、矿产采空区的村庄和受到泥石流、滑坡、崩岩和塌陷等地质灾害威胁且经评估难以治理的村庄。

提出村庄建设与整治的原则要求和分类管理措施，重点从空间格局、景观环境、建筑风貌等方面提出村容村貌建设的整体要求。

3. 镇域生态、景观和文化保护规划

存在自然保护区、风景名胜区、特色街区、名镇名村等历史文化和特色景观资源的镇（乡），应参照相关规范和标准制定相应的保护和开发利用规划，保护和优化特色景观和资源，具体包括自然生态保护规划、景观风貌保护规划、历史文化保护规划等内容。对于达不到自然保护区、风景名胜区、特色街区、名镇名村等设立标准，但具有保护价值的历史文化和特色景观资源，也应提出相应的保护要求。

（1）自然生态保护规划

在镇域生态格局及空间管制的基础上进行自然生态保护规划，主要的规划对象和内容以自然生态要素为主。

（2）镇村景观风貌保护规划

在对镇域不同类型的景观风貌资源进行评价分析的基础上，进行景观资源质量评估，提出镇域景观风貌保护分区及保护策略。

（3）镇域历史文化保护规划

历史文化资源是镇（乡）特色的重要载体和表现，挖掘历史文化资源，塑造镇（乡）地域文化特色，是当前城镇建设的重要内容。历史文化保护规划必须体现历史的真实性、生活的延续性、风貌的完整性，贯彻科学利用、永续利用的原则。

全面深入调查历史文化遗产的历史和现状，依据其历史、科学、艺术等价值，确定保护的目标、具体保护的内容和重点，通过文化植入的方式创造地域的认同感，增添地方发展活力。划定保护范围，按照核心保护区、风貌控制区、协调发展区三个层次制定不同范围的保护管制措施。

① 明确保护内容：镇、村历史文化保护规划的主要内容应包括历史空间格局，传

统建筑风貌，与历史文化密切相关的山体、水系、地形、地物、古树名木等要素，以及其他反映历史风貌不可移动的历史文物，体现民俗精华、展示传统庆典活动的场地和固定设施等。

② 划定保护范围：首先确定文物古迹或历史建筑的现状用地边界，包括街道、广场、河流等处视线所及范围内的建筑用地边界或外观界面，构成历史风貌与保护对象相互依存的自然景观边界；对保存完好的镇区和村庄应整体划定为保护范围。镇、村历史文化保护范围内应严格保护该地区的历史风貌，维护其整体格局及空间尺度，并应制定建筑物、构筑物和环境要素的维修、改善与整治方案，以及重要节点的整治方案。

③ 划定风貌控制区：历史文化保护范围的外围应划定风貌控制区的边界线，并严格控制建筑的性质、高度、体量、色彩及形式。镇（乡）域历史文化保护范围内增建设施的外观和绿化布局必须严格符合历史风貌的保护要求，历史文化保护范围内应限定居住人口数量，改善居民生活环境，建立可靠的防灾和安全体系。

5.2.7 镇（乡）域支撑体系规划

1. 综合交通系统规划

镇（乡）域综合交通规划主要包含对外交通、道路网、公共交通等内容的规划。

（1）镇域对外交通规划

镇域综合交通规划首先需要考虑对外交通规划，并考虑镇域内部道路系统与对外交通的衔接。充分了解镇域对外交通设施现状，分析存在的问题，调整完善对外交通设施体系。

公路：确定高速公路、国道、省道、县道和乡道等公路在镇（乡）域的线路走向，按照公路设计相关标准确定公路的等级和控制宽度。注意解决城镇道路与过境公路之间的衔接。高速公路和一级公路的用地范围应与镇区建设用地范围之间预留发展所需的距离。规划中的二、三级公路不应穿过镇区和村庄内部，对于现状穿过镇区和村庄的二、三级公路应在规划中进行调整。

航道：水网地区应提出镇（乡）域水运交通组织方案，按照航道设计相关标准，明确航道等级和走向、港口布局、桥梁净空要求等。

站场：按照相关标准，确定镇（乡）域汽车站、火车站、港口码头等交通站场的等级和功能（客运、货运），提出其规划布局和用地规模。

（2）镇域道路网规划

镇域道路网规划应根据镇用地的功能、交通的流向和流量，结合自然条件和现状特点，规划镇域内镇区和村庄之间的道路网，并形成清晰的道路网体系（表 5-10、表 5-11 和表 5-12）。

镇域道路分为镇道、通村路和田间路（南方地区≥1m，北方地区≥2m，含机耕路）。镇域道路交通应满足镇区与村庄间车行、人行、农机通行的需求，以及镇区内部的车行需求，镇域规划道路通达率应达到 100%，铺装率逐渐实现 100%。

确定加油站、停车场等静态交通设施、批发市场和物流点的规划布局和用地规模。

表5-10 镇域道路分级标准建议

镇等级	镇规模	道路分级			
		干路		支（巷）路	
		一级	二级	三级	四级
县城镇	大	●	●	●	●
	中	●	●	●	●
	小	●	●	●	●
中心镇	大	●	●	●	●
	中	●	●	●	●
	小	○	●	●	●
一般镇	大	○	●	●	●
	中	—	●	●	●
	小	—	○	●	●

注：●——应设的级别；○——可设的级别。

表5-11 镇域道路网密度规划技术指标（km/km²）

小城镇人口规模/万人	干路	支路
大型＞5	2～4	3～5
中型1～5	4～5	4～6
小型＜1	5～6	6～8

表5-12 镇域道路规划技术指标建议

规划技术指标	道路分级			
	干路		支（巷）路	
	一级	二级	三级	四级
计算行车速度 km/h	40	30	20	—
道路红线宽度	24～32（25～35）	16～24	10～14（12～15）	—
车型道路宽度	14～20	10～14	6～7	3～5
每侧人行道宽度	4～6	3～5	2～3.5	—
道路间距	500	250～500	120～300	60～150

注：1. 表中一、二、三级道路用地按红线宽度计算，四级道路按车行道宽度计算。

2. 一级路、三级路可酌情采用括号值，对于大型县域镇、中心镇道路，交通量大、车速要求较高的情况也可考虑三块板道路横断面，加宽路幅可考虑40m。

（3）镇域公共交通规划

镇域公共交通规划主要包括客运公交线网规划、公交站场和站点的布局。

首先根据县域公共交通规划、城镇发展规模、用地布局和道路网规划，在客流预测的基础上确定公共交通方式、车辆数、线路网、换乘枢纽和场站设施用地等，并应使公共交通客运能力满足高峰客流需求。

同时完善镇区与镇域主要居民点（村庄）的公共交通线路网。公共交通车站应考虑服务半径并使其满足新型城镇化发展的需求，公共交通场站布局应根据公共交通车种数量、服务半径和所在地区的用地条件进行设置。

2. 供水及能源工程规划

镇域供水及能源工程规划主要包括供水、供电、通信、能源工程等内容的规划。

（1）镇域给水工程规划

确定镇（乡）域供水方式和水源［包括水源地（含供水主干网）和水厂的选址和规模］，预测镇（乡）域用水量（包括工农业生产用水、生活用水、生态用水），并按规范规划布置供水主干次管网。

（2）镇域电力工程规划

预测镇域用电负荷（包括工农业生产用电、生活用电），提高供电能力，规划变电站的位置、等级和规模，布局输电网络，规划全域通电率宜达到100%。电力网包括高压输电网、高压配电网以及低压配电网，具体技术参数选取应结合电源、用电负荷预测、电力平衡、电压等级进行选择，并进行多方案经济技术比较。供电设施综合布局应提出镇域变电设施综合布局、电力线路敷设方式、高压线走廊、地下电缆路由及敷设要求。

（3）镇域电信工程规划

调研并预测镇域内话机总数、宽带用户数量以及其他通信需求，规划实现农村电话、20M宽带户户通、3G网络全覆盖。镇域内各类通信线路应统筹管理，尽量做到同杆架设。设置邮政代办点，可以与村委会统一管理。规划镇域内有线电视端口数，并提供广电转换设施。实现村村通广播，负责对村民的召集及信息传递，同时广播站应兼顾防灾减灾功能。

（4）镇域能源工程规划

根据地方特点确定主要能源供应方式，确定燃气供应方式，提倡利用沼气、太阳能、地热、水电等清洁能源，规划其相应的能源利用设施布局，实现清洁能源利用率达到30%以上。

3. 镇域公共服务设施规划

镇域公共服务设施规划应结合镇域居民点体系规划布置，对居民点体系的调整起引导和支撑作用。

积极推进城乡基本公共服务均等化，尽量保证各类设施对镇、村居民点的覆盖度。按镇区（乡政府驻地）、中心村、基层村三个等级配置公共设施，安排行政管理、教育机构、文体科技、医疗保健、商业金融、社会福利、集贸市场等七类公共设施的布局和用地。公共设施的配置应参照表5-13的规定。

公共服务设施的布局和规模应根据人口结构变化进行调整，提高设施利用效率，提升服务标准。医疗卫生方面可采用镇医院医生定期到村卫生站巡视接诊的模式以提高医疗卫生服务水平。针对老年人设施与救助管理设施的规划中，行政村宜设置养老服务站和老年人活动室，镇域范围内宜统筹布局养老院、儿童福利院、残疾人康复站、救助管理站等。

表5-13 镇（乡）域公共设施项目配置

类别	项目名称	镇区（乡政府驻地）	中心村	基层村
行政管理	党、政府、人大、政协、团体	●	—	—
	法庭	○	—	—

类　别	项目名称	镇区（乡政府驻地）	中心村	基层村
行政管理	各专项管理机构	●	—	—
	居委会、警务室	●	—	—
	村委会	○	●	●
教育机构	专科院校	○	—	—
	职业学校、成人教育及培训机构	○	—	—
	高级中学	○	—	—
	初级中学	●	○	—
	小学	●	●	○
	幼儿园、托儿所	●	●	○
文体科技	文化站（室）、青少年及老年之家	●	●	○
	体育场馆	●	—	—
	科技站、农技站	●	○	—
	图书馆、展览馆、博物馆	○	—	—
	影剧院、游乐健身场所	●	○	○
	广播电视台（站）	●	—	—
医疗保健	计划生育站（组）	●	○	—
	防疫站、卫生监督站	●	—	—
	医院、卫生院、保健站	●	●	●
	疗养院	○	—	—
	专科诊所	○	○	—
商业金融	生产资料、建材、日杂商品	●	○	○
	粮油店	●	●	—
	药店	●	○	—
	燃料店（站）	●	—	—
	理发馆、浴室、照相馆	●	○	—
	综合服务站	●	○	○
	物业管理	●	○	—
	农产品销售中介	○	○	—
	银行、信用社、保险机构	●	—	—
	邮政局	●	○	—
社会保障	残障人康复中心	●	—	—
	敬老院	●	○	—
	养老服务站	●	●	—
集贸设施	蔬菜、果品、副食市场	●	○	—
	粮油、土特产、市场畜禽、水产市场	●	○	—
	燃料、建材家具、生产资料市场	○	—	—

注：●——必须设置；○——可以选择设置；"—"——可以不设置。

（1）镇域教育设施规划

镇域基础教育设施主要包括完全中学、高中、初中、九年制学校、小学、幼儿园等，应独立选址设置。

根据国家与地方相关标准规范并考虑适龄学生人数与合理服务半径，进行规划布局与用地配置。其中行政村宜设置幼儿园，镇域范围内宜统筹布置小学或九年制学校，区县域范围内宜统筹布置中学，同时规划设计合理的校车运行线路。

（2）镇域文体科技设施规划

镇域文体设施主要包括文化活动站（室）、体育健身场、科技服务站、图书馆（室）、展览馆、博物馆、影剧院（室）、广播电视台（站）、体育场馆等，其中行政村应配置文化活动室和体育健身场地。

（3）镇域医疗与社会福利设施规划

镇域医疗卫生设施主要包括卫生院（室）、计划生育站、防疫站、医院、疗养院、专科诊所等，应独立选址。根据国家与地方相关标准规范，在考虑合理服务半径基础上进行规划布局与用地配置，其中行政村应设置卫生室（不宜小于 $40m^2$）与计划生育站，镇域范围内应统筹布局卫生院（不宜小于 $200m^2$）、防疫站等。镇域范围内宜统筹布局养老院、儿童福利院、残疾人康复站、救助管理站等。

（4）镇域行政管理设施规划

镇域行政管理设施主要包括镇党政机构、各专项管理机构、社会团体、居（村）委会等。根据国家与地方相关规定，在镇人民政府驻地和各行政村设置。

（5）镇域商贸与农资服务设施规划

镇域商贸与农资服务设施包括零售商业网点、餐饮娱乐网点、农资服务网点、各类商品交易与集贸市场等。规划根据镇域镇村体系与产业发展的需要，结合对外交通枢纽建设，强化突出惠民性和便民性，合理布局各类商贸与农资服务设施，优化商业网点。

4. 河流水系保护规划

河流水系保护规划主要是分析镇域河流水系构成及面临的主要问题，明确已开展的治理与保护情况，分析治理保护的概况、成效、规模及投入；明确保护规划的思想与目标。

水系规划与分区：对乡域整体进行规划布局和分区，按地形条件和水系的关系，将乡域分为河网区、平原区、丘陵等类型区，若地形条件差异不大，可全部作为同一类型区。

划定保护区：在划分类型区的基础上，按照整乡推进的原则，根据类型区内河道水系治理的需要划分保护区。保护的主要内容包含建设标准、保护内容、主要工程、建设意向等。

水系综合治理：一般包含疏浚、清障、水系沟通、环境整治、堤防加固、截污治污及长效管制等内容。

5. 镇（乡）域排水工程规划

排水工程规划的目的在于引导镇域范围内排水工程系统规划以及项目的建设与

实施。

对于污水排水，根据镇域生产、生活污水排放量预测，提出污水处理目标，划定污水集中处理和分散处理的区域，明确处理方式，优化、确定污水集中处理设施的选址和规模，并布置排水主干管网。缺水且有条件的镇（乡）可进一步实施生活污水和工业污水独立系统，提出污（废）水综合利用或资源化措施，并布置中水管网等。镇域污水处理率宜达到100%。

对于雨水排水，根据所处区域的降水量及降水特点，考虑雨水系统规划、雨污合流及雨水综合利用。

6. 镇（乡）域环境卫生规划

（1）垃圾处理设施

根据当地自然和社会经济条件，提出垃圾处理目标，划定垃圾集中处理和分散处理的区域，明确处理方式，镇域垃圾无害处理宜达到100%。实行"村镇收集、乡镇集中运输、县域内定点集中处理"的方式，提倡生活垃圾分类和垃圾资源化处置方式。根据需要规划垃圾集中处理设施和垃圾中转设施，确定其位置和占地规模，规划镇域内垃圾收集转运路线。

（2）粪便处理设施

确定乡村粪便处理的方式和用途，鼓励粪便无害化、资源化处理。水冲式厕所的排出管道需与污水处理设施连接。实施集中处理的地区，要根据人口密度和运行管理能力等，规划处理设施的位置和占地规模。

7. 镇（乡）域综合防灾减灾规划

以中心村为防灾减灾基本单元，整合各类减灾资源，确定综合防灾减灾与公共安全保障体系，提出防洪排涝、防台风、消防、人防、抗震、地质灾害的防护规划原则、设防标准及防灾减灾措施；迁建村庄和新建镇区必须进行建设用地适宜性评价。

（1）防洪排涝工程规划

镇域防洪工程相关措施包括整治河道、修建堤坝、清淤、蓄滞洪区等，应注意与当地江河流域、农田水利、水土保持、绿化造林等规划相结合。按城乡统一规划的原则，明确防洪标准，提出防洪设施建设的原则和要求。

易受内涝灾害的镇（乡），应结合排水工程统一规划排涝工程，明确防洪涝灾害标准，提出排涝设施布局和建设标准。

镇域防洪规划应按《防洪标准》（GB 50201—2014）的有关规定执行。

（2）消防规划

消防规划主要包括消防安全布局和确定消防站、消防给水、消防通信、消防车通道以及消防装备的布局。按城乡统一布局的原则和要求，规划消防通道，有条件和需要的镇（乡）可设置消防站。中小型镇不具备建设消防站条件时，可设置消防值班室，配备消防通信设备和灭火设施。

消防安全布局应考虑生产、储存易燃易爆物品的工厂、仓库等场所的位置，以及建筑之间的防火间距。

消防给水管网及消火栓的设置及技术要求应符合《建筑设计防火规范》（GB 50016—

2014）的有关规定。

消防站的设置应根据镇的规模、区域位置和发展状况确定，具体可参考《城市消防站建设标准》（建标 152—2017）。

（3）地质灾害防治

存在泥石流、滑坡、山崩、地陷、断层、沉降等地质灾害隐患的镇（乡），应划定灾害易发区域，提出村镇规划建设用地选址和布局的原则和要求。

（4）抗震防灾规划

镇域抗震防灾规划主要包括建设用地评估，工程抗震、生命线工程和重要设施、防止地震次生灾害以及避震疏散的措施。

位于地震基本烈度 6 度及以上地区的镇（乡），应根据相关标准确定镇（乡）域抗震设防标准，明确应急避难场所分布、救援通道建设、生命线工程建设的原则和要求。进行用地评估和工程抗震规划时，应参考《中国地震动参数区划图》（GB 18306—2015）和《建筑抗震设计规范》（GB 50011—2010）等有关规定。

生命线工程应包括交通、通信、供水、供电、能源、消防、医疗和食品供应的统筹和规划。

对于发生地震的次生灾害源，应根据次生灾害的严重程度进行限制、迁移或预防。避震疏散规划应考虑疏散人口的数量，并结合广场、绿地综合考虑。

（5）防风防灾规划

镇域防风规划应在充分考虑选址风力现状的情况下进行，形成风灾地区的规划，其建筑物的规划设计除应符合《建筑结构荷载规范》（GB 50009—2012）的有关规定外，还应在组团配置、体型、高度等方面进行考虑。

对于易形成台风灾害地区的规划，应考虑当地情况设置堤坝，统一规划建设排水体系、建立台风预报信息网、配备医疗和救援设施等措施。宜充分、因地制宜地利用风力资源。

5.2.8　镇（乡）域生态文明建设

2012 年 11 月，党的十八大从新的历史起点出发，做出"大力推进生态文明建设"的战略决策，将生态文明建设与经济建设、政治建设、文化建设、社会建设放在同样重要的地位，形成建设中国特色社会主义"五位一体"的总布局。生态文明建设要求：坚持节约资源和保护环境的基本国策，坚持节约优先、保护优先、自然恢复为主的方针。生态文明建设的目标是建设美丽中国，实现中华民族永续发展。

镇（乡）是我国基层行政区域，是贯彻实现生态文明建设的重要内容。镇（乡）域规划中的生态文明建设，应在充分挖掘镇（乡）生态文明资源禀赋条件的基础上，协调农村生产、生活和生态，统筹建设用地和非建设用地的合理布局；完善镇（乡）全域发展规划，强化规划的科学性和约束力，依托乡村生态资源在保护生态环境的前提下，加快发展乡村旅游休闲业，重视生态、绿地等空间要素的布局，建设特色鲜明、人文气息浓厚、生态环境优美的"宜居、宜业、宜游"特色镇乡。

镇（乡）域生态文明建设主要包括以下方面：

确定相关生态环境、土地、水资源、能源、自然与文化遗产等方面的保护、利用目标和要求。重视山水林田等自然生态资源，发挥森林、自然保护区、绿道、湿地、防护林的生态功能，强化山水林田综合治理。

形成镇域生态格局，以自然资源禀赋和环境承载能力为基础，划定镇（乡）域生态保护红线，明确建设用地增长边界，划定生态保护红线和生态控制线，形成与资源环境承载力相匹配的生态格局。

打造生态网络空间体系，在镇域生态格局及空间管制的基础上进行生态保护规划；加强自然与人工生态斑块之间的联系，有效隔离功能组团，形成生态廊道，围绕各功能组团形成综合生态网络空间结构。

生态公共服务规划，在公共服务规划范围内，按绿色节能循环的理念，规划镇（乡）建设以及交通、能源、给排水、供热、污水、垃圾处理等基础设施的建设。加强基础设施建设，改善农村人居环境。实施农村"七化"工程（即道路通达无阻化、农村道路光亮化、饮水洁净化、生活排污无害化、垃圾处理规范化、村容村貌整洁化、通信影视"光网"化）。推进农村生活垃圾分类和处理，进一步提升农村环卫质量。强化农村生活污水治理，积极推进镇村生活污水处理设备及污水配套管网的建设，提高农村生活污水处理率和农村卫生厕所普及率。

创新发展镇乡绿色产业，根据镇域自身资源禀赋、产业发展现状以及区域产业发展影响，大力发展科技含量高、资源消耗低、环境污染少的现代产业体系，促进产业集群集聚发展，突出产业融合与协同创新，形成绿色、循环、低碳的可持续经济发展模式。

大力发展生态农业，推进养殖业与种植业、水产业、林业等产业的有机结合与共同发展，建立以畜禽水产养殖为中心，集种、养、渔、副、加工业为一体的立体农业生态系统，形成农牧结合、林牧结合的生态农业建设模式。

加大基本农田保护力度，逐步减少农药、化肥、抗生素在种植业、养殖业的使用，推进无公害农产品、绿色食品、有机食品、地理标志农产品的认证工作，建立并完善产地证书管理制度和产品溯源体系。

推行农业标准化生产，构建集约化、专业化、组织化、社会化相结合的现代化农业经营体系，保障农产品安全。积极发展有机农业、生态农业、观光休闲农业，打造特色农业品牌，推进观光休闲农业示范园和特色农庄建设。

强化生态文化，倡导绿色生活方式，将生态文明纳入社会主义核心价值体系中，强化各级政府、部门的生态文明建设职责，明确目标、落实责任。加强生态文化的宣传教育，提高全社会生态文明意识，加强农村精神文明建设，以环境整治和民风建设为重点，扎实推进文明村镇创建，倡导企业和公众广泛参与，引导全社会共建共享生态文明建设成果，共同保护人类美好家园。

5.3 村域规划

村域规划是我国城乡统筹的重要工作内容，在"城乡一体化"和"社会主义新农村建设"的背景下越来越受到重视。村域规划以行政村为单元，重点研究规划区域内的用地布局、经济产业、基础设施、民俗文化、生态环境等问题。

村域规划要解决的是农村基础设施不足、用地布局不科学、经济发展滞后、自然环境恶化、民俗文化流失等一系列发展问题。通过村域规划，提高资源配置效益，带动乡村地区经济增长的同时，构建适宜的人居环境。这有助于缩小城乡差距，引导社会公平。

5.3.1 村域规划的基本要求

1. 上位规划目标分解

落实县域、镇域、乡域规划等上位规划要求，明确社会发展、经济发展、产业发展的目标定位和发展特色（图 5-1）。

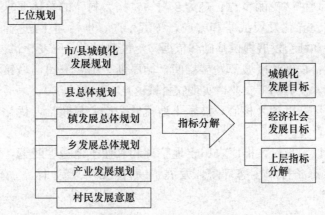

图 5-1 上位规划目标分解

首先，解读上位规划，明确村域在镇域、乡域等宏观层面的功能定位；其次，分析村域地理位置、交通条件、自然环境以及发展潜力等要素，明确村域经济发展的核心产业；最后，重点培育核心产业，形成上下游产业链，带动周边经济快速发展，实施全面的可持续发展战略。

在文化传承、生态保护、空间布局、设施规划等多个方面落实上位规划。在文化层面，挖掘当地历史文化脉络，在传承的基础上进行创新，塑造具有民俗文化特色的空间环境。在生态保护层面，重点保护村域内滨河水系、森林山丘、野生动物栖息处等生态敏感区域，合理运用景观生态学理论构建"斑块-廊道-基质"的结构模型。在空间布局层面，根据村域资源分布现状，因地制宜，合理布局居民点、农耕用地、产业用地、旅游开发用地、农贸市场用地等，做到集约发展，提高土地利用效率。在设施规划层面，根据村域人口数量以及年龄构成的发展预测趋势，确定教育设施、医疗设施、养老设施、行政设施、文体设施等的建设规模，合理改善农村生活条件；重点建设道路及通信设施，加强城乡联通关系，实现城乡资源共享，推动城乡一体化发展；综合考虑防灾减灾设施的规划，保障村民生命安全以及野生动植物的可持续发展。

2. 村域规划总体思路

结合现状条件综合分析，找到村域规划需要解决的重点问题和解决路径，提出村域规划的总体思路，主要包括以下内容：

（1）根据村域发展现状条件的综合评价，对现状村域发展模式与发展阶段进行判断，寻找合理并适合本地"三农"问题的解决路径和突破口。

（2）提出村域规划的总体思路，应涵盖产业发展、经济发展、文化传承、生态保护、空间分布、设施规划等多方面。重点解决农业适度规模化经营和"一村一品"地域特色的产业体系构建；保护村域自然景观格局、历史记忆与文化传统；加强农村环境污染源治理。

（3）提出规划实施与保障措施，明确职业化农民和农业经理人培养措施。

3. 村域规划内容

落实上位规划中"美丽乡村、魅力乡村、富裕乡村"的总体要求，明确不同城乡发展背景下村庄差异化发展战略和方向，统筹生产、生活与生态空间，为村域产业、空间、基础设施和社会发展提供基础和依据。上位规划要求见表5-14。

城镇化地区：积极对接城镇发展空间，循序渐进引导农民向城镇集中，实现产业聚集和产业升级，发展都市农业，实现农村城镇化。

城乡过渡地区：以镇为核心，鼓励土地流转和空心村整治，优化村镇体系，发展都市农业和配套产业。

农村地区：以乡带村，推广农田土地整理和农业土地适度经营，保护农村生态系统，改善农业生态条件和生态环境，发展"一村一品"产业体系、现代农业和特色农业。

表5-14 上位规划要求

	城镇化地区	城乡过渡地区	农村地区
产业发展	与城镇发展相融合，实现产业集聚、上下游产业链和城市配套服务	紧密联结城镇优势产业，以城镇产业配套、都市农业为重点，大力发展中小企业	推广农业土地适度规模经营，大力发展"一村一品"产业体系、现代农业和特色农业
空间形态	以城镇空间形态为主，集中各类空间要素，集约利用土地	以行政村为单元，逐步向镇集中发展	以村庄空间形态和农业大地景观为主要空间特色
基础设施	延续城镇基础设施网络体系，实现城乡基础设施协调统一	以镇驻地、行政村为基点建设基础配套设施	注重环境协调，充分利用新型能源，以户为单位组织的微循环为特色
社会发展	具有镇域特色的现代化村庄	具有现代农业特色的村庄	保护和传承传统乡村文化

5.3.2 村域发展定位与目标

结合村域现状与外部发展条件分析，以区域角度及与周边村镇竞合关系为基础，立足自身发展优势，提出适合村域的发展定位与发展目标，主要包括经济发展、经济建设、环境整治等几个方面，实现产业发展、文化传承、风景优美、生活舒适、民生和谐、支撑保障等发展目标。

5.3.3 村域产业发展规划

村域产业规划应在村域现状产业分析的基础上，结合农业产业化，实现"三产结合"，注重产业链的纵向发展，并对各产业的空间关系进行规划协调。具体分为四部分内容：村域产业发展影响因素、村域产业定位与发展策略、村域产业空间结构、村域产业用地布局。

1. 村域产业发展影响因素

上位及相关规划。上位规划指导村域产业的发展方向，村域规划应落实"土地利用规划""镇域规划""国民经济与社会发展规划""生态建设规划"以及"基本农田保护规划"等上层次规划中对基础设施、旅游休闲、农田和水源保护等用地提出的规范要求，解读相关规划经济发展目标，明确各类用地指标以及村域产业的发展方向和发展性质。

村域自身资源条件。自身资源条件决定村域产业发展前景，村域产业发展是一个综合利用自然资源和科技资源的新农村经济建设过程，因此受资源条件的影响极大。只有明确自身优劣势，遵循"扬长避短"的规划方针，才能实现经济产业的稳步向前发展。

市场状况。市场状况影响村域产业发展趋势，村域规划在我国起步较晚，没有城市规划发展得那么成熟，虽然可以借鉴部分城市的规划办法，但不能完全照搬城镇化发展道路，不同的市场条件与发展背景会导致产业发展结果存在较大差异，应根据自身市场定位以及产业发展现状选择合适的路径，从产业制度、产业规模、产业链条等方面分析产业发展现状，及时解决发展过程中遇到的问题。

2. 村域产业定位与发展策略

培育具有地域特色的"一村一品"产业体系。

明确村域优势（特色）产业及其目标定位，明确产业体系内的层级，以及不同类型产业在产业体系内的职能作用。

以优势产业为核心，打造上下游产业链，形成具有地域特色的产业体系；尊重产业体系自身的演进规律，建立产业发展评估系统，明确产业发展的规划方向以及功能分配；细化各类产业的职能分工，发挥协同作用，实现城乡融合。

明确重点发展的主导产业、产业定位与发展策略。

主导产业的选取原则有：符合技术进步的方向；在经济发展中居于战略地位；属供求矛盾的"瓶颈"；产业具有强带动作用，能促进成组产业的共同发展；序列化原则，应在时间序列上进行动态分析，选择具有区域优势的主导产业。

村域产业有其独特的田园、生态价值，应当明确村域产业的市场定位，切实分析市场价值取向，依据资源条件和发展前景选择主导产业，在保护自然生态环境的前提下发展经济，在适度规模经营的前提下顺应市场需求。

确定其他产业的定位与发展策略及其与重点发展产业的协作关系。

明确政府支持的重要环节，在发展主导产业的同时发展其他多种类型的产业，比如手工工业、加工业、旅游业等；摒弃发展模式的路径依赖，推动产业朝多样化发展，优化产业发展环境。

3. 村域产业空间结构

村域产业空间结构是村域产业定位与发展策略的空间形式，需要在产业定位与发展策略的基础上充分考虑区位、地形、地势、河流水系、作物种植、现状空间结构等因素的综合影响，主要内容如下：

确定主导产业在空间结构中的位置以及与其他相关产业的空间关系。作为经济空间的节点，产业空间结构是影响经济发展的重要因素。土壤、水体等自然资源对农业用地的布局具有决定性作用。随着科技的发展，交通运输、网络通信对空间结构布局的影响越来越大，只有充分考虑各方因素，形成高度化的空间结构体系，资源优势才能转化为经济优势。

重点发展的主导产业，其空间布局应该以"带动周边村域开发"为主要原则，实现村域联动发展。结合自然地理条件，打造集约型产业园区，以产业片区、产业带为要素，构成类型丰富的产业体系。主导产业与其他产业应该有较强的沟通联系，相互协同合作，发挥各自的功能作用。

确定各主导产业间的空间规模、定位和相互关系。各主导产业间应有紧密的联系机制，形成村域经济发展核心圈层，共同带动周边产业发展。空间规模的确定应结合产业类型、村域规模等因素综合考虑。

4. 村域产业用地布局

村域产业用地布局首先要注意对基本农田的保护，尽可能减少对生态环境的影响。不同于城市建设用地的布局，村域产业用地布局，尤其是农业产业布局，要在保证合理性、可操作性的基础上发挥灵活性，主要内容如下：

村域各类产业用地的布局。在规划范围内确定产业结构比例关系，合理制定农业生产、农副产品加工、旅游休闲等各类用地的规模大小，并结合地理条件因地制宜地部署；充分考虑空间分布的均衡性，为经济的均衡发展提供良好基础；各产业用地之间应有所联系，不宜太散乱，以免影响集聚效应的发挥。

确定重点主导产业的用地规模、范围。主导产业作为带动经济发展的核心，应该与各类产业有较强的联系，具有外扩、延伸的可能性。

5.3.4 村域文化传承规划

充分挖掘村庄的山、水、农、林、田等自然环境要素，村庄格局、历史建筑及历史构筑物等人工环境要素，文风家风、宗教信仰、文化艺术、文献著作、特色食品、方言等人文环境要素，保护传统村落的自然与历史文化遗产，延续和传承我国乡土文化与文明。

1. 村域自然环境保育

提出村域自然景观（包括水体、山体、农田、草场、古树名木等）的保护与整治修复措施，主要内容如下：

（1）水体：对现状水体（包括江、河、湖、海、冰川、积雪、水库、池塘等）的景观功能和生态功能进行分析与评价，对重要水体与河道提出整治清理与改进措施。

（2）山体：对影响村域格局与整体风貌的山体与天际线进行分析，提出山体保护范围与保护措施。

（3）农田：对现状农田景观进行分析与评价，对生产性农田划定保护范围，对可以融入旅游产业链的农田景观提出景观优化措施。

（4）稀有宝贵树种及古树名木：加强对具有地域特色古树名木的普查和保护利用，提出古树名木的保护范围与保护措施。

2. 村域历史遗产保护利用

确定重要历史建筑物、构筑物、文保单位等文物古迹的保护与整治措施，主要内容如下：

（1）村落格局：对村域内的山体、水体、道路与村落之间的空间关系进行分析，对影响村落格局的各种要素提出整体保护与整治措施。

（2）历史建筑与历史构筑物：在对村域所处地区的传统民居进行分析的基础上，总结传统民居的各项建筑特征，提出民居建筑特色与建筑工艺的保护与传承措施。对重要历史建筑与构筑物，进行保护范围与建设控制地带的划定。

3. 村域文化挖掘与传承

对村域民俗活动、传统手工艺技能等非物质文化遗产，与传统文化表现形式相关的文化空间提出保护、整治与发展策略。

主要内容：对村落中的非物质文化遗产进行普查和梳理，包括口头传统表现艺术、民俗活动、礼仪、节庆，有关自然界、宇宙观的民间传统知识和实践，传统手工技能，以及与上述表现形式相关的文化形式等。此外，还需要对承载非物质文化遗产的文化空间提出保护措施。

5.3.5 村域生态环境保护规划

保护自然资源和生态环境资源，构建生态环境保障。村域生态环境保护包括村域资源保护与利用，生态与环境保护规划，自然资源保护主要包括水、土地、林地、湿地资源的保护，生态与环境保护规划包括水污染防治、生活垃圾污染防治、农业面源污染防治。

1. 村域资源保护与利用

水资源保护与利用。实施村域生产、生活和农田灌溉节水工程，提高水资源循环利用效率；按照国家标准和水环境保护要求，提高整体水环境质量。

基本农田保护与利用。根据土地利用规划严格保护耕地和基本农田；确保基本农田的保护面积，稳步提高基本农田质量，合理布局基本农田；在保证建设用地和耕地总量平衡的基础上，做好增减挂钩、拆旧建新工作；实施严格的节约、集约用地制度，提高土地单位面积的利用效率。

林地湿地资源保护与水土保持。保护天然林地和自然湿地，推进公益林、涵养林等林木建设和人工生态湿地建设；加强林木栽植，逐步优化林龄结构和林种结构；统一规划与引导旅游度假项目，减少对森林植被和湿地资源的破坏。

2. 生态与环境保护规划

水污染防治。完善排水系统，污水经处理达标后排放。加强水上环卫队伍力量，及时清理水面和河道的垃圾、水草、油污等漂浮物。

生活垃圾污染防治。建立完善的生活垃圾分类与收集系统，实现垃圾资源化、无害化处理。

农业面源污染防治。农业面源污染主要来源为化肥、农药和畜禽粪便等，需采用新的农业生产技术，从农田面源污染、畜禽养殖面源污染、农业有机废弃物污染三方面对农业面源污染进行防治。

5.3.6 村域空间布局规划

村域空间规划主要包括村域居民点布局优化、村域土地利用规划、村域农田林网规划等村域范围内有关生产、生活和生态的空间结构及空间布局规划。

1. 村域居民点布局优化

结合当地资源现状，对水资源、基本农田、林地湿地等提出保护与利用的目标与措施，合理布局村域内的居民点。

从建设用地适宜性评价、各居民点发展综合评价、村民意愿征询等方面，对居民点布局进行优化。

土地整理。分析村域范围内土地整理的影响因素，包括社会经济发展水平、城市化水平、居民点人均用地指标及农民建房意愿等，选择村域内适宜的用地整理模式，如转制式、建制式、改造式。

村民意愿征询。从适宜的耕种半径、村庄集并、土地流转等方面出发，对村民以发放问卷的方式进行意见征询。

居民点优化布局方案。通过对各村庄发展条件、用地适宜性评价等多因素的叠加分析，结合现状问卷调查，对现状村域的居民点布局进行优化。居民点类型主要分为保留控制型、保留发展型、迁并型和新建型四种。

2. 村域土地利用规划

明确村域用地分类，明确基本农田保护区及农业生产设施，合理布局各类产业用地、公共服务设施及基础设施。结合土地整理，节约集约利用土地。参照《村庄规划用地分类指南》，与乡（镇）土地利用总体规划相协调，合理布局村域各类用地。

村域规划用地分类。明确村域规划用地分类，建议分到中类；村域建设用地规划与乡（镇）土地利用总体规划相协调；村集体开发建设用地与土地利用总体规划中新增建设用地范围相一致；近期需要落实的公共服务设施、市政基础设施用地均应位于土地利用规划的允许建设区内。

合理布局居民点建设用地。按照产业化发展要求，明确主要产业的发展用地；合理确定各类公共服务设施和基础设施的规划布局，明确各类设施规模。

农林用地整治。收集现状农田地籍资料，与乡（镇）土地利用总体规划相协调，在保护和控制基本农田的基础上，对现状狭小、分散、不适宜农业发展的土地，通过土地承包与流转，进行农田整理，使其适应村域产业发展要求。

明确主要发展的农田水利设施位置和主要渠系走向，系统建设农田水利设施与耕作道路，灌排系统、道路、林网应综合考虑、统一布置。结合农田水利设施建设，系统整治村域内排水，按照"五年一遇"标准修筑村域内河流防护堤。

3. 农田林网规划

对农田林网、村片林、四旁林木进行合理布局。

村域范围内凡适宜地区均应建设农田防护林网，网格根据地形地貌合理布置。通过农田林网与道路、沟渠、林带相配套，形成完整的农田防护林体系。重点种植防护性强、树体高大、树干通直、能形成通透结构的树种。

村域范围内利用"四旁"隙地，发展围村林、护路护堤林、庭院林、水口林、游憩林和环村林带。

四旁（村旁、路旁、水旁、宅旁等）林木。突出树种的防护功能、美化功能，选择生长快、适应性强、病虫害少的树种。

5.3.7　村域设施规划

规划满足现代农村生活需要的基础设施和公共服务设施。村域设施规划包括村域道路交通规划、村域公共服务设施规划、村域农业生产设施规划、村域基础设施规划。

1. 村域道路交通规划

村域道路交通规划主要包括以下内容：调查村域道路交通设施现状，包括道路等级与联系方式；确定和规划村域干路网，明确村庄干路网与高速公路、国道、省道、县道等公路的连接方式；确定村域内干路、支路、宅前小路的线路方向、绿化样式；确定公共停车场和农机具存放点的位置与规模；确定客车停靠点的位置与规模；有条件的村庄应确定城乡公共交通线路。

（1）对外交通规划

明确村域主要对外出入口、主要对外道路、过境道路，尤其注意村域内铁路、高速公路、国道、省道、县道等道路的走向，主要出入口的位置与村域之间的关系。

根据现状道路规划村域对外主要道路连接口。如有需要，规划村域内道路与铁路站点、高速公路出入口的连接线。

进一步确定村域内道路，尤其是村庄内道路与对外主要交通道路的连接方式、接口形式。

（2）道路规划

调查村域道路交通设施现状，包括道路等级与联系方向；根据现状道路，确定村域干路网络，确定村域道路主要出入口方向；确定村域内干路的线路方向，确保每个自然村通公路，并保证重要节点如旅游景点的交通可达性。

（3）道路工程规划

确定道路宽度，村域内道路多为一块板的简单形式，路面宽度应满足会车要求，不满足会车要求的可以布局拓展会车路段，旅游型村庄道路应满足旅游车辆的通行。

路面铺装的确定和规划。对外主要道路做到路面硬化，如采用水泥、柏油等。村内主要道路硬化，宅间路铺装选择具有地域性的路面铺装，如石阶、本地石料等。

（4）道路景观规划

进行沿街绿化，美化环境，塑造村庄形象，隔声降噪，将村庄与道路隔离，保护村民的交通安全等。

确定照明方式、能源种类及线路。选取具有地方特色的路灯，尽量采用太阳能路灯。

道路安全防护，在陡峭路段采用护坡等方式做好路基加固，防止水土流失；存在安全隐患、学校师生经常出入的路段应设置交通标志、标线和安全警告牌等。

（5）公共交通及停车规划

规划村庄公共交通或者长途客车停靠点。居民集散点设置农村客运招呼站；根据村庄的规模和经济发展水平设立公共停车场；设置农机局存放点；如有旅游景点，需注意对旅游停车点进行规划。

2. 村域公共服务设施规划

（1）村域公共服务设施配置

村庄公共服务设施配置应遵照地方相关的技术规定。村域内公共服务设施的配置要充分考虑到村庄在区域内作为行政村还是自然村的不同职能。村域公共服务设施规划包括以下内容：

了解村域内公共服务设施的配置现状，明确村庄在上位规划中的功能与地位。

根据上位规划与实际需要，明确村委会、幼儿园、小学、卫生站（所）、文化体育设施、福利院等服务设施的规模与位置。

确定村级便民超市、农贸市场、特色产品超市等商业设施。如果有需要，还应设立旅游服务设施（表5-15）。

（2）村域公共服务设施规划

表 5-15 村域公共服务设施配置标准

设施类别	设施名称	建设要求
行政管理	村委会	村委会是村行政管理的主要场所，每个行政村需要配一处村委会；村委会内设办公室、会议室、警务室；可与图书室、文化站、卫生室、邮政代办点等合建。提升村组级公共服务水平的要求，为村民提供相互学习、交流和娱乐的场所，提高村民素质，改善农村风尚

续表

设施类别	设施名称	建设要求
教育机构	幼儿园	根据人口规模，每个行政村至少建立一所小学，人数偏多或者地域较广的行政村可以增建小学；积极推广学前教育，有条件的自然村可建设幼儿园；小学及幼儿园都应配备必需的教育活动设施
	小学	
医疗卫生	卫生站	村域医疗卫生设施为办公室，提供简单的医疗治疗；根据人口规模与当地经济水平配置卫生室，每个行政村至少配备一处卫生室；经济水平好、人口较多、面积较大、交通条件欠佳的自然村可以酌情配卫生室
商业服务	农家超市	根据上位规划与人口规模、确定村级便利店、农贸市场、特色农产品商店等商业设施；行政村需设置一处便利商店，有条件的自然村也可以设置便利商店；旅游型村庄还应设立旅游服务设施、特色商店等
文化娱乐	文化站	文体中心包括但不局限于图书馆、文化活动站以及其他形式的文化组织；每个行政村需至少设立一处文化活动站；文化中心包括敬老院、健身场地以及其他形式的文体组织；每个行政村需要至少设立一处养老健身场所
	青少年活动中心	
	老年活动中心	
	健身设施	

3. 村域农业生产设施规划

村庄农业生产设施规划应合理、集约利用土地，并注意减少噪声、废渣、废水等污染，减少农业生产设施对生产、生活环境的影响，主要内容如下：

（1）调查现有农业生产设施，依据主要农业生产类型确定村域农业生产设施的种类、规模和布局。

（2）确定农机站、设施园艺、打谷场的选址、规模和布局。

（3）确定畜禽养殖场、水产养殖场、特种养殖设施的选址、规模和布局。

（4）确定农产业加工设施的选址、规模和布局。

4. 村域基础设施规划

村域基础设施规划应遵循可持续发展、节能集约的原则，充分考虑各项基础设施综合循环配置的可能性，减轻基础设施建设给环境带来的负担。

村域基础设施规划主要包括以下几点内容：确定各类基础设施在村域内的规模容量、总体布局和配置要求；确定包括供电、供水、污水处理、通信、燃气、供热、环卫和水利等基础设施的规模、布局和配置要求；确定清洁能源、可再生能源的规模和配置要求；村域基础设施规划应同时考虑生活与生产需要，尤其是农业生产的相关需求。

（1）村域供水工程规划

如果村域面积较大，地下水、地表水源较为丰富，各居民点可以分别设置供水系统；选择村庄水源地，并划定水源保护范围；不具备水源地的村庄，可选择从县城给水网直接供水。

建设小型集中式供水工程，铺设配水管网，实现单村、联村或联片供水。灌溉用水可以采取地表水、地下水及生活用水。

（2）村域排水工程规划

雨水利用：少水地区可建设简易的收集雨水设施；多雨地区，应保护河塘水系和湿地，并建立雨水补给系统。

洪涝防治：按"五年一遇"洪水标准设防洪涝灾害，建设河堤堰坝和排涝泄洪设施。

泄洪通道：根据自然地形预留泄洪通道。

污水处理：根据地区现状及地区水资源情况确定污水处理的方法。修建生态污水处理站，达标出水可考虑地下水回灌、灌溉、绿化、中水回收等综合利用途径。散居农户生活排水结合化粪池、沼气池进行综合处理，达标后施以农田、山林等加以综合利用。村域内的加工产业产生的生产污废水需本着综合利用的原则，自行处理，达标排放。

（3）村域供电工程规划

电力设施：建设水电、风电、太阳能等清洁能源设施。根据规划计算电力负载，确定变电站配电房的位置和容量。规划电力线走廊、满足村村通电，改进农村电网，提高供电的安全性和经济性。

清洁能源利用：利用太阳能，包括太阳能路灯、太阳能热水器、太阳能发电等；强化液化石油气供应保障能力；推动采暖煤炉的能效提升及环保升级。

（4）村域通信工程规划

电信工程规划：预测村域内话机总数、宽带用户数量；建设广播、有线电视、固话、移动基站和宽带等通信设施。

邮政工程规划：在便利店设置邮政代办点。

广播电视工程规划：规划村域内有线电视端口数，并提供广电转换设施；实现村村通广播，负责对村民的召集及信息传递，同时广播站应兼顾防灾减灾功能。

（5）垃圾处理

垃圾以分类处理为主，提高垃圾的可再生利用率；确定垃圾收集形式、收运装置；对垃圾进行无害化处理。

（6）低冲击开发

雨水花园：结合停车场、广场、道路周边的绿地设置雨水花园。

植草沟：结合道路两侧的排水渠改造。

人工湿地：模仿自然环境中的湿地形态，用细沙、鹅卵石等制成种植槽，种植槽内种植水生植物，种植槽沿驳岸布置在河道中，可去除有机物及磷、氮等。

5.3.8 村域综合防灾规划

为应对不同灾害和突发情况，需要提高村域防灾水平，包括防洪排涝规划以及村域消防规划。村域综合防灾规划应考虑农业生产灾害对村民生产的影响。规模较小的村庄可以结合村域基础设施规划统筹考虑，主要包括以下几点内容：

村域综合防灾规划根据村庄特点，分析各类灾害的形式以及发展趋势，对防灾设施现状进行评价，并针对主要灾害类型提出防灾规划原则、设防标准以及防减灾措施；确定消防、防洪排涝、地质灾害保护、抗震减灾等防灾减灾措施；确定其他地域性常见灾害的防灾减灾措施。

1. 村域防洪排涝规划

调查现状，确定洪水多发地带，并针对具体隐患开展治理；沟谷上游治水，通过蓄水、饮水和截水等方法减少洪水流量、水土分离，以稳定山坡；中游抬土，采用支护、拦砂坝、格栅等方式，拦蓄泥石固体物质，稳定沟岸；下游以排导为主，通过截洪沟、排洪沟、渡槽等方法排泄泥石流。

2. 村域消防规划

村域消防主要分为居民点消防和森林防火两类；居民点消防首先应明确村庄安全格局，生产、储存易燃易爆物品的加工点和库房应独立设置，与村庄距离不小于 50m；较大柴草、饲料堆与电气设施、电线、建筑物及其他柴草、饲料堆的间距不小于 25m；降低居民点内建筑密度，疏通村内主要交通道路，确保消防救援人员到达、车辆的通行以及消防疏散不受阻碍；森林防火则应该在村域内设置森林防火站，防控森林火灾。

思考题

1. 村（镇）域规划的内容、类型是什么？
2. 新型城镇化背景下，当前我国村镇规划的重点和难点有哪些？
3. 镇（乡）域规划的依据、定义、任务、内容是什么？
4. 镇（乡）域规划中空间利用布局与空间管制的方法有哪些？
5. 镇（乡）域建设用地增长边界的划定方法、意义和原则是什么？
6. 镇（乡）域规划成果要求及强制性内容有哪些？
7. 镇（乡）域规划、村域规划产业空间布局受哪些因素影响？
8. 镇（乡）规划中镇村体系规划包括哪些内容？
9. 村域规划的思路、定位与目标是什么？
10. 村域规划的内容与流程有哪些？

第6章
村庄（镇区）规划

6.1　概述

村庄（镇区）规划是村镇总体规划的重要内容，主要目的是在村（镇）域体系规划的基础上对村庄（镇区）规划布局进行总体安排，主要解决的问题包括：确定一定时期内村庄（镇区）的性质定位、发展目标、规模、村庄（镇区）规划范围，规划范围内的土地利用、空间布局以及各项建设的综合部署、具体安排和实施措施，是管理村庄（镇区）空间资源开发、保护生态环境和历史文化遗产、创造良好生活环境的重要手段，是直接指导村庄（镇区）详细规划阶段规划编制及村镇范围建设活动的主要依据。

镇区规划和村庄规划都是我国城乡规划体系中最基层、最基本的规划类型，有许多相似之处，但在规划等级、规划范围、内容、重点、目标这些方面也存在一定的区别。

镇是连接城市和乡村的桥梁和纽带，是我国城乡居民点体系的重要组成部分。镇区是镇政府驻地、乡镇公共服务和建设用地的集中地区，是镇域非农业人口集中的地区。镇区规划是在镇域总体规划的指导下，对镇区各项建设活动进行的具体安排。镇区建设规划的任务是：以镇（乡）域总体规划为依据，综合研究和确定镇区的性质、规模和空间发展形态，统筹安排镇区各项建设用地布局，合理配置各项基础设施和主要公共建筑，处理近、远期发展关系，安排规划实施步骤和主要项目建设的时间顺序，具体落实近期建设项目，指导镇区建设详细规划。

村庄规划是根据镇总体规划、村域规划结合村庄的实际情况，对村庄各项建设项目进行的具体安排。其主要任务是：提出村庄发展方向，明确村域特色经济，整治乡村环境，改善村庄基础设施，梳理村庄各类用地规划和布局，如生产、生活用地的位置选择等。

6.2 镇区规划

6.2.1 镇区规划的基本要求

1. 镇区规划的期限和范围

镇区规划的规划期限与镇域规划一致，一般为 20 年，近期为 5 年，同时规划目标年份应尽可能和国民经济与社会发展五年规划、土地利用总体规划保持一致。

镇区规划的规划范围是指在规划期限内乡镇实际发展需要控制的区域，包括镇建成区范围及规划期内可能拓展的空间区域。

2. 镇区规划内容

根据镇规划标准，镇区规划的内容包括：

（1）现状建设条件分析。调查统计建成区各类用地的规模和分布，分析周边可能发展空间的建设条件，确定镇区（乡）的性质和规模，明确发展方向。

（2）在对研究范围内用地适宜性做出综合评价的基础上，进行镇区（乡）规划用地的选择；确定镇区规划范围，划定镇区增长边界。

（3）充分考虑镇区（乡）的现状条件和远景发展的可能性，进行镇区（乡）的总体结构布局，合理安排居住、工业、仓储、对外交通、绿地、公共服务设施和基础设施等建设用地的综合空间布局。

（4）确定镇区（乡）道路网结构、道路红线宽度、断面形式以及道路控制点坐标、标高等技术指标。

（5）提出学校、卫生院、文化站、信息服务站、体育健身场所、市场、超市等主要公共服务设施的数量、用地布局、建设规模。

（6）对镇区（乡）的供水、排水、供电、通信、燃气等基础设施进行具体安排；确定地下管线的具体位置、架空线路的走向与布置；确定污水和垃圾处理方式；建立综合防灾减灾防疫系统；划定镇区（乡）基础设施用地的控制范围（黄线）。

（7）确定镇区（乡）生态环境保护目标、措施，提出污染控制与治理措施；确定绿地系统建设目标，划定镇区（乡）各类绿地的控制范围（绿线）；划定镇区（乡）河湖水面的范围（蓝线）。

（8）确定历史文化及地方传统特色保护的内容、要求，划定历史文化保护范围（紫线），确定特色风貌保护重点区域、历史建筑及保护措施。

（9）明确镇区（乡）人口分布、居住用地布局和分类；提出住房政策、建设标准和建设模式；确定镇区（乡）内村庄和旧区改造的原则和方法，提出改善旧区生产、生活环境的标准和要求。

（10）提出镇区（乡）远景发展设想。

（11）制定实施镇区（乡）规划的措施和有关建议，对近期重点建设项目进行技术、经济测算。

其中镇区规划的强制性内容包括：镇区规划建设用地范围，镇区（乡）红线、黄线、蓝线、绿线、紫线的控制范围及控制措施，生态环境保护与建设目标，污染控制与治理措施，主要公共服务设施、综合防灾设施的布局。

3. 镇区规划的成果要求

镇区规划成果是镇总体规划中的一部分，镇总体规划的成果包括文本、图纸和说明书。文本应当规范、准确、含义清晰，图纸内容应与文本一致。规划成果应当以书面和电子文件两种形式表达。镇区部分的图纸包括：

（1）镇区（集镇）现状分析图，图纸比例根据规划范围大小可选择 1：1000～1：2000。应标明主要街道名称，自然地形地貌，现状各类用地的范围，各级道路，对外交通、市政公用设施的位置，文物古迹、风景名胜、历史建筑范围等内容。

（2）镇区建设方向分析图，标明镇区发展的主要方向。

（3）镇区（集镇）用地规划图，标明镇区（集镇）规划各类建设用地范围。

（4）镇区（集镇）公共设施规划图，用不同色块标明商业用地、行政办公用地、中小学用地、文化设施用地、医疗卫生用地、文物古迹用地等公共设施在镇区中的分布。

（5）镇区（集镇）居住用地规划图，标明镇区居住用地的分布，且标明不同居住片区的用地规模和人口规模。

（6）镇区（集镇）道路工程规划图，标明主次干道的交叉点坐标、高程，路段走向、长度，道路名称，道路横断面形式等。

（7）镇区绿地系统规划图。

（8）镇区景观系统规划图。

（9）镇区（集镇）管线工程规划图，标明各类工程管网平面位置、管径等内容。

（10）镇区（集镇）近期建设规划图，确定规划用地界线，绿地、道路、广场、停车场等位置和用地范围，标明近期建设项目位置，提出项目概念性设计方案。

（11）主要街道商住建筑及新民居建筑造型示意图、近期建设镇区的鸟瞰图，推荐适合本地特色的民居建筑方案造型，控制地域特色风貌。

（12）根据所规划乡镇的特点需增加的其他图纸。

6.2.2 镇区（村庄）的性质与定位

村镇规划关于镇区（村庄）性质定位有较多相似之处，在影响因素和论证方法等方面基本一致，为避免重复本节不再区分镇区、村庄总体规划的差别。镇区（村庄）的性质是指镇区（村庄）在镇域范围及周边区域内政治、经济、文化等方面所处的地位与职能。在规划编制中，要通过这些方面把镇区（村庄）性质体现出来，发挥其应有的地位和职能。因此，确定镇区（村庄）性质是镇总体规划（村庄规划）的重要内容。

1. 影响确定村镇性质的因素

影响确定村镇性质的因素包括：镇（乡）村的地理区位，辖区内的地形、地貌、水文、气象、地震等自然条件，地理环境容量，整个辖区的交通运输状况和发展前景，还需要了解乡（镇）辖区的村镇体系布局以及发展趋向，这些因素将对村镇工业、企业的设置、布局和村镇的发展起决定性作用；对村镇发展有着直接影响的各类资源，包括农业资源、水资源、森林资源、风景资源、矿产资源、能源资源、人力资源；国民经济和社会发展计划，地区的经济发展对本村镇是否有新的要求等；村镇的产生和形成的社会经济背景，历史上村镇的职能、规模、变迁原因，村镇对外交通情况、水源地的变化等；掌握村镇现有生产水平和设施状况，村镇各类用地情况以及比例，村镇企业的产品、产量、产值、职工人数、能源供应、"三废"排放与处理、交通运输现状和问题、生产生活设施的配置、文化福利、绿化、环境等方面的情况。

2. 村镇性质确定的论证分析

综合分析相关主要影响因素及其特点，了解现状的经济结构状态，明确主要职能，根据村镇的经济发展的趋势，采用"定性分析"与"定量分析"相结合的方法确定村镇的性质。

（1）定性分析

通过分析其在地区内的经济优势、资源与邻近村镇的经济联系以及分工等来确定村镇的主要发展方向，并以此带动村镇所属地区的经济协调发展，取得较好的经济效果。

（2）定量分析

在定性分析的基础上，对村镇的职能尤其是经济职能，采用计量方法来确定主导生产部门的技术经济指标，可从经济结构和用地结构方面分析。

村镇性质的发展变化是一个相当复杂的问题，对大多数村镇来说，在一定时期内的性质是比较稳定的，但是也有一些村镇的性质可能会发生一定变化。如矿产资源的发现或枯竭、乡镇交通运输所处地位的变化、新技术因素的出现、新政策导向等，经常会导致原有的产业构成发生变化。对于这种情况，应该修改村镇性质和村镇布局，来适应变化的需求。

6.2.3 镇区的规模预测

镇区规划是镇总体规划中的核心内容，镇区规划的首要任务是明确其规模，依据镇区性质，找准镇发展的方向。准确估计镇区发展的规模，镇区建设活动才有充分的依据。反之，镇区发展方向不明，规划建设被动，规模估计不准，或规模过大，或用地过小，都会造成建设和布局的紊乱。

镇区规模包括人口规模和用地规模，用地规模随人口规模的变化而变化。其中人口规模是镇区规划和进行各项建设的最重要依据之一，它直接影响着镇区各用地大小、建筑规模、公共建筑项目的组成和规模、基础设施的标准、交通和空间布局、生态环境等一系列问题。如果人口规模估算过大，会造成用地过大、投资费用过高和土地浪费；如果人口规模估计太小，用地也会过小，相应的公共设施和基础设施标准就不能适应镇建设发展的需要，会阻碍镇经济发展，同时造成生活居住环境质量下降，对镇区居民的生活和生产带来不便。用地规模一般由人口规模和用地标准来确定。

1. 镇区规划人口预测

镇区人口规模应以县域城镇体系规划预测的数量为依据，结合镇区具体情况进行核定。镇区人口的现状统计和规划预测，应按居住状况和参与社会生活的性质进行分类。镇区规划期内的人口分类预测，宜按表 6-1 的规定计算。

表 6-1　镇区规划期内人口分类预测

人口类别		统计范围	预测计算
常住人口	村民	镇区规划用地范围内的农业人口	按自然增长计算
	居民	镇区规划用地范围内的非农业人口	按自然增长和机械增长计算
	寄住人口	居住半年以上的外来人口，寄宿在规划用地范围内的学生	按机械增长计算
通勤人口		劳动、学习在镇区内，住在规划范围外的职工、学生等	按机械增长计算
流动人口		出差、探亲、旅游、赶集、等临时参与镇区活动的人员	根据调查进行估算

规划期内镇区人口的自然增长应按人口自然出生和死亡情况进行计算，机械增长应考虑下列因素进行预测。

根据产业发展前景及土地经营情况预测劳动力转移，按劳动力转化因素对镇域所辖地域范围的土地和劳动力进行平衡，预测规划期内劳动力的数量，分析镇区类型、发展水平、地方优势、建设条件和政策影响以及外来人口迁入情况等因素，确定镇区的人口数量。

根据镇区的环境条件预测人口发展规模，按环境容量因素综合分析当地的发展优势、建设条件、环境和生态状况等因素，预测镇区人口的适宜规模。

镇区建设项目已经落实、规划期内人口机械增长相对稳定的情况下，可按带眷情况估算人口发展规模；建设项目尚未落实的情况下，可按平均增长预测人口的发展规模。

2. 镇区的用地规模估算

镇区的用地规模是指镇区内住宅建筑、公共建筑、生产建筑、道路交通公用工程设施和绿化等各项建设用地的总和（一般用公顷表示）。用地规模估算的目的，主要是为了在进行用地选择时，能大致确定镇区在总体规划期末需要多大的用地面积，为规划设计提供依据，以及为了在测量时明确测量区的范围。镇区准确的用地面积，须在村镇建设规划方案确定后才能算出。

镇区规划期末用地规模估算，可以使用式（6-1）计算：

$$S = N \cdot P \tag{6-1}$$

式中　S——镇区规划期末用地面积（m^2）；

　　N——镇区规划人口规模（人）；

　　P——人均建设总用地面积（m^2/人）。

人均建设总用地面积与自然条件、村镇规模大小、人均耕地的多少有关。

6.2.4 镇区规划的用地选择

1. 镇区规划用地评价

镇区建设用地分析评价的主要内容是：在调查、收集和分析各类自然环境条件资料、建设条件和现状条件资料的基础上，按照规划建设的需要以及发展备用地在工程技术上的可行性和经济性，对用地条件进行综合的分析评价，以确定用地的适宜程度，为村镇用地的选择和组织提供科学依据。

规划用地评价的第一步工作要对镇区的自然环境条件进行分析。影响镇区规划和建设的自然环境条件主要有地质、水文、气候、地形等。这些要素以不同程度、不同范围以及不同方式对村镇产生影响。

镇区建设用地评价主要是评价用地的自然环境质量是否符合规划和建设的要求，根据用地对建设要求的适应程度来划分等级，同时必须考虑一些社会经济因素的影响。在进行镇区规划中，最常遇到的是占用农田问题，因为农田多半是比较适宜建设的用地，但如果不进行控制就会使我国人多地少的矛盾更趋突出。因此，除根据自然条件对用地进行分析外，还必须对农业生产用地进行分析，尽可能利用坡地、荒地进行建设，少占或不占农田。镇区（乡）的用地评价分类一般可分为三类，具体如表 6-2 所示。

表 6-2　镇区建设用地评价分类表

用地评价分类	用地情况	适用性	与农业生产、生态用地关系
第一类，适宜修建的用地	地形平坦、规整、坡度适宜、地质良好、地质承载力在 0.15MPa 以上，没有冲沟、滑坡和岩溶等地质灾害隐患，没有被 50 年一遇洪水淹没的危险，地形坡度小于 10%	不需要或只需稍加工程措施便可进行修建，适于村镇各项设施的建设要求	应为非农业生产用地，如荒地、盐碱地、丘陵地，不得已时可占用一些低产农田；非生态敏感用地
第二类，基本可以修建的用地	地质条件差，布置建筑物时地基需要进行适当处理的地段；地下水位较高、容易被浅层洪水淹没（深度不超过 1～1.5m）的地段；地形坡度在 10%～25% 的地段；修建时需较大土石方工程量的地段；地面有积水、沼泽、非活动性冲沟、滑坡和岩溶现象的地段	采取一定的工程措施，改善条件后才能修建的用地；对乡镇设施或工程项目的分布有一定的限制	一些中低产农田；一般生态用地
第三类，不宜修建的用地	地质条件极差，土质不好，有厚度 2m 以上的活动性淤泥、流沙，地下水位较高，有较大的冲沟、严重的沼泽和岩溶等地质现象；经常受洪水淹没且淹没深度大于 1.5m 的地段；地形坡度在 25%～30% 之间的地段等	不适宜建设	农业价值很高的丰产农田；生态敏感用地

用地类别的划分是按镇区具体情况划定的，不同镇由于性质的不同、所处区域的差异，用地类别也会有一定差异，例如某一个镇区的第一类用地，在另一个镇区可能是第二类用地。类别的多少要根据用地环境条件的复杂程度和规划要求来定，有的可分为四类，有的可分为两类，所以用地分类在很大程度上具有地域性和实用性，不同地区不具有可比性。同时，随着工程技术水平的发展，用地适宜性分类也会发生变化，部分灾害区域在工程技术发展到一定程度时，能够通过修补成为可建设区域，如滑坡地区通过做护坡、增设排水沟等方式进行治理可成为适宜建设的用地。

2. 镇区用地发展方向

镇区（乡）用地选择对居民生活和安全、农业生产、运输、基建投资都有着密切的关系，若用地选择不正确，则有可能带来严重的后果。有的镇建在滑坡地带，2016年7月，岳西县菖蒲镇长岭村村部后方发生大型山体滑坡，该村村部办公楼被奔泻的泥土推翻倾覆；2011年6月，庐江县龙桥镇凌安村龙尾山遇特大暴雨发生了严重的山体滑坡，多栋民居被冲毁，居民生命以及财产均遭到严重损失。有的村镇建在河道或洪沟的低洼处，如兰州市雁滩乡北面滩村，由于村址选在低洼地点，多次受到黄河洪水的袭击。有的村镇建在矿区上面，有的建在水库淹没区或国家建设工程区内，由于地址不当，刚建起来就要重新搬迁，造成浪费。有的村镇只考虑眼前利益而不考虑长远利益，占用良田，甚至高产田，给农业生产带来了不可弥补的损失。

根据《镇规划标准》，对村镇建设用地的选择列出以下基本要求：

（1）选择适宜建设的用地

镇区（乡）用地要选择地势、地形、土壤等方面适宜建筑的地区。在平原地区选址，应避免低洼地、古河道、河滩地、沼泽地、沙丘、地震断裂带等。在山区和丘陵地区，应避开滑坡、泥石流、断层、地下溶洞、悬崖、危岩以及正在发育的山洪冲沟地段。在峡谷、险滩、淤泥地带、洪水淹没区，也不宜建设镇（乡）。在地震烈度7度以上的地区，建筑应考虑抗震设防。一般应尽量选择地势较高且干燥、日照条件较好的地区建设镇（乡）。要求地形最好是阳坡，坡度一般在0.4%～4%之间为宜，若小于0.4%则不利于排水，大于4%又不利于建筑、街道网的布置与交通运输。在黄土坡上建设下沉式窑洞村庄时，要选择暴雨汇集后不会灌入院落的地方；建设崖窑时尽量选择向阳坡和可以打窑洞的山坡、崖坎，并有方便开辟道路的地方。在地质不良地带严禁布置居住、教育、医疗及其他公众密集活动的建设项目。由于特殊需求要在禁建区内建设的项目，应避免改变原有地形、地貌和自然排水体系，并应制定整治方案和防止引发地质灾害的具体措施。

（2）方便生活，有利生产

镇区（乡）建设用地选择，既要考虑生产，又要兼顾生活。从有利生产的方面来说，要充分考虑和利用农田基本建设规划的成果。村镇的分布应当适中，使之尽量位于所经营土地的中心（具有比较均匀的耕作半径），便于生产的进行和相互间的联系，便于组织和管理，有利于提高劳动生产效率。还要考虑主要生产企业的布局，有利于乡镇企业的发展。就方便生活而言，要满足人们工作、学习、购物、医疗保健、文化娱乐、体育活动、科技活动等方面的要求。建设用地宜选在生产作业区附近，并应充分利用原有用地进行调整挖潜。

（3）便于运输

镇区（乡）建设用地最好靠近公路、河流及车站码头，利用现有公路、铁路、河流及其设施，有利于节约工程费用和带动村镇在经济方面的发展。但是，禁止铁路、公路、河流等横穿村镇内部，以免影响村镇的卫生和安全，减少桥梁等建筑的投资。

（4）与土地利用规划相协调

镇区（乡）建设用地的选择需同土地利用总体规划相协调。需要扩大用地规模时，宜选择荒地、薄地，不占或少占耕地、林地和牧草地。考虑到我国耕地越来越少的现状，不占良田是进行镇区建设规划时必须要考虑的一个重要原则。选择镇区建设用地时要尽量利用适宜建设的荒山、荒坡、瘠地和低产地。

（5）水源充足

水源是选择镇区（乡）用地的重要条件。建设用地宜选在水源充足，水质良好，便于排水、通风和地质条件适宜的地段。镇区（乡）用地的地下水位，应低于冻结深度，低于建筑物基础的砌筑深度。

（6）注意与其他保护区用地的关系

位于或邻近各类保护区的镇区，宜通过规划减少对保护区的干扰；选择应避开水源保护区、文物保护区、自然保护区和风景名胜区；应避开有开采价值的地下资源、地下采空区和文物埋藏区。

（7）环境适宜

不要把镇区（乡）建设用地安排在有污染工厂的下风、下游地带，以免遭受自然灾害和三废污染的威胁。建设用地应避免被铁路、重要公路、高压输电线路、输油管线和输气管线所穿越。

（8）节约用地

镇区（乡）建设用地一定要按照当地规定的各项指标执行，不要滥占，不要多占，村镇用地应尽可能地集中紧凑，避免分散布局，有条件的地方可适当提高建筑层数。

（9）留有余地

镇区（乡）用地选择应在不占良田、节约用地的前提下，留有村镇发展的余地。做到远近结合，近期为主，一方面妥善解决好当前村镇的建设问题，处理好近期建设；另一方面，要适应发展的需要，解决好远期发展用地。

6.2.5 镇区总体布局

镇区总体规划的结构一般是由城镇主要功能用地构成的，尤其是居住用地、工业用地、公共设施用地、绿地以及交通设施用地。镇区总体布局结构要求各主要功能用地相对完整、功能明确、结构清晰，并且内外交通联系便捷。

1. 镇区总体布局的原则

按照村镇发展的特点，镇区用地规划组织结构的基本原则可归纳如下：

紧凑性原则。一般来讲，镇区的建设用地规模有限，用地范围往往不大，不需要大量的公共交通设施。对于镇区来说，一般不会出现城市集中布局的弊病，相反，较小规模对完善公共服务设施、降低工程造价是非常有利的。所以，在地形条件允许的情况下，镇区应该尽量以旧镇为基础，由里向外，集中连片发展。

完整性原则。"麻雀虽小，五脏俱全"，镇区虽小但也必须保持用地规划组织结构的完整性。更重要的是，需要保持不同发展阶段组织结构的完整性，以适应村镇发展的延续性。所以，合理布局不仅指到规划期末是否合理、完整，而且应该是在发展过程中都是合理、完整的，只有这样才能保证规划期限目标的合理与完整。

弹性原则。由于镇区总体规划期限较长，远期一般为 20 年，在这样一个较长的规划期限内，可变因素、未预料因素的出现在所难免，所以必须在规划用地组织结构上赋予一定的"弹性"。所谓"弹性"，可以从两方面来考虑：一是给予组织结构以开敞性，即用地组织形式不要封死，在布局形态上留有出路；二是在用地面积上留有余地。

生态性原则。镇区总体布局必须十分注重环境保护的要求，并且需要满足卫生防疫、防火、安全等要求。要使居住、公建用地不受生产设施、饲养、农副业、工业用地的废水污染，不受臭气和烟尘的侵袭，不受噪声的骚扰，同时使水源也不遭受污染。

考虑镇区规划组织结构时必须同时考虑紧凑性、完整性、弹性和生态性的要求。这些要求不是相互矛盾的，而是相互补充的，因地制宜地形成在空间上、时间上均衡发展、相互协调的镇区规划组织结构形式。

2. 镇区用地分类和计算

镇区规划用地的分类主要依据《城市用地分类与规划建设用地标准》（GB 50137—2011）和《镇规划标准》（GB 50188—2007）。在实际的操作中镇总体规划一般先依据《镇规划标准》中的用地分类；但对于一些人口规模、经济发展水平与设市城市相当的镇，在做规划时大多采用《城市用地分类与规划建设用地标准》，具体见第 3 章的相关内容。

根据《镇规划标准》，镇区用地应按土地使用的主要性质划分为：居住用地、公共设施用地、生产设施用地、仓储用地、对外交通用地、道路广场用地、工程设施用地、绿地、水域和其他用地 9 大类、30 小类。

镇用地的类别应采用字母与数字结合的代号，适用于规划文件的编制和用地的统计工作（表 6-3）。

表 6-3　镇用地的分类和代码

代码（大类）	代码（小类）	类别名称	范围
R		居住用地	各类居住建筑和附属设施及其间距和内部小路、场地、绿化等用地；不包括路面宽度等于和大于 6m 的道路用地
	R1	一类居住用地	以一至三层为主的居住建筑和附属设施及其间距内的用地，含宅间绿地、宅间路用地；不包括宅基地以外的生产性用地
	R2	二类居住用地	以四层和四层以上为主的居住建筑和附属设施及其间距、宅间路、组群绿化用地
C		公共设施用地	各类公共建筑及其附属设施、内部道路、场地、绿化等用地
	C1	行政管理用地	政府、团体、经济、社会管理机构等用地
	C2	教育机构用地	托儿所、幼儿园、小学、中学及专科院校、成人教育及培训机构等用地
	C3	文体科技用地	文化、体育、图书、科技、展览、娱乐、度假、文物、纪念、宗教等设施用地
	C4	医疗保健用地	医疗、防疫、保健、休疗养等机构用地
	C5	商业金融用地	各类商业服务业的店铺，银行、信用、保险等机构及其附属设施用地
	C6	集贸市场用地	集市贸易的专用建筑和场地；不包括临时占用街道、广场等设摊用地
M		生产设施用地	独立设置的各种生产建筑及其设施和内部道路、场地、绿化等用地
	M1	一类工业用地	对居住和公共环境基本无干扰、无污染的工业，如缝纫、工艺品制作等工业用地
	M2	二类工业用地	对居住和公共环境有一定干扰和污染的工业，如纺织、食品、机械等工业用地
	M3	三类工业用地	对居住和公共环境有严重干扰、污染和易燃易爆的工业，如采矿、冶金、建材、造纸、制革、化工等工业用地
	M4	农业服务设施用地	各类农产品加工和服务设施用地；不包括农业生产建筑用地

续表

代码		类别名称	范 围
大类	小类		
W		仓储用地	物资的中转仓库、专业收购和储存建筑、堆场及其附属设施、道路、场地、绿化等用地
	W1	普通仓储用地	存放一般物品的仓储用地
	W2	危险品仓储用地	存放易燃、易爆、剧毒等危险品的仓储用地
T		对外交通用地	镇对外交通的各种设施用地
	T1	公路交通用地	规划范围内的路段、公路站场、附属设施等用地
	T2	其他交通用地	规划范围内的铁路、水路及其他对外交通路段、站场和附属设施等用地
S		道路广场用地	规划范围内的道路、广场、停车场等设施用地，不包括各类用地中的单位内部道路和停车场
	S1	道路用地	规划范围内路面宽度等于和大于6m的各种道路、交叉口等用地
	S2	广场用地	公共活动广场、公共使用的停车场用地；不包括各类用地内部的场地
U		工程设施用地	各类公用工程和环卫设施以及防灾设施用地，包括其建筑物、构筑物及管理、维修设施等用地
	U1	公用工程用地	给水、排水、供电、邮政、通信、燃气、供热、交通管理、加油、维修、殡仪等设施用地
	U2	环卫设施用地	公厕、垃圾站、环卫站、粪便和生活垃圾处理设施等用地
	U3	防灾设施用地	各项防灾设施的用地，包括消防、防洪、防风等
G		绿地	各类公共绿地、防护绿地；不包括各类用地内部的附属绿化用地
	G1	公共绿地	面向公众、有一定游憩设施的绿地，如公园、路旁或临水宽度等于和大于5m的绿地
	G2	防护绿地	用于安全、卫生、防风等的防护绿地
E		水域和其他用地	规划范围内的水域、农林用地、牧草地、未利用地、各类保护区和特殊用地等
	E1	水域	江河、湖泊、水库、沟渠、池塘、滩涂等水域；不包括公园绿地中的水面
	E2	农林用地	以生产为目的的农林用地，如农田、菜地、园地、林地、苗圃、打谷场以及农业生产建筑等
	E3	牧草和养殖用地	生长各种牧草的土地及各种养殖场用地等
	E4	保护区	水源保护区、文物保护区、风景名胜区、自然保护区等
	E5	墓地	
	E6	未利用地	未使用和尚不能使用的裸岩、陡坡地、沙荒地等
	E7	特殊用地	军事、保安等设施用地；不包括部队家属生活区等用地

注：表中R至G类用地为村镇的建设用地，E类用地则属于村镇的非建设用地。

镇区规划中有时候会出现同一单元用地兼有两种以上性质的建筑和用地情况，这时应分清主从关系，按其主要的使用性能归类。如镇办工厂内附属的办公、招待所不独立对外时，则要划为工业用地；如中学运动场，晚间、假日为居民使用时，仍划为中学用地；又如镇属体育场兼为中小学使用时，依然划为文体科技用地小类。

小城镇功能和用地有限，往往一块地兼备多种功能，用地兼容性较强，因此过于明确细分的用地分类在小城镇规划中是不具可操作性的，在规划中也应注意土地使用性质的兼容性。

另外镇区的规划也经常涉及到村庄范围，所以需要清楚村庄的土地分类情况。村庄规划用地分类和代码请参考第3章相关内容。

镇区建设用地包括居住用地、公共设施用地、生产设施用地、仓储用地、对外交通用地、道路广场用地、工程设施用地和绿地八大类用地之和。规划的建设用地标准主要由人均建设用地指标、建设用地比例和建设用地选择三部分组成，计算标准可参考第3章村镇总体规划法规部分中关于《镇规划标准》（GB 50188—2007）的相关内容。

计算镇区规划建设用地标准时的人口数量应以规划范围内的常住人口为基准。人口统计范围必须与用地统计范围相一致。镇区内的常住人口包括村民、居民和居住半年以上的外来人口这三类人口。需要说明的是，集镇或县城以外建制镇的通勤人口和流动人口对建设用地规模和构成会产生影响，但与常住人口相比，这些人口的影响是局部的、临时的。为简化计算，对于这部分具有流动性质、变化幅度大的人群取值，须根据实际情况。在除对某些生产建筑、公共建筑和基础设施用地予以考虑外，在确定规划建设用地的指标级别中，可通过合理适当地提高取值或调整用地构成比例以及单项用地取值予以解决。随着国家对生态建设的重视，小城镇的规划建设也将越来越注重生态性与景观性。在《镇规划标准》规定的用地构成比例基础上，可根据现状情况适当提高公共绿地所占建设用地的比例，增加公共绿地面积。

3. 镇区用地规划布局的确定

镇区居民的活动可归纳为工作、居住、交通、休憩四类，为了满足这些活动的要求，就需要有相应的不同功能的用地。这些活动之间有的相互联系、相互依赖，有的则相互干扰、相互矛盾。所以，必须按照各类用地的功能要求以及相互之间的关系加以组织，使之成为一个相互协调的有机整体。

（1）合理选择城镇中心。结合镇域、镇区综合考虑并选择适中的位置作为全镇公共活动的中心，集中配置服务镇区内、外的公共设施。

（2）协调好住宅建筑用地与生产建筑用地之间的关系，既要有利于生产和方便生活，还要有利于村民住宅与农副业生产基地的联系。有污染风险的工业用地与住宅用地之间需设置绿化带加以隔离（图6-1）。

（3）对外交通便捷，对内道路系统完整，各功能区之间联系方便。

（4）有利于近期建设和远期发展，不同发展阶段用地组织结构要相对完整。

（5）镇各项用地组成部分应该力求完整，避免穿插。若将不同功能的用地混在一起，容易造成相互间的干扰。布置时可以合理利用各种有利的地形、地貌、道路、河网、绿地等因素，合理地划分功能区，使各部分面积比例适当，功能明确。

6.2.6 镇区道路系统规划

镇区内的道路系统是整个镇区的骨架，镇区道路交通规划主要包括镇区内部的道路交通规划、镇域内镇区和村庄之间的道路交通规划以及对外交通的规划。所以合理规划好镇区的道路系统，对镇区的整个规划至关重要。

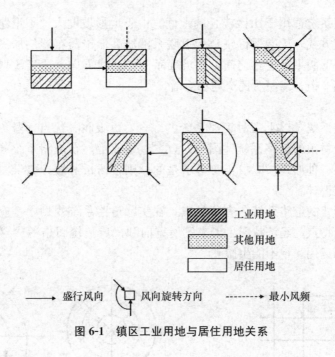

工业用地

其他用地

居住用地

→ 盛行风向　　🔄 风向旋转方向　　-----→ 最小风频

图 6-1　镇区工业用地与居住用地关系

1. 道路系统的类型

镇区道路系统的类型可以归纳为四种：

（1）方格网式（即棋盘式）

方格网式道路系统一般适用于地形比较平坦的村镇，其最大特点是街道排列比较整齐，基本上呈直线，街坊用地多为长方形，用地比较经济、紧凑，有利于建筑物布置和识别方向［图 6-2（a）］。车流可以较均匀地分布在所有街道上，交通机动性良好，当某条街道受阻时，车辆绕道行驶时的路线和行程时间不会增加太多。方格网式道路系统将村镇用地划分成众多功能小区，分区内需要再布置生活性的街道。规划中应结合地形、现状与分区布局来考虑，不宜机械地划分方格。

（2）放射环式

放射环式道路系统由环形道路和放射状道路组成［图 6-2（b）］。环形道路担负着各区域间的运输任务，并连接放射状道路以分散部分过境交通；放射道路担负着对外交通联系的任务。放射环式通路系统可以使公共中心区和各功能区有直接通畅的交通联系，同时环形道路可将交通均匀地分散到各个功能区，路线有曲有直，比较易于结合自然地形和现状。放射环式道路系统明显的缺点是容易造成中心地区交通拥挤、行人以及车辆的集中，有些地区的联系需要绕行，其交通灵活性不如方格网式道路系统好，而且放射环式道路系统适用于规模较大的村镇。

（3）自由式

自由式道路系统是道路结合地形起伏、顺应地形而形成的［图 6-2（c）］。这种形式的道路系统的优点是充分结合自然地形，生动活泼，可以减少道路工程土石方量，节省工程费用。缺点为通路弯曲，方向多变，比较紊乱，曲度系数较大。同时由于道路曲折，形成许多不规则的街坊，影响建筑物和管线工程的布置。

自由式道路系统适用于山区或丘陵地区。由于地形坡度大，干道路幅较窄，因此多采用复线分流方式，凭借平行较窄干道联系沿坡高低错落布置的居民建筑群。一般在坡度较大的上下两平行道路之间，顺坡面垂直等高线方向，适当规划布置步行梯道或者梯级步行商业街，以便居民交通和生活。

（4）混合式

混合式道路系统是以上三种道路系统的综合，可吸收其优点，避免其缺点，因地制宜地规划设计村镇的道路系统［图6-2（d）］。事实上，在道路系统规划设计中，不能机械地采用某一种形式，应本着实事求是的原则，扬长避短，科学、合理地进行村镇道路系统规划设计。

以上四种形式的道路系统各有优缺点，在实际道路系统规划中，应根据村镇自然地理条件、现状特点、经济状况、未来发展方向和民族传统习俗等因素综合考虑，进行合理地选择和运用，绝不能生搬硬套。

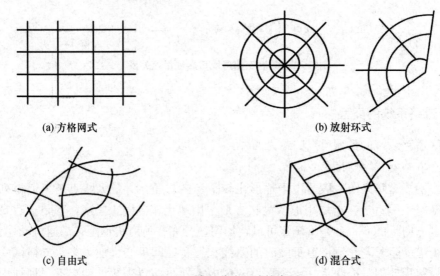

（a）方格网式 　　　　　　　　　　　　　（b）放射环式

（c）自由式 　　　　　　　　　　　　　（d）混合式

图6-2　镇区道路系统的类型

2. 镇区道路系统的规划要点

（1）满足交通运输的要求。镇的道路系统规划应符合上位规划对区域交通道路系统的统一规划。应根据镇用地的功能、交通吸引点的流向和流量，结合自然条件和现状特点，确定镇区内部的道路系统，以及镇域内镇区和村庄之间的道路交通系统。例如，镇中的工业区、居民区、公共中心以及对外交通的车站、码头等部位都是大量吸引人流、车流的地点，规划道路时应注意保证这些地点的交通畅通，以便能够及时集散人流和车流。

（2）结合地形、地质和水文条件合理规划道路系统。镇区道路系统规划的选线布置，既要满足道路行车技术的要求，又必须结合地形、地质和水文条件，还需考虑到与临街建筑、街坊、已有大型公共建筑出入口等方面的要求。道路网尽可能平直，尽可能减少土石方工程量，并为行车、建筑群布置、排水、路基稳定创造良好的条件。有些村镇由于地形起伏较大，道路布置时应尽量与等高线平行，避免垂直切割等高线。在道路系统规划布置时，应尽可能地绕过不良工程地质区域和不良水文工程地质区域，并且避免穿过地形破碎地段。这样虽然增加了弯路和长度，但是可以节省大量土石方量和大量资金，缩短建设用期。同时也可使道路纵坡平缓，有利于交通运输。确定道路标高时，应该考虑水文地质对道路的影响，尤其是地下水对路基路面的破坏作用。

（3）合理设置不同级别的道路。对村镇内部道路系统的规划，要根据村镇的层次、性质和规模、当地经济特点、交通运输特点等综合考虑，一般可将镇区的道路分为主干路、干路、支路、巷路四级，可参考《镇规划标准》（GB 50188—2007）的相关规定（见第 3 章）。

（4）道路网布置应有利于调节村镇气候环境。道路的布置对镇区的气候会带来改变，道路作为镇区主要的风道，有利于村镇的通风。我国北方村镇冬季寒流风向主要是西北风，寒冷天气通常伴随着风沙、大雪，因此主干道布置应与西北向垂直或成一定的偏斜角度，避免风沙和风雪直接侵袭村镇。对于南方村镇的道路，其走向应平行于夏季主导风向，以便创造良好的通风条件。对于海滨、江边、河边的道路应临水开辟，并且布置一些垂直于岸线的街道。

道路网走向还为两侧建筑创造了良好的日照条件，一般南北向道路较东西向好，最好是由东向北偏转一定角度。从交通安全角度来看，街道最好能避免正东正西方向，因为日光耀眼，可能导致交通事故。实际上，村镇干道有南北方向，同时也必须有与其相交的东西方向干道，以共同组成村镇干道系统。因此，若条件允许时，干道的走向最好采用南北和东西方向的中间方位，一般采用与南北经线成 30°～60° 的夹角为宜，以兼顾日照、通风和临街建筑的三方面要求。

（5）镇区道路与其用地的关系。村镇道路系统应与铁路、公路、水路等对外交通系统密切配合，同时也要避免铁路、公路穿过村镇内部，特别是连接工厂、仓库、车站、码头、货场等以货运为主的道路不应穿越镇区的中心地段。文体娱乐、商业服务等大型公共建筑出入口处应设置人流、车辆集散地。商业、文化、服务设施集中的路段，可布置为商业步行街，根据集散要求设置停车场地，紧急疏散出口的间距不得大于 160m。道路系统规划设计应少占田地，少拆房屋，尤其不损坏重要历史文物。人行道路宜布置无障碍设施。

（6）有利于地面水的排放。镇区街道中心线的纵坡应尽量与两侧建筑线的纵坡方向取得一致，街道的标高应稍微低于两侧街坊地面的标高，以汇集地面水，便于地面水的排放。在干道系统竖向规划设计时，干道的纵断面设计必须配合排水系统的走向，使之通畅排放。由于排水管是重力流管，管道要具有适当的排水纵坡，所以街道纵坡设计要与排水设计密切配合。如果街道纵坡过大，排水管道就需要增加跌水井，如果纵坡过小，则排水管道在一定路段上又需设置泵站。

（7）保证合理的路幅宽度，满足各种工程综合管线布置的要求。随着城镇化的进程，小城镇各类公用事业和市政工程管线将越来越多，并且都以沿街敷设为主。但各类综合管线的用途不同，其技术要求也不同。如电信管道，要求靠近建筑物布置，虽然本身占地不宽，但要求设置较大的检修人孔。排水管为重力流管，埋设较深，其开挖沟槽的用地较宽。燃气管道要求防爆，必须远离建筑物。当几种管线平行敷设时，它们之间要求有一定的水平间距，以便在施工时不影响相邻管线的安全。因此，在村镇道路系统规划设计时，必须摸清道路上要埋没哪些管线，同时给予足够的用地，合理安排。

（8）其他方面的要求。村镇道路不仅用作交通运输，而且对村镇景观的形成有着非常大的影响。街道通过柔顺的线形、曲折起伏、两侧建筑物的进退、高低错落、丰富的造型和色彩、多样的绿化，以及沿街公共设施与照明的配置，来协调街道平面和空间的组合设计。同时，街道还可以把自然景观（山峰、水面、绿地）、历史古迹（塔、亭、台、楼、阁、牌楼）、现代建筑（纪念碑、雕塑、建筑小品、电视塔等）结合起来，形成统一的街景，对体现整洁、舒适、美观、绿色、环保、丰富多彩的现代化村镇形象起着非常重要的作用。在公路两侧的村镇，应该尽早将公路移出或沿村镇边缘绕行。道路路面的设计，还需考虑行驶履带式农机具对路面的影响。

6.2.7 居住用地的选择及规划

在村镇中，居住建筑用地约占村镇总用地的 30%～50%。因此，村镇居住区规划的好坏将直接影响村镇的空间形态和村镇的发展。居住用地的规划应遵循利于生产、方便生活的原则，同时还要充分考虑生态环境问题。总而言之，现代村镇居住区的规划要做到社会效益、经济效益、环境效益相结合，为各类村镇的可持续发展创造良好的条件。

1. 居住用地的选址

镇区居住用地的选址应有利生产、方便生活、具有良好的卫生条件和建设条件，并尽量符合以下要求：

选择交通便利、水源充足的区段；应布置在大气污染源常年最小风向频率的下风侧，以及水污染源的上游；应与生产劳动地点联系方便，又不相互干扰；位于丘陵和山区时，应优先选用向阳坡和通风良好的地段；顺应地形地貌，避免对山水等自然风貌的遮挡和建设性破坏；避让各类保护区，不得在保护区内进行居民点选址，以免对保护区的环境、绿化等造成影响；避让地质灾害严重的地段，如滑坡、泥石流、沉陷等，保证居民生活安全。要特别注意避让灾害频发地段，经过严格的土地勘测之后，应选择土质优良、地基稳固的地段；合理组织镇区内部各功能分区，注重居住用地与周边环境的协调。

2. 镇区居住用地的规划要点

（1）使用要求

为了满足居民生活的多种需要，必须合理确定公共服务设施的项目、规模及其分布方式，合理组织室外活动、休息场地、绿地和居住区的内外交通等。居住组团的规划应遵循方便居民使用、住宅类型多样、优化居住环境、体现地方特色的原则，综合考虑空间组织、组群绿地、服务设施、道路系统、停车场地、管线敷设等要求，区别不同的建设条件进行规划。

（2）环境要求

居住用地要求有良好的日照、通风等条件，并防止噪声干扰和空气污染等。防止来自有害工业的污染，从居住区本身来说，主要通过正确选择居住区用地来实现。在居住区内部可能引起空气污染的源头有：锅炉房的烟囱、炉灶的煤烟、垃圾及车辆交通引起的噪声和灰尘等。为防止和减少这些污染源对居住区的污染，除了在规划设计上采取一些必要的措施外，北方地区还可尽量改善采暖方式和改革燃料的品种，有条件时应尽可能采用集中供暖的方式。

（3）安全要求

为居民创造一个安全的居住环境。居住用地规划除保证居民在正常情况下生活能有条不紊地进行外，同时也要能够适应那些可能引起灾害发生的特殊和非常情况，如火灾、地震、洪涝等。因此，必须对可能产生的灾害进行分析，并按照有关规定，对建筑的防火、防震构造、安全间距、安全疏散通道与场地、人防地下构筑物等作出必要的安排，使居住区规划能有效防止灾害的发生或减少其危害程度。

（4）经济要求

合理确定居住区内住宅的标准以及公共建筑的数量。降低居住区建设的造价并节约土地是居住区规划设计的一个重要任务。

（5）美观要求

村镇居住区是村镇总体形象的重要组成部分。居住区规划应根据当地建筑文化特征、气候条件、地形、地貌特征确定其布局、格调。居住区的外观形象特征要由住宅、公共设施、道路空间围合，由建筑物单体造型、材料、色泽所决定。

现代村镇居住用地规划应摆脱"小农"思想，反映时代特征，重视土地整理与农村新型社区布局，在规划中更加注重城乡对接与互补，创造一个优美、合理、注重生态平衡、可持续发展的新型居住环境。

3. 居住用地的规划布置

应按照镇区用地布局的要求，综合考虑相邻用地的功能、道路交通等因素进行规划；根据镇区用地现状及自然环境条件，分片区布置居住用地，避免过于集中，但当镇区较小时，宜集中布置；居住建筑的布置应根据气候、用地条件和使用要求，确定建筑的标准、类型、层数、朝向、间距、群体组合、绿地系统和空间环境；应符合所在省、自治区、直辖市人民政府规定的镇区住宅用地面积标准和容积率指标，以及居住建筑的朝向和日照间距系数；应满足自然通风要求，在现行国家标准《建筑气候区划标准》（GB 50178—1993）Ⅱ、Ⅲ、Ⅳ气候区的镇，居住建筑的朝向应符合夏季防热和组织自然通风的要求。

4. 旧区改造

我国小城镇在发展过程中，往往会避开原有老镇区，开拓新的发展用地。造成这种情况的主要原因是老镇区基础设施较差、用地权属复杂、用地性质情况复杂、拆迁力度过大等。这就使在镇区规划中不得不面临旧镇区改造的工作。

（1）旧区改造中应注意的方面

加强用地管理。各乡镇农民住宅建设优先使用存量建设用地和村内空闲地；集中居住区（含商住小区）实行总量控制，尽量使用国有、集体存量用地，对确须使用少量农用地的，必须符合土地利用规划和城乡建设规划。

有序引导建设。注重加强对老镇区改造规模的总量调控，引导各乡镇依据自身经济实力，因地制宜，采取与房地产开发相结合的方式，合理有序推进老镇区改造建设。

挖掘旧区内涵。坚持可持续发展和综合效益原则，做到老镇区改造与特色乡镇塑造相协调，保留一部分质量好、具有地方建筑风格的商住房，对一些空置、破旧的房屋原则上实行拆除重建，同时避免特色文化随拆旧翻新而逐步被淹没。同时，注重加强老镇区道路慢车道、人行道、亮化和绿化的建设，对乱搭乱建、门头招牌杂乱、店外经营等现象进行集中整治，实现城镇生态环境、人文环境、景观环境的同步改善。

（2）旧镇区改造的具体内容

① 确定村镇的用地标准。包括人均建设用地标准、建设用地构成比例、人均各项建设用地标准。

② 确定各项建筑物的数量和等级标准。考虑长远利益和远景规划，拆除质量不好或位置不当的建筑，补充新建筑等。

③ 提出调整旧区布局的任务。如确定生产建筑用地、住宅建筑用地和公共建筑用地的范围界限；改变原来相互干扰的混杂现象，修改道路骨架，调整旧区功能布局。

④ 根据改建规划的总体要求，改变某些建筑物的用途，调整某些建筑物的具体位置。

⑤ 根据旧区现状条件，改善旧区环境，并逐步完善绿化系统、给水、排水和供电等公用设施。

6.2.8 镇区公共设施用地规划

镇区公共建筑的配置规划，不仅应考虑服务于乡镇居民，还应兼顾广大农村居民的需求。所以，镇区公共设施用地规划主要是解决镇（乡）域范围内规模较大、占地较多的主要公共建筑合理分布的问题。因此，在每个村镇都自成系统地配置和建设齐全、成套的公共建筑这是不现实的，特别是一些主要的公共建筑，要有计划地根据村镇的类别和层次来配置以及分布。公共设施用地占建设用地的比例应根据各地的实际情况进行具体安排（见第3章关于各地规划指引的介绍）。

公共建筑主要指行政管理、教育、文化科学、医疗卫生、商业服务和公用事业等设施，上述设施应按各自功能合理布置。镇区公共设施用地规划的要点主要有：

（1）充分利用原有的公共建筑，随着生产的发展和生活水平的提高逐步建设。

（2）教育和医疗保健机构必须独立选址，其他公共设施宜相对集中布置，形成公共活动中心。

（3）学校、幼儿园、托儿所的用地，应设在阳光充足、环境安静、远离污染和不危及学生、儿童安全的地段，距离铁路干线应大于300m，主要出入口不应开向公路。中、小学校要布置在安静的独立地段，教室距离道路距离不得小于100m。

（4）医院、卫生院、防疫站的选址，应便于使用和避开人流、车流大的地段，并满足突发灾害事件的应急要求。医院、卫生院应设在水源的下游、靠近住宅用地、交通方便、四周便于绿化、自然环境良好的独立地段，并应避开噪声和其他有害因素的影响，病房离道路距离不得小于100m。

（5）集贸市场用地应综合考虑交通、环境与节约用地等因素进行布置，并应符合下列规定：

① 集贸市场用地的选址应有利于人流和商品的集散，并不得占用公路、主要干路、车站、码头、桥头等交通量大的地段；不应布置在文体、教育、医疗机构等人员密集场所的出入口附近和妨碍消防车通行的地段；影响镇容镇貌和易燃易爆的商品市场，应设在集镇的边缘，并应符合卫生、安全防护的要求。

② 集贸市场用地的面积应按平集规模确定，并应安排好大集时临时占用的场地，休集时应考虑设施和用地的综合利用。

此外，集贸市场要选在交通方便、避免对饮用水造成污染的地方。集贸市场要有足够的面积，以平常日累计赶集人数计，人均面积不得少于 $0.7m^2$，其中包括人均 $0.15m^2$ 的停车场。集贸市场必须设有公厕，应有给排水设施，有条件的地方应设自来水，暂无条件者，应因地制宜供应安全卫生饮用水。市场地面应采用硬质或不透水材料铺面，并有一定坡度，以利于清洗和排水。

6.2.9 生产设施和仓储用地规划

镇区生产设施和仓储用地的设置对镇区居民生活影响较大，与居住用地既不能相隔太远，也不能对居住环境造成破坏影响生活。

1. 工业生产设施规划要点

工业生产用地应根据其生产经营的需要和对生活环境的影响程度进行选址和布置，并应符合下列规定：

（1）一类工业用地可布置在居住用地或公共设施用地附近。

（2）二类、三类工业用地应布置在常年最小风向频率的上风侧及河流的下游，并应符合现行国家标准《村镇规划卫生标准》（GB 18055—2012）的有关规定。

（3）新建工业项目应集中建设在规划的工业用地之中。同类型的工业用地应集中分类布置，协作密切的生产项目应邻近布置，相互干扰的生产项目应予以分隔。

（4）对已造成污染的二类、三类工业项目必须迁建或调整转产。

（5）工厂应紧凑布置建筑，宜建设多层厂房，应有可靠的能源、供水和排水条件，以及便利的交通和通信设施，应设置防护绿带和绿化厂区，规模较大的镇可以设置较集中的工业园区。

（6）公用工程设施和科技信息等项目宜共建共享。

（7）农机站、农产品加工厂等的选址应方便作业、运输和管理。养殖类生产厂（场）等的选址应满足卫生和防疫要求，布置在镇区和村庄常年盛行风向的侧风位和通风、排水条件良好的地段，并应符合现行国家标准《村镇规划卫生标准》的有关规定。

（8）工业、农副业用地应布置在本地夏季最小风向频率的上风侧，污染严重的工、副业要布置在住宅用地的最远端。

（9）兽医站应布置在镇区的边缘。

生产设施用地的选择，除了首先要满足各类专业生产的要求外，还要分析用地的建设条件。包括用地的工程地质条件，道路交通运输条件，给水、排水、电力及热力供应条件等。至于现有的生产企业，应在总体规划中作为现状统一考虑。对那些适应生产要求而又不影响环境的，可以考虑扩建或增建新项目。对那些有严重影响而又靠近村镇的生产企业，应在总体规划中加以统一调整或采取技术措施予以解决。

2. 仓储设施规划要点

（1）应按存储物品的性质和主要服务对象进行选址。有些可以布置在村镇的生产建筑用地内，有些则由于其生产特点和对村镇环境有较严重的污染，必须离开村镇安排在适于生产要求的独立地段上。

（2）对居住环境有严重污染的项目，如化肥厂、水泥厂、铸造厂、农药厂等应远离村镇，设在村镇的下风、下游地带，选择适当的独立地段安排建设。

（3）就地取材的一些工副业项目，如砖瓦厂、采矿厂、采石厂、砂厂等，需要靠近原料产地安排相应的生产性建筑和工程设施，以减少产品的往返运输。

（4）性质相同的仓库宜合并布置，共建服务设施。

（5）粮、棉、油类、木材、农药等易燃易爆危险品的仓库严禁布置在镇区人口密集区，与生产建筑、公共建筑、居住建筑的距离应符合环保和安全的要求。

（6）仓储用地的布置要考虑实际情况，纳入村镇总体规划中进行统筹安排。

6.2.10 公用工程设施规划

镇区公用工程设施规划主要包括给水、排水、供电、通信、燃气、供热、工程管线综合和用地竖向规划。镇区的公用工程设施规划应依据县域或地区公用工程设施规划进行统一部署规划。

1. 给水工程规划

改善村镇的供水条件和排水状况是建设现代化村镇的重要任务。给水工程规划中的集中式给水主要包括确定用水量、水质标准、水源及卫生防护、水质净化、给水设施以及管网布置；分散式给水主要包括确定用水量、水质标准、水源及卫生防护、取水设施。

（1）水源选择

生活饮用水的水质应符合现行国家标准《生活饮用水卫生标准》（GB 5749—2006）的有关规定。水源的选择应符合下列规定：

水量应充足，水质应符合使用要求；应便于水源卫生防护；生活饮用水、取水、净水、输配水设施应做到安全、经济和具备施工条件；选择地下水作为给水水源时，不得超量开采；选择地表水作为给水水源时，其枯水期的保证率不得低于90%；水资源匮乏的镇应设置天然降水的收集贮存设施。

（2）用水量计算

镇区集中式给水的用水量应包括生活、生产、消防、浇洒道路和绿化的用水量、管网漏水量和未预见水量。给水工程规划的用水量、居住建筑生活用水量可按《镇规划标准》（GB 50188—2007）的要求进行预测；公共建筑的生活用水量应符合现行国家标准《建筑给水排水设计规范》（GB 50015—2010）的有关规定，也可按居住建筑生活用水量的8%～25%进行估算；生产用水量应包括工业用水量、农业服务设施用水量，可按所在省、自治区、直辖市人民政府的有关规定进行计算；消防用水量应符合现行国家标准《建筑设计防火规范》（GB 50016—2014）的有关规定；管网漏失水量及未预见水量可按最高日用水量的15％～25％计算。

（3）给水管网规划

水厂厂址选择应根据就近取水、就近供水、地质条件好、不受洪水威胁、节约用地、便于卫生防护、交通方便、靠近电源等原则进行。对于联片并且集中供水的水厂，应根据供水范围内村镇的规模、分布情况，选择适中的位置设厂，并尽量接近用水量大的村镇，以减少管道工程的费用。对于单个镇区（乡）独立供水的水厂，应尽量靠近村镇设厂。若选用河流作为水源时，水厂应位于村镇的上游；若选用地下水为水源时，要注意地下水的流向。水厂宜选在村镇的上游，以便于卫生防护。

给水管网系统的布置和干管的走向应与给水的主要流向一致，并应以最短距离向用水大户供水。给水干管最不利点的最小服务水压，单层建筑物可按10～15m计算，建筑物每增加一层应增压3m。

输水管道的布置，在村镇总体规划中只考虑联片集中供水系统输水管道定向问题。若干个村镇集中使用一个水厂供水时，需规划布置好通往各个村镇的输水管道。规划布置时，可根据供水范围内村镇分布情况，尽量做到线路最短、土石方工程量最小、不占或少占用农田。有条件时，输水管道最好沿道路铺设，便于施工和维修。

2. 排水工程规划

镇区排水工程规划应包括确定排水量、排水体制、排放标准、排水系统布置、污水处理设施。

（1）排水量计算

排水量应包括污水量、雨水量，污水量应包括生活污水量和生产污水量。排水量可按下列规定计算：

① 生活污水量可按生活用水量的75％～85％进行计算。

② 生活污水量及变化系数可按产品种类、生产工艺特点和用水量确定，也可按生产用水量的75％～90％进行计算。

③ 雨水量可按邻近城市的标准计算。

（2）排水体制的选择

结合当地地形条件、污水性质、污水量、降雨量及经济状况等，决定采用雨污分流制还是合流制。有条件的地区，尽量采用雨污分流制。条件不具备时可选择合流制，但在污水排入管网系统前应采用化粪池、生活污水净化沼气池等方法预处理。

（3）排水工程设施规划要点

污水排放应符合现行国家标准《污水综合排放标准》（GB 8978—1996）的有关规定，污水用于农田灌溉应符合现行国家标准《农田灌溉水质标准》（GB 5084—2005）的有关规定。

污水可通过管道或暗渠排放，雨水、污水的管、渠均按重力流设计。污水采用集中处理时，污水处理厂的位置应选在镇区的下游，靠近受纳水体或农田灌溉区。

目前村镇中利用污水进行灌溉的情况非常普遍，但利用中水应符合现行国家标准《建筑中水设计规范》（GB 50336—2002）和《城镇污水再生利用工程设计规范》（GB

50335—2016）的有关规定，使其水质满足要求。而工业废水则应该严格控制水质，特别是对于一些排出有毒废水的乡镇企业，防止其对水源的污染。

结合雨洪管理体系，综合考虑低冲击开发设施的布置。通过地面微地形景观设计，结合停车场、广场、道路周边的绿地，在低洼处设置雨水花园，结合道路两侧的排水渠改造。通过湿地保护及建设进行处理，如用细沙、鹅卵石等制成种植槽，种植槽内种植水生植物，对雨水和污水进行初步的净化处理，去除一定量的有机物以及磷、氮等。

3. 供电工程规划

镇区供电工程规划主要包括预测用电负荷，确定供电电源、电压等级、供电线路、供电设施。

（1）用电量计算

随着村镇电气化事业的不断发展，用电设备越来越多，种类不断增加，负荷的构成在逐渐变化。供电负荷的计算应包括生产和公共设施用电、居民生活用电。

用电负荷可采用现状年人均综合用电指标乘以增长率进行预测。规划期末年人均综合用电量可按式（6-2）计算：

$$Q = Q_1(1+K)^n \tag{6-2}$$

式中　Q——规划期末年人均综合用电量（kW·h/人·a）；

　　　Q_1——现状年人均综合用电量（kW·h/人·a）；

　　　K——年人均综合用电量增长率（%）；

　　　n——规划期限（年）。

K 值可依据人口增长和各产业发展速度分阶段进行预测。

（2）变电所的选址

村镇的电源类型通常有发电站和变电所两类。目前我国村镇自建的电站中，绝大多数是小水电站，也有沼气发电站，大部分电源还是以变电所为主。

变电所的选址应做到线路进出方便，并接近村镇用电负荷的中心，以减少电能损耗和配电线路的投资。变电所用地要尽量不占或少占用农田，选择地质和地理条件适宜，不易发生塌陷、泥石流、水害、落石等灾害的地点。要有便利的交通运输，便于装运主变压器等笨重设备，但是应与道路有一定的间隔。邻近的工厂、设施等应当不影响变电所的正常运行，避开易受污染、爆破等侵害的场所。要尽量满足自然通风的要求，并避免西晒。变电所规划用地面积控制指标应符合《镇规划标准》（GB 50188—2007）的规定。

（3）镇区电网规划要点

镇区电网电压等级宜定为 110kV、66kV、35kV、10kV 和 380/220V，采用其中 2～3级和两个变压层次。电网规划应明确分层分区的供电范围，各级电压、供电线路输送功率和输送距离应符合《镇规划标准》（GB 50188—2007）的规定。

（4）供电线路的设置

架空电力线路应根据地形、地貌特点和网络规划，沿道路、河渠和绿化带架设，路径宜短捷、顺直，并应减少同道路、河流、铁路的交叉。设置 35kV 及以上高压架空电力线路应规划专用线路走廊，并不得穿越镇区中心、文物保护区、风景名胜区和危险品仓库等地区。镇区的中、低压架空电力线路应同杆架设，镇区繁华地段和旅游景区宜采用埋地敷设电缆。电力线路之间应减少交叉、跨越，并不得对弱电产生干扰。变电站出线宜将工业线路和农业线路分开设置。重要工程设施、医疗单位、用电大户和救灾中心应设专用线路供电，并应设置备用电源。结合地区特点，应充分利用小型水力、风力和太阳能等能源。

4. 镇区通信工程规划

（1）乡镇通信工程规划主要包括电信、邮政、广播、电视的规划。

（2）电信工程规划应包括确定用户数量、局（所）位置、发展规模和管线布置。

（3）电话用户预测应在现状基础上，结合当地的经济社会发展需求，确定电话用户普及率（部/百人）。

（4）电信局（所）的选址宜设在环境安全和交通方便的地段。

（5）通信线路规划应依据发展状况确定，宜采用埋地管道敷设，电信线路布置应符合下列规定：

应避开易受洪水淹没、河岸塌陷、土坡塌方以及有严重污染的地区；应便于架设、巡察和检修；宜设在电力线走向的道路另一侧；邮政局（所）址的选择应利于邮件运输、方便用户使用；广播、电视线路应与电信线路统筹规划。

5. 镇区燃气工程规划

镇区燃气工程规划主要包括确定燃气种类、供气方式、供气规模、供气范围、管网布置和供气设施。

（1）气源选择

燃气工程规划应根据不同地区的燃料资源和能源结构情况确定燃气种类。

靠近石油或天然气产地、原油炼制地、输气管线以及焦炭、煤炭产地的镇，宜选用天然气、液化石油气、人工煤气等矿物质气。远离石油或天然气产地、原油炼制地、输气管线、煤炭产地的镇区和村庄，宜选用沼气、农作物秸秆制气等生物质气。矿物质气中的集中式燃气用气量应包括居住建筑（炊事、洗浴、采暖等）用气量、公共设施用气量和生产用气量。

（2）用气量计算及规模确定

居住建筑和公共设施的用气量应根据统计数据分析确定。

生产用气量可根据实际燃料消耗量折算，也可按同行业的用气量指标确定。液化石油气供应基地的规模应根据供应用户类别、户数等用气量指标确定。每个瓶装供应站一般供应 5000～7000 户，不宜超过 1 万户。

（3）供应站选址

供应基地的站址应选择地势平坦开阔和全年最小频率风向的上风侧，并应避开地震带和雷区等地段。供应基地和瓶装供应站的位置与镇区各项用地和设施的安全防护距离应符合现行国家标准《城镇燃气设计规范》（GB 50028—2006）的有关规定。

选用沼气或农作物秸秆制气应根据原料品种与产气量，确定供应范围，并应做好沼水、沼渣的综合利用。

6. 供热工程规划

供热工程在我国北方城市一般需要规划，而南方地区城市则不考虑供热工程设施的布置。其规划要点包括确定热源、供热方式、供热量，布置管网和供热设施。

（1）供热方式选择

供热工程规划应根据采暖地区的经济和能源状况，充分考虑热能的综合利用，以确定供热方式。能源消耗较多时可采用集中供热，一般地区可采用分散供热，并应预留集中供热的管线位置。

（2）供热量计算

集中供热的负荷应包括生活用热和生产用热。

建筑采暖负荷应符合国家现行标准《采暖通风与空气调节设计规范》（GB 50019—2003）、《公共建筑节能设计标准》（GB 50189—2015）、《民用建筑节能设计标准（采暖居住建筑部分）》（JGJ 26—2010）的有关规定，并应符合所在省、自治区、直辖市人民政府有关建筑采暖的规定。生活热水负荷应根据当地经济条件、生活水平和生活习俗计算确定。生产用热的供热负荷应依据生产性质计算确定。

集中供热规划应根据各地的情况选择锅炉房、热电厂、工业余热、地热、热泵、垃圾焚化厂等不同方式供热。

（3）供热工程规划要点

应充分考虑以下可再生能源的利用：日照充足的地区可采用太阳能供热；冬季需采暖、夏季需降温的地区根据水文地质条件可设置地源热泵系统。供热管网的规划可按现行的行业标准《城市热力网设计规范》（CJJ 34—2016）的有关规定执行。

7. 工程管线综合规划

镇区工程管线综合规划可按现行国家标准《城市工程管线综合规划规范》（GB 50289—2016）的有关规定执行。

镇区建设用地的竖向规划应包括下列内容：确定建筑物、构筑物、场地、道路、排水沟等的规划控制标高；确定地面排水方式及排水构筑物；估算土石方挖填工程量，进行土石方初平衡，合理确定取土和弃土的地点。

建设用地的竖向规划应符合下列规定：

（1）应充分利用自然地形地貌，减少土石方工程量，宜保留原有绿地和水面。

（2）应有利于地面排水及防洪、排涝，避免土壤受冲刷。

（3）应有利于建筑布置、工程管线敷设及景观环境设计。

（4）应符合道路、广场的设计坡度要求。

建设用地的地面排水应根据地形特点、降水量和汇水面积等因素来划分排水区域，确定坡向、坡度及管沟系统。

8. 防灾减灾规划

镇区防灾减灾规划主要包括消防、防洪、抗震防灾和防风减灾的规划。防灾减灾规划应依据县域或地区防灾减灾规划的统一部署进行规划。

（1）消防规划

消防规划主要包括消防安全布局以及确定消防站、消防给水、消防通信、消防车通道、消防装备。

消防安全布局应符合下列规定：生产和储存易燃、易爆物品的工厂、仓库、堆场和储罐等应设置在镇区边缘或相对独立的安全地带；生产和储存易燃、易爆物品的工厂、仓库、堆场、储罐以及燃油、燃气供应站等与居住、医疗、教育、集会、娱乐、市场等建筑之间的防火间距不应小于 50m；现状中影响消防安全的工厂、仓库、堆场和储罐等应迁移或改造，耐火等级低的建筑密集区应开辟防火隔离带和消防车通道，增设消防水源。

消防给水应符合下列规定：具备给水管网条件时，其管网及消火栓的布置、水量、水压应符合现行国家标准《建筑设计防火规范》（GB 50016—2014）的有关规定；不具备给水管网条件时应利用河湖、池塘、水渠等水源规划建设消防给水设施；给水管网或天然水源不能满足消防用水时，宜设置消防水池，寒冷地区的消防水池应采取防冻措施。

消防站的设置应根据镇的规模、区域位置和发展状况等因素确定，并应符合下列规定：特大、大型镇区消防站的位置应以接到报警 5 分钟内消防队到辖区边缘为准，并应设在辖区内适中的位置以便于消防车辆迅速出动；消防站的建设用地面积、建筑及装备标准可按《城市消防站建设标准》（JB 152—2011）的规定执行；消防站的主体建筑距离学校、幼儿园、托儿所、医院、影剧院、集贸市场等公共设施的主要疏散口的距离不应小于 50m。中、小型镇区尚不具备建设消防站时，可设置消防值班室，配备消防通信设备和灭火设施。

消防车通道之间的距离不宜超过 160m，路面宽度不得小于 4m，当消防车通道上空有障碍物跨越道路时，路面与障碍物之间的净高不得小于 4m。

镇区应设置火警电话，特大、大型镇区火警线路不应少于两对，中、小型镇区不应少于一对。镇区消防站应与县级消防站、邻近地区消防站，以及镇区供水、供电、供气等部门建立消防通信联网。

（2）防洪规划

镇域防洪规划应与当地江河流域、农田水利、水土保持、绿化造林等的规划相结合，统一整治河道并修建堤坝和蓄、滞洪区等工程防洪措施。

镇域防洪规划应根据洪灾类型（河洪、海潮、山洪和泥石流）选用相应的防洪标准及防洪措施，实行工程防洪措施与非工程防洪措施相结合，组成完整的防洪体系。

镇域防洪规划应按现行国家标准《防洪标准》（GB 50201—2014）的有关规定执行，镇区防洪规划除应执行本标准外，还应符合现行标准《城市防洪工程设计规范》（GB/T 50805—2012）的有关规定。

邻近大型或重要工矿企业、交通运输设施、动力设施、通信设施、文物古迹和旅游设施等防护对象的镇，不能分别进行设防时，应按就高不就低的原则确定设防标准并设置防洪设施。

修建围垾、安全台、避水台等就地避洪安全设施时，其位置应避开分洪口、主流顶冲和深水区，安全超高值应符合表 6-4 的规定。

表 6-4　就地避洪安全设施的安全超高

安全设施	安置人口（人）	安全超高（m）
围垦	地位重要、防护面大、人口≥10000 的密集区	＞2.0
	≥10000	1.5～2.0
	1000＜10000	1.0～1.5
	≤1000	1.0
安全台、避水台	≥1000	1.0～1.5
	＜1000	0.5～1.0

注：安全超高是指在蓄、滞洪时最高洪水位以上，考虑水面浪高等因素，避洪安全设施需要增加的富余高度。

各类建筑和工程设施内设置安全层或建造其他避洪设施时，应根据避洪人员数量统一进行规划，并应符合现行国家标准《蓄滞洪区建筑工程技术规范》（GB 50181—1993）的有关规定。易受内涝灾害的镇，其排涝工程应与排水工程统一规划。防洪规划应设置救援系统，包括应急疏散点、医疗救护、物资储备和报警装置等。

（3）抗震防灾规划

我国是地震活动发生频率相对较高的国家。在村镇规划中，应控制土地开发强度，将建筑物和人口密度控制在一定范围内。居住用地、公建用地、工业用地以及生命线工程、公共基础设施等应避免建在地质构造活动强度高的区域、抗震不利的区域和危险区域。这些区域可规划为道路用地、绿化用地、仓库用地、对外交通用地等对场地条件要求比较低的土地使用类型，同时作为震时避震疏散场地。对于旧镇等人口和建筑物密度过大的区域，应减小其密度，逐步向抗震有利地段迁移发展。村镇的抗震防灾规划应因地制宜，可结合镇区内企事业单位附属绿地来布置，学校操场、公园、广场、绿地等均可作为临时避震场所。

抗震防灾规划主要包括建设用地评估，工程抗震、生命线工程和重要设施、防止地震次生灾害以及避震疏散措施的建设。

在抗震设防区进行规划时，应符合现行国家标准《中国地震动参数区划图》（GB 18306—2015）和《建筑抗震设计规范》（GB 50011—2010）等的有关规定，选择对抗震有利的地段，避开不利地段，严禁在危险地段规划居住建筑和人员密集的建设项目。

工程抗震应符合下列规定：新建建筑物、构筑物和工程设施应按国家和地方现行有关标准进行设防；现有建筑物、构筑物和工程设施应按国家和地方现行有关标准进行鉴定，提出抗震加固、改建和拆迁的意见。

生命线工程和重要设施，包括交通、通信、供水、供电、能源、消防、医疗和食品供应等应进行统筹规划，并应符合下列规定：道路、供水、供电等工程应采取环网布置方式；镇区人员密集的地段应设置不同方向的四个出入口；抗震防灾指挥机构应设置备用电源。

隔离容易发生地震次生灾害源的地点，包括产生火灾、爆炸和溢出剧毒、细菌、放射物等的单位，应采取以下措施：次生灾害严重的，应迁出镇区和村庄；次生灾害不严重的，应采取防止灾害蔓延的措施；人员密集活动区域不得建造有次生灾害源风险的工程。

避震疏散场地应根据疏散人口的数量规划，疏散场地应与广场、绿地等综合考虑，要符合下列规定：避开次生灾害严重的地段，并具备明显的标志和良好的交通条件；镇区每一疏散场地的面积都不宜小于 $4000m^2$ ；人均疏散场地面积不宜小于 $3m^2$ ；疏散人群至疏散场地的距离不宜大于 $500m$ ；主要疏散场地应满足临时供电、供水要求并符合卫生条件。

（4）防风减灾规划

易形成风灾地区的镇区选址应避开与风向一致的谷口、山口等易形成风灾的地段。易形成风灾地区的镇区规划，其建筑物的规划设计除应符合现行国家标准《建筑结构荷载规范》（GB 50009—2012）的有关规定外，还应符合下列规定：

① 建筑物宜成组成片布置，迎风地段宜布置刚度大的建筑物，力求简洁规整，建筑物的长边应同风向平行布置，不宜孤立布置高耸建筑物。

② 易形成风灾地区的镇区应在迎风方向的边缘选种密集型的防护林带。

③ 易形成台风灾害地区的镇区规划应符合下列规定：滨海地区、岛屿应修建抵御风暴潮冲击的堤坝，确保风后暴雨及时排除；应按国家和省、自治区、直辖市气象部门提供的年登陆台风最大降水量和日最大降水量，统一规划建设排水体系；应建立台风预报信息网，配备医疗和救援设施；宜充分利用风力资源，因地制宜地利用风能建设能源转换和能源储存设施。

9. 环境规划

镇区环境规划主要包括生产污染防治、环境卫生、环境绿化和景观的规划。镇的环境规划应依据县域或地区环境规划的统一部署进行规划。

（1）生产污染防治规划

村镇生产污染如果处理不当会造成严重的损失，所以要做好相关的生产污染防治规划，主要包括生产的污染控制和排放污染物的治理。

新建生产项目应相对集中布置，相邻用地间设置隔离带，卫生防护距离应符合现行国家标准《村镇规划卫生规范》（GB 18055—2012）的有关规定。

镇区空气环境质量应符合现行国家标准《环境空气质量标准》（GB 3095—2012）的有关规定。

镇区地表水环境质量应符合现行国家标准《地表水环境质量标准》（GB 3838—2002）的有关规定，并应符合本标准10.3.4～10.3.6的规定。地下水质量应符合现行国家标准《地下水质量标准》（GB/T 14848—1993）的有关规定。

土壤环境质量应符合现行国家标准《土壤环境质量标准》（GB 15618—1995）的有关规定。

生产中固体废弃物的处理场应进行环境影响评价，并逐步实现废物的资源化和综合化利用。

（2）环境卫生规划

镇区环境卫生规划应符合现行国家标准《村镇规划卫生规范》（GB 18055—2012）的有关规定。

垃圾转运站的规划宜符合下列规定：宜设置在靠近服务区域中心或垃圾产量集中和交通方便的地方，生活垃圾日产量可按每人 $1.0～1.2kg$ 计算。

镇区应设置垃圾收集容器（垃圾箱），每一个收集容器（垃圾箱）的服务半径宜为

0

50～80m。镇区垃圾应逐步实现分类收集、封闭运输、无害化处理和资源化利用。

居民粪便的处理应符合现行国家标准《粪便无害化卫生要求》（GB 7959—2012）的有关规定。

镇区主要街道两侧、公共设施以及市场、公园和旅游景点等人群密集场所宜设置节水型公共厕所。

镇区应设置环卫站，其规划占地面积可根据规划人口每万人 0.10～0.15 公顷计算。

6.2.11 历史文化保护规划

在我国当今快速城镇化发展进程中，许多具有历史文化价值的村镇遭到了毁灭性破坏。这些不可复制的文化遗产迫切需要有序的保护，以保留我国各地的文化载体、村镇空间与建筑。镇、村历史文化保护规划必须体现历史的真实性、生活的延续性、风貌的完整性，贯彻科学利用、永续利用的原则。

镇、村历史文化保护规划应依据县域规划的基本要求和原则进行编制。

镇、村历史文化保护规划应纳入镇、村规划。镇区的用地布局、发展用地的选择、各项设施的选址、道路与工程管网的选择，应有利于镇、村历史文化的保护。

镇、村历史文化保护规划应结合经济、社会和历史背景，全面深入调查历史文化遗产的历史和现状，依据其历史、科学、艺术等价值，确定保护的目标及具体保护的内容和重点，并应划定保护范围，包括核心保护区、风貌控制区、协调发展区三个层次，制定不同范围的保护管制措施。

镇、村历史文化保护规划的主要内容包括：历史空间格局和传统建筑风貌；与历史文化密切相关的山体、水系、地形、地物、古树名木等要素；反映历史风貌的其他不可移动的历史文物，体现民俗精华、传统庆典活动的场地和固定设施等。

划定镇、村历史文化保护范围的界线应符合下列规定：确定文物古迹或历史建筑的现状用地边界，边界主要包括街道、广场、河流等处视线所及范围内的建筑用地边界或外观界面；构成历史风貌与保护对象相互依存的自然景观边界。保存完好的镇区和村庄应整体划定为保护范围。

镇、村历史文化保护范围内应严格保护该地区历史风貌，维护其整体格局及空间尺度，并应制定建筑物、构筑物和环境要素的维修、改善与整治方案，以及重要节点的整治方案。

镇、村历史文化保护范围的外围应划定风貌控制区的边界线，并根据需要划定协调发展区的界限。严格控制建筑的性质、高度、体量、色彩及形式。

镇、村历史文化保护范围内增建设施的外观和绿化布局必须严格符合历史风貌的保护要求。

镇、村历史文化保护范围内应限定居住人口数，改善居民生活环境，建立可靠的防灾安全体系。

6.3 村庄规划

村庄规划一直没有统一的、相对详细的法规标准。近年来随着国家对村庄建设的日益重视，各地省、市在不同层面上均颁布了村庄规划编制技术导则或指引。村庄规划地方特色明显，各地差异较大。

6.3.1 村庄规划的基本要求

1. 村庄的类型

伴随着社会主义新农村建设的深入推进和新型城镇化战略的实施，村庄规划的地位和作用被广泛认可，并受到重视。同时，各地开展了大量村庄规划实践，对乡村地区的发展起到了很好的指导作用。

村庄规划应本着因地制宜、量力而行的方针对村庄进行分类和定位。明确村庄类型，或依托农业发展产业，或发展乡村旅游业等。对一些自然资源丰富或具有深刻历史积淀、文化潜质、古迹较多的村庄，应保留优良传统，突出地域特色，因地制宜，整合其优质资源，发展旅游业，促进农村经济发展。村庄的分类见表 6-5。

表 6-5　村庄分类表

村庄类型		与城区关系	发展定位
更新型村庄（城中村）		位于城市建成区范围内，属于完全城市化的村庄	这类村庄几乎完全位于城区内，应按照城市规划实施规划管理，一般不需要单独编制村庄规划；发展定位结合城区规划要求统一制定
近郊型村庄		位于城市增长区范围内，属于半城市化的村庄	这类村庄应考虑城乡一体化的影响，合理控制村庄规模，发展村庄产业，注重与城市基础设施、公共服务设施的有机衔接，改善村庄居住环境品质；根据乡村不同的资源和产业特点，合理规划安排一、二、三产业用地及服务设施；生态、文化条件较好的村庄可重点规划发展特色餐饮、特色住宿、特色观光、特色休闲、特色娱乐等乡村旅游产品，打造差异化的特色乡村旅游
远郊型村庄	种植型	远离城区	以农业生产种植为主，可结合美丽乡村建设，按照"一村一品"突出村庄特色
	生产型		具有一定规模的农产品加工产业或其他生产产业，可相对集中布置，并设置安全防护设施，满足卫生防疫要求，注重污染治理，着力保护村庄环境
	旅游型		位于旅游资源丰富地区的村庄，或自然生态条件较好的村庄；应强化旅游规划，根据当地旅游资源特点和发展前景，科学规划旅游项目与线路，合理确定建设规模和开发强度，统筹安排基础设施配套建设，结合村庄公共服务设施、村民住宅的开发利用，合理安排旅游服务功能，注重旅游资源和村庄生态环境的保护，避免旅游对村民生活的不合理干扰

2. 村庄规划的期限和范围

各地的村庄规划期限应有所差别，一般来说以 10～15 年居多，近期为 5 年，同时规划目标年应与国民经济和社会发展规划、土地利用总体规划相衔接。

村庄规划的范围，大多数地区以行政村辖区范围来开展，但有些地区以自然村或经济社来开展，这类村庄大多位于城镇密集区域，以村庄整治规划为主。

3. 村庄用地分类

住房和城乡建设部在 2014 年颁布了《村庄规划用地分类指南》，用于指导各地村庄的规划编制、用地统计和用地管理等工作。该指南用地分类的划分以土地使用的主要性质为主，同时考虑土地权属等实际情况，将村庄规划用地共分为 3 大类、10 中类、15 小类（详见本书第 3 章相关内容）。

4. 村庄规划的内容

村庄规划的主要内容应包括：村庄性质与定位（详见本章 6.2 相关内容），村庄发展规模预测，村庄建设用地选择，村庄总体布局，村庄住宅建设，村庄公共服务设施规划，村庄生产建设用地布局，村庄基础设施建设规划，村庄整治规划。

5. 村庄规划成果

村庄规划成果包括相关的图纸和说明书，其中主要的图纸应包括村庄现状图、功能分区图、村庄规划图。可根据需要增加相应的图纸，如区位图、规划范围图、公共设施规划图、道路交通规划图、景观风貌设计指引图、历史文化保护规划图、新村建设指引图等。

村庄现状图：图面应清晰表达出现状各类用地性质、用地界线。

功能分区图：应当明确生态控制区、农业发展区、产业经济发展区、居住区和公共服务基础设施配套区五个功能分区的位置和范围，功能分区可根据村庄具体情况进一步细分。

村庄规划图：图面应当清晰表达规划各类用地性质、用地界线和重要控制指标，标明村域规划道路系统，公共服务、道路交通、公用工程设施位置，并标明新增村民住宅、经济发展用地的范围、现状住宅、经济发展用地范围和历史文化保护区范围等。标明建设用地控制线、基本农田保护控制线以及紫线等规划控制线。

近期行动计划及示意图：以通俗易懂的图表形式，标明村庄近期建设行动计划表所列实施项目的位置，附项目实施前后对比示意图。

村庄规划的成果应依据不同地方、不同政府的要求，在以上基本成果的基础上进行调整。

6.3.2 村庄的规模

村庄人口规模一般应在镇域镇村体系规划中进行预测，村庄规模由人口规模和用地规模构成。一般来说，村庄规划应以上位的镇（乡）总体规划确定的人口规模为参照，在实际工作中，在确定村庄人口规模方面，仍有以下一些因素需要考虑：

1. 人口自然增长率的影响

我国地域广阔，不同区域的村庄人口自然增长率不同，如东北地区近几年来人口自然增长率较低，大概在 1％左右；长江流域的省市与全国平均水平持平，在 5％左右；西部地区由于地广人稀，所以人口自然增长率相对较高，达到 8％甚至以上。

2. 区域城镇化的影响

各地城镇化水平不同，因而不同村庄的人口规模也相差较大。一些地区，由于大量农村富余劳动力进入城市工作，导致空心村现象普遍。区域城镇化水平的不同，显示着农村人口向城镇转移速度的差异。

3. 村庄迁并的影响

村庄规划中迁村并点是一种发展趋势，有计划的村庄迁并主要有两种形式：一是由几个自然村或居民点选址整体新建，这种类型在各地区示范村建设、边疆地区、灾后重建地区的规划建设中较为常见，新建村庄的人口规模和户数可以按照村民迁并意愿统计进行计算。二是依托某个村庄改造扩建，这种情况村庄规划的人口规模既要考虑迁并来的人口，还要考虑自然增长和城镇化迁出的人口统筹确定。

村庄规划的人口规模＝现状人口＋迁入人口（迁村并点）－迁出人口（城镇化）＋自然增长人口

村庄规划用地规模不得超出规划区内土地利用总体规划确定的建设用地规模。不同城市和区域在制定村庄规划时，一般会限定农村村民一户只能拥有一处住宅建设用地。例如，广州市的村庄编制技术规定还限制了新批准的住宅建设用地面积：市辖十区建筑基底面积不得超过 $80m^2$，增城市、从化市建筑基底面积按照国家和省的有关规定审核，不得超过 $280m^2$。

6.3.3 村庄建设用地选择

（1）村庄建设用地应选择在水源充足、通风、日照和地质地形条件适宜的地段，宜选择荒地、薄地，少占或不占耕地、林地和其他农用地。

（2）村庄建设用地选择应考虑公共安全，应避开地质灾害易发地段。

（3）村庄建设用地的选择应主要立足于旧村改造，充分利用现状建设用地，控制新增建设用地，实现土地资源整合，改善生活居住环境。

（4）村庄建设用地应避免被铁路、高等级公路和高压输电线路所穿越。

（5）由两个以上自然村合并组成的村庄，应采取集中紧凑发展的模式，选择一个区位条件优越、现状基础设施和建设条件良好的自然村作为建设重点，其他自然村应控制发展。

（6）村庄应与生产作业区联系方便，村民出行交通便捷，村庄对外有两个以上出口，靠近铁路、公路、堤防建设的村庄应按相关规定后退防护距离。

（7）便于管理。

另外，就整个村镇来说，用地选择应有利于现行的行政管理体制，选择集镇、中心村、基层村三级村镇用地。有条件的地方，村镇用地应尽可能集中布局，有利于加强管理和社会主义新农村的建设。

6.3.4 村庄总体布局

村庄总体布局应结合村落现状及自然地形条件，注意环境保护的要求，并且满足卫生防疫、防火、安全等要求。要使居住、公建用地不受生产设施、饲养、工副业用地的废水污染，不受臭气和烟尘侵袭，不受噪声的影响，保持水源的纯净。

在村镇规划的功能分区当中，要反对形式主义，不要盲目追求图面上的"平衡"。村镇是一个有机的综合体，生搬硬套、主观臆想的图案不能解决问题，必须结合各地村镇的具体情况，因地制宜地寻求切合实际的用地布局方式和恰当的功能分区。一般来说村庄规划的总体布局有以下几种情况：

1. 集中式布置

布局特点：组织结构简单，内部用地和设施联系使用方便，节约土地，便于基础设施建设，节省投资。

适用范围：平原地区特别是人均耕地面积较少的村庄、现状建设比较集中的村庄。

2. 组团式布局

由两片以上相对独立的建设用地组成的村庄。

布局特点：较好地保持原有的社会组织结构，因地制宜地与现状地形或村庄形态结合，减少拆迁和搬迁村民数量，减少对自然环境的破坏，但土地利用率较低，公共设施、基础设施配套费用较高，使用不方便。

适用范围：地形相对复杂的山地丘陵、滨水地带现状建设比较分散或由多个自然村组成的村庄，村庄规模较大或多个行政村联成一体的区域。

3. 分散式布局

由若干规模较小的居住点组成的村庄。

布局特点：结构松散，无明显中心区，易于和现状地形结合，有利于环境景观保护，但土地利用率低，基础设施配套难度大。

适用范围：土地面积大、地形复杂、建设用地规模较小的山区，由于风景名胜区、历史文化保护区而对村庄建设有特殊要求的区域。

6.3.5 村庄住宅建设

（1）遵循适用、经济、安全、美观、节地、节能、节材、节水的原则，积极推广节能、绿色环保建筑材料，建设节能省地型住宅。

（2）住宅平面设计应尊重村民的生活习惯和生产特点，同时注重引导卫生、舒适、节约的生活方式。

（3）住宅建筑风格应适合乡村特点，体现地方特色，并与周边环境相协调。

（4）对具有传统建筑风貌和历史文化价值的住宅、祠堂等建筑应进行重点保护和修缮。

（5）住宅组团应避免单一、呆板的布局方式，应结合地形，灵活布局。

（6）农村村民一般一户只能拥有一处划拨的宅基地。不同地区要求不同，应符合当地地方人民政府的具体规定。

6.3.6 村庄公共服务设施

村庄公共服务设施的建设标准和要求各地有所差别，应结合当地自然条件、经济发展水平、民俗风情等进行考虑，体现地方特色，具体可以参考各地村庄规划指引的相关内容（见第 3 章）。村庄公共服务设施的规划要点主要有：

（1）公共服务设施的配套应根据村庄人口、等级规模和产业特点确定，与经济社会发展水平相适应。配套规模应适用、节约。规模较小的基层村集聚区可按服务半径多个村庄共享配套公共设施。

（2）公共服务设施应相对集中布置在村民方便使用的地方（如村口或村庄主要道路旁），成为村庄的公共活动和景观中心。应结合村庄公共服务设施中心或村口来布置户外公共活动场地，满足村民交往活动的需求。

（3）根据公共服务设施的配置规模，其布局可以分为点状和带状两种形式。点状布局应结合公共活动场地，形成村庄公共活动中心；带状布局应结合村庄主要道路形成街市。

（4）公共服务设施应统一规划，分步实施，与村庄住宅建设同步建设和使用。在经济发展较为落后的地区，规划可预留用地，为远期建设留有余地。

（5）幼儿园、小学、初中应按教育部门有关规划进行布点。学校用地应设在阳光充足、环境安静的地段，距离铁路干线应大于 300m，主要入口不应开向公路。

（6）随着乡村旅游的日趋繁荣，村庄规划时必须要考虑旅游服务设施用地的布置，与农业生产设施用地相结合，保证布局合理、环境优美、交通便利。同时结合村庄特色民居、村庄其他公共服务设施统筹布置。村庄公共服务设施的布置要求在不同的省市区域有所差异，表 6-6 列举了村庄规划中常见的公共设施配置。

表 6-6 村庄公共建筑项目配置表

项目	设置条件	建设规模
村（居）委会	村委会所在地设置，可附设于其他建筑	100～300m²
幼儿园、托儿所	可单独设置，也可附设于其他建筑	根据村庄具体情况设置规模
文化活动室（图书室）	可结合公共服务中心或村委设置	不少于 50m²
老年活动室	可结合公共服务中心设置	—
卫生所、计生站	可结合公共服务中心设置	不少于 50m²
健身场地	可与绿地广场结合设置	
文化宣传栏	可与村委会、文化站、村口结合设置	—
公厕	与公共建筑、活动场地结合	1～2 座
公共墓葬地	村庄周边、荒山、瘠地	人均 6m²

6.3.7 村庄生产建设用地

村庄生产用地至关重要，直接影响到乡村农业产业现代化及三次产业融合的发展。

其中农业生产设施用地的规划要点包括：农机站（场）、打谷场等的选址，应方便田间运输和管理；鼓励家禽家畜的集中饲养，做到人畜分离；大中型饲养场地的选址，应满足卫生和防疫要求，应布置在村庄常年盛行风向的下风向或侧风位，以及通风、排水条件良好的地段，并应与村庄保持防护距离；兽医站宜布置在村庄边缘。

工业用地的规划要点包括：谨慎安排工业生产用地，工业生产用地应选择在基础设施条件较好、对外交通方便的位置；协作密切的生产项目应邻近布置，相互干扰的生产项目应予以分隔；工业生产用地必须设置在居住用地的下风向；符合现行的国家标准《工业企业设计卫生标准》（GBZ 1—2010）的有关规定，如工业企业选址宜避开自然疫源地；对于因建设工程需要等原因不能避开的，应设计具体的疫情综合预防控制措施。

仓库及堆场用地的规划要点是：应按存储物品的性质确定，并应设在村庄边缘、交通运输方便的地段。粮、棉、木材、油类、农药等易燃易爆和危险品仓库与厂房、打谷场、居住建筑的距离应符合防火和安全的有关规定。

6.3.8 村庄基础设施建设

应制定道路交通、给水、排水、供电、通信、广电、工程管线的综合规划，配套规划建设清洁能源、环境卫生设施、防灾减灾等各项基础设施，建立健全村庄的公共安全保障体系。

1. 道路交通

（1）布局原则

村庄道路系统应结合村庄规模、地形地貌、村庄形态、河流走向、对外交通布局及原有道路，因地制宜地确定。

（2）道路等级与宽度

村庄道路可分为主要道路、次要道路、宅间道路三级。根据村庄的不同规模，选择相应的道路等级系统。村庄主要道路应满足农用耕作设备及装备车辆的通行，建筑退让应满足管道铺设、绿化及日照间距等要求。

（3）道路铺装

村庄主要道路宜采用以硬质材料为主的路面，次要道路及宅间道路路面可根据实际情况采用乡土化、生态型的铺设材料。特别要注意的是，在传统村巷中应尽量保留和修复现状中富有特色的石板路和青砖路，具有历史文化传统的村庄道路路面宜采用传统建筑材料。

（4）停车场设置

随着农民生活水平的提高和乡村旅游事业的日益兴盛，村庄停车场地的布置变得越来越重要。村庄停车场主要考虑停车的安全、经济和方便。集中停车场用于停放私家农用车和集中住户的车辆；低层住宅停车场可结合宅、院设置；村内道路宽度超过5m 的可适当考虑部分占道停车；公共建筑停车场地应结合车流集中的场所统一安排。

有特殊功能（如旅游）村庄的停车场地布置主要考虑停车安全和减少对村民的干扰，宜在村庄周边集中布置。

2. 给水工程

（1）给水工程规划包括用水量预测，水质标准、供水水源、水压要求的确定，输配水管网布置等。

（2）选择地下水作为给水水源时，不得超量开采；选择地表水作为给水水源时，其枯水期的保证率不得低于90%。供水水源可与区域供水管网相衔接。

（3）用水量应包括生活、生产、消防、浇洒道路、绿化、管网漏水量和未预见水量。综合用水指标选取，近期为100～120L/人·d，远期为150～180L/人·d，水质符合现行饮用水卫生标准。有条件的村庄可实行分质供水。

（4）输配水管网的布置应与道路规划相结合。

3. 排水工程

（1）排水工程规划包括排水量预测，确定排水体制、排放标准、排水系统布置、污水处理方式等。

（2）排水量应包括污水量、雨水量，污水量主要指生活污水量。生活污水量按生活用水量的80%～90%计算，雨水量宜按邻近城镇的标准计算。

（3）新建村庄排水宜采用雨污分流制，以沟渠排雨水，管道排污水。整治改造的村庄可采用合流制，有条件的地区可采用分流制。污水排放前，应采用三级化粪池、人工湿地等方法进行处理。有条件的地区可设置一体化污水处理设施、污水资源化处理设施、高效生态绿化污水处理设施进行污水处理，雨水可就近排放到天然水体。

（4）布置排水管渠时，雨水应充分利用地面径流和沟渠排放；污水应通过管道或暗渠排放；雨水、污水管、渠应按重力流设计。

（5）河床河岸的处理方式对村庄及下游地区的雨洪管理影响巨大，村庄河流应采用生态驳岸，且留出一定的缓冲区。

村庄排水工程规划应与当地的河流规划和农田水利规划相结合，尤其是雨水工程设施。还应依据"海绵城市"理念结合镇区雨水排水体系，利用生态手法在场地低洼处设置LID（低影响开发）设施。布置排水管渠时，雨水应充分利用地面径流和沟渠排除。排水工程规划应符合2016年修订的《室外排水设计规范》（GB 50014—2006）的要求。

4. 供电工程

（1）供电工程规划应包括预测村庄范围内的供电负荷、确定电源和电压等级，布置供电线路，配置供电设施。

（2）供电电源的确定和变电站站址的选择应以乡镇供电规划为依据，并符合建站条件，线路进出方便并接近负荷中心。重要公用设施、医疗单位或用电大户应单独设置变压设备或供电电源。

（3）确定中低压主干电力线路的敷设方式、线路走向及位置。

（4）配电设施应保障村庄道路照明、公共设施照明和夜间应急照明的需求。

（5）各种电线宜采用地下管道铺设方式，鼓励有条件的村庄进行地下管线铺设。

5. 电信工程

（1）电信工程规划应包括确定邮政、电信设施的位置、规模、设施水平和管线布置。

（2）电信设施的布点应结合公共服务设施统一规划预留，相对集中建设。电信线路应避开易受洪水淹没、河岸塌陷、土坡塌方以及有严重污染的地区。

（3）确定镇-村主干通信线路的铺设方式、具体走向、位置，确定村庄内通信管道的走向、管位、管孔数、管材等。电信线路宜采用地下管道铺设方式，鼓励有条件的村庄采用地下管线铺设。

6. 广播电视工程规划

有线电视、广播网络根据村庄建设的要求应全面覆盖，其管线宜采用地下管道辅设的方式，有线广播电视管线原则上与村庄通信管道统一规划、联合建设。村庄道路规划建设时应考虑广播电视管道的位置。

7. 清洁能源利用

保护农村生态环境，大力推广节能新技术，积极推广使用沼气、太阳能、秸秆等再生型、清洁型能源，构建节约型社会。大力推进太阳能的综合利用，可结合住宅建设，分户或集中设置太阳能热水装置。

8. 环境卫生设施

村庄生活垃圾处理坚持资源化、减量化、无害化原则，按照《村镇规划卫生规范》(GB 18055—2012) 制定规划。

公共厕所的布置可以结合村庄公共服务设施布局，合理配建。1000 人以下规模的村庄，宜设置 1～2 座公厕；1000 人以上规模的村庄，宜设置 2～3 座公厕。公厕建设标准应达到或超过三类标准，村庄公共厕所的服务半径一般为 200m。

由于牲畜粪便、鱼塘蓄水的排入，村庄的水质往往富营养化。因此，可模仿自然环境中的湿地形态，用细沙、鹅卵石等制成种植槽，种植槽内种植水生植物，沿驳岸布置在河道中，或在低洼处设置雨水花园，可初步净化水质，去除有机物及氮、磷等。

9. 防灾减灾

（1）消防规划

应保证建筑和各项设施之间的防火间距，设置消防通道，主要建筑物、公共场所应设置消防设施。

在水量充足的情况下可充分利用自然水体作为村庄消防用水，否则应结合村庄配水管网安排消防用水或设置消防水池。

（2）防洪排涝规划

结合村庄内道路建设，沿路修建排水沟，避免村庄内涝。

村庄所处地域范围的防洪规划，应按现行《防洪标准》(GB 50201—2014) 的有关规定执行。通常按照 10～20 年一遇的标准安排各类防洪工程设施。

邻近大型工矿企业、交通运输设施、文物古迹和风景区等防护对象的村庄，当不能分别进行防护时，应按就高不就低的原则，按现行《防洪标准》的有关规定执行。

人口密集、乡镇企业较发达或农作物产量较高的乡村防护区，其防洪标准可适当提高。地广人稀或淹没损失较小的乡村防护区，其防洪标准可适当降低。

另外，在村庄规划中应因地制宜地提出地质灾害预防和治理措施，根据国家地震设防标准与防御目标，提出相应的规划措施和工程抗震措施。由于乡村整体环境的差异，在村庄规划时应提出疫情预防和治理措施。

10. 竖向规划

地形地貌复杂的村庄应做竖向规划。村庄的竖向规划包括地形、地貌的利用，确定道路控制高程、建筑室外地坪规划标高等内容。相关要求参照《城市用地竖向规划规范》（CJJ 83—2016）执行。

6.3.9 村庄整治规划

为改善农民生产、生活条件和提高农村人居环境质量，稳步推进新农村建设，促进新型城镇化协调发展，需要时应编制村庄整治规划。村庄整治规划是对农村居民生活和生产聚居点的整顿和治理规划，以改善村庄人居环境为主要目的，以保障村民基本生活条件、治理村庄环境、提升村庄风貌为主要任务。

1. 村庄整治规划原则

（1）尊重现有格局

尊重现有格局是村庄整治规划中最基本的原则要求。应做到在村庄现有布局和格局的基础上，改善村民生活条件和环境，保持乡村特色，保护和传承传统文化，方便村民生产，慎砍树、不填塘、少拆房，避免大拆大建和贪大求洋。

（2）注重深入调查

深入调查是村庄整治规划的必要手段，需采取实地踏勘、入户调查、召开座谈会等多种方式，全面收集基础资料，准确了解村庄实际情况和村民需求，才能有的放矢地提出村庄的整治措施。

（3）坚持问题导向

找准改善村民生活条件的迫切需求和村庄建设管理中的突出问题，针对问题开展规划编制，提出有针对性的整治措施。

（4）村民充分参与

尊重村民意愿，发挥村民主体作用，在规划调研、编制等各个环节充分征询村民意见，通过简明易懂的方式公示规划成果，引导村民积极参与规划编制全过程，避免大包大揽。

2. 村庄整治规划编制内容

编制村庄整治规划应满足依次推进、分步实施的整治要求，因地制宜地确定规划内容和深度，保障村庄安全和村民基本生活条件，在此基础上改善村庄公共环境和配套设施。有条件的村庄可按照建设美丽宜居村庄的要求提升人居环境质量。

（1）村庄安全防灾整治

分析村庄内存在的地质灾害隐患，提出排除隐患的目标、阶段和工程措施，明确防护要求，划定防护范围；提出预防各类灾害的措施和建设要求，划定洪水淹没范围、山体滑坡等灾害影响区域；明确村庄内避灾疏散通道和场地的设置位置、范围，并提出建设要求；划定消防通道，明确消防水源位置、容量；建立灾害应急反应机制。

（2）农房改造

提出既有农房、庭院整治方案和功能完善措施；提出危旧房抗震加固方案；提出村民自建房屋的风格、色彩、高度控制等设计指引。

（3）生活给水设施整治

合理确定给水方式、供水规模，提出水源保护要求，划定水源保护范围；确定输配水管道敷设方式、走向、管径等。

（4）道路交通安全设施整治

提出现有道路设施的整治改造措施，确定村内道路的选线、断面形式、路面宽度、材质、坡度、边坡护坡形式；确定道路及地块的竖向标高；提出停车方案及整治措施；确定道路照明方式、杆线架设位置；确定交通标志、标线等交通安全设施位置；确定公交站点的位置。

（5）环境卫生整治

确定生活垃圾收集处理方式，引导分类利用，鼓励农村生活垃圾分类收集、资源利用，实现就地减量；对露天粪坑、乱堆杂物、破败空心房、废弃住宅、闲置宅基地及闲置用地提出整治要求和利用措施；确定秸秆等杂物、农机具堆放区域；提出畜禽养殖的废渣、污水治理方案；提出村内闲散荒废地以及现有坑塘水体的整治利用措施，明确牲口房等农用附属设施用房建设要求。

（6）排水污水处理设施

确定雨污排放和污水治理方式，提出雨水导排系统清理、疏通、完善的措施；提出污水收集和处理设施的整治、建设方案；提出小型分散式污水处理设施的建设位置、规模；确定各类排水管线、沟渠的走向；确定管径、沟渠横断面尺寸等工程建设要求；雨污合流的村庄应确定截流井位置、污水截流管（渠）走向及其尺寸；年均降雨量少于 600mm 的地区可考虑雨污合流系统。

（7）厕所整治

按照粪便无害化处理要求提出户厕及公共厕所整治方案和配建标准，确定卫生厕所的类型、建造和卫生管理要求。

（8）电杆线路整治

提出现状电力电信杆线整治方案；提出新增电力电信杆线的走向及线路布设方式。

（9）村庄公共服务设施完善

合理确定村委会、幼儿园、小学、卫生站、敬老院、文体活动场所和宗教殡葬等设施的类型、位置、规模、布局形式；确定小卖部、集贸市场等公共服务设施的位置、规模。

（10）村庄节能改造

确定村庄炊事、供暖、照明、生活热水等方面的清洁能源种类；提出可再生能源利用措施；提出房屋节能措施和改造方案；缺水地区村庄应明确节水措施。

（11）村庄风貌整治

挖掘传统民居地方特色，提出村庄环境绿化美化措施；确定沟渠水塘、壕沟寨墙、堤坝桥涵、石阶铺地、码头驳岸等的整治方案；确定本地绿化植物种类，划定绿地范围；提出村口、公共活动空间、主要街巷等重要节点的景观整治方案，防止照搬大广场、大草坪等城市建设方式。

（12）历史文化遗产和乡土特色保护

提出村庄历史文化、乡土特色和景观风貌保护方案；确定保护对象，划定保护区；确定村庄非物质文化遗产的保护方案。

村庄整治规划还可根据需要提出农村生产性设施和环境的整治要求和措施。编制村庄整治项目库，明确项目规模、建设要求和建设时序。同时建立村庄整治长效管理机制，鼓励规划编制单位与村民共同制定村规民约，防止重整治建设、轻运营维护管理的现象发生。

思考题

1. 镇区规划的内容包括哪些？
2. 进行镇区建设用地分类评价时，应如何考虑与农业生产用地和生态用地的关系？
3. 镇区用地分类及建设用地分类是什么？
4. 镇区道路系统规划应注意哪些方面的内容？
5. 镇区规划中居住用地、工业用地的布置是如何的？如何考虑两者的关系？
6. 村庄建设用地的选择应考虑哪些方面的影响？
7. 村庄的类型、规划内容和成果是什么？
8. 村庄整治规划的编制内容包括哪些？
9. 可持续发展观下，镇区（村庄）排水设施规划应结合哪些方面加以考虑？

第 7 章
村镇总体规划的实施与管理

村镇总体规划的实施与管理应符合《中华人民共和国城乡规划法》《中华人民共和国土地管理法》以及地方城乡规划条例、村民住宅规划建设管理等有关法律法规的规定。

7.1 村镇规划的实施管理

村镇规划经批准后，由乡（镇）人民政府公布并组织实施。为确保严格按规划建设，应制定规划实施管理规定，其要点应包括：镇区建设工程实行"一书两证"管理制度，乡村建设应严格执行《乡村建设规划许可证》管理制度，村民住宅建设的审批原则及程序，市政设施工程建设管理，规划实施监督措施等内容。

7.1.1 用地管理

建设用地管理是指国家为调整建设用地的土地关系，对建设用地进行组织、利用、监督和控制而采取的一系列行政、法律、经济和技术的综合措施。依据村镇规划确定不同地段的土地使用性质和总体布局，确定建设工程可以使用的土地，以及在满足建设项目功能和使用要求的前提下，如何经济合理地使用土地。县级建设行政主管部门和乡（镇）级人民政府对村庄和集镇建设用地进行了统一的规划管理，严格实行规划控制是实施村镇规划的保证。

单位和个人依法使用国有土地，由土地使用者向土地所在地县级以上人民政府的土地行政主管部门提出土地登记申请。

对村镇规划而言，用地管理不仅是对一般意义上建设用地的管理，还必须包含对农田、林地、自然生态区、集体经营性建设用地等农村用地的控制开发管理，重点是要严格控制与规划有关的各类建设的选址、地点，使之符合规划要求。

为了有效保护耕地，《中华人民共和国城乡规划法》规定，在乡、村庄规划区内进行乡镇企业、乡村公共设施和公益事业建设及农村村民住宅建设，不得占用农业用地。

1. 农村宅基地的使用

宅基地是指农村村民用作居住、生活而占有、利用的本集体经济组织所有的土地。农村宅基地所有权归农村集体经济组织所有，农村村民只享有使用权。农村村民建设住宅必须符合土地利用总体规划、城市总体规划、村镇总体规划，应有规划、有计划地逐步向城镇和集中居住点集中，禁止散点建房，鼓励农民进镇购房或按规划集中建设公寓式住宅，尽量少占或不占用耕地。

农村宅基地使用权是我国特有的一项独立的用益物权，是农村居民依法取得集体经济组织所有的宅基地上建造房屋及其附属设施，并对宅基地进行占有、使用和有限制处分的权利。它具有严格的身份性、无偿使用性、永久使用性、从属性及范围的严格限制性等特点，其取得方式有原始取得与继承取得，消灭形式有绝对消灭与相对消灭。农村宅基地使用权人享有权利并承担义务。

《宅基地证》属于《集体土地使用证》，但《集体土地使用证》具有更为广泛的定义，既包括宅基地使用权，还包括其他集体或集体内部成员所使用的集体建设用地使用权证明，如：村办学校、办公室、村办企业等。《宅基地证》是当前农村村民合法拥有房屋和用地的权利凭证，可以在集体内部成员之间相互转让，但不得向非集体组织成员转让。我国在农村合作化后，农村村民在集体土地上因建房需要，可向集体组织申请建房用地，经集体报送县（市）人民政府批准后，应当自收到批准通知之日起 30 日内，向县（市）土地行政主管部门申请办理集体土地使用权登记，并由县（市）人民政府颁发《集体土地使用证》。

宅基地允许建房，但建房前需提出申请，经批准以后，凭《宅基地证》和《准建证》申请办理《房产证》。由于住宅转让、继承等原因造成集体土地使用权变更的，当事人应当自变更之日起 30 日内，向县（市）土地行政主管部门申请办理集体土地使用权变更登记，由县（市）人民政府换发《集体土地使用证》。集体土地使用权被收回的，当事人应当自接到县（市）人民政府通知之日起 30 日内，向县（市）土地行政主管部门申请办理集体土地使用权注销登记，由县（市）人民政府进行注销登记，收回原宅基地使用权人的《集体土地使用证》。

集体建设用地使用权与国有建设用地使用权相对应，两者区别在于使用权的权限：集体土地未经批准不得转让、出售，使用权人只能是本集体组织的内部成员，而国有建设用地没有上述相关的规定。相对而言，宅基地的使用有更严格的要求，如一户一宅。

关于宅基地上房屋等建筑物的确权问题，虽然《物权法》已有相关规定，可以办理《房产证》，但是，由于宅基地本身的使用限制和建筑物无法与土地分割，造成宅基地相对应的《房产证》无法像国有土地上的房产一样，可以抵押、出售以获得其实际收益。

2. 耕地和基本农田的保护

在村镇规划中，要注意耕地特别是基本农田的保护。《中华人民共和国土地管理法》对耕地保护进行了明确规定，并提出基本农田保护制度。

其中第三十三条指出"省、自治区、直辖市人民政府应当严格执行土地利用总体规划和土地利用年度计划，采取措施，确保本行政区域内耕地总量不减少；耕地总量减少的，由国务院责令在规定期限内组织开垦与所减少耕地的数量与质量相当的耕地，并由国务院土地行政主管部门会同农业行政主管部门验收。个别省、直辖市确因土地后备资源匮乏，新增建设用地后，新开垦耕地的数量不足以补偿所占用耕地数量的，必须报经国务院批准减免本行政区域内开垦耕地的数量，进行易地开垦。"

第三十四条则提出国家实行基本农田保护制度。下列耕地应当根据土地利用总体规划纳入基本农田保护区，严格管理：

（1）经国务院有关主管部门或者县级以上地方人民政府批准确定的粮、棉、油生产基地内的耕地。

（2）有良好的水利与水土保持设施的耕地，正在实施改造计划以及可以改造的中、低产田。

（3）蔬菜生产基地。

（4）农业科研、教学试验田。

（5）国务院规定应当划入基本农田保护区的其他耕地。

各省、自治区、直辖市划定的基本农田应当占本行政区域内耕地的 80％以上。基本农田保护区以乡（镇）为单位进行划区定界，由县级人民政府土地行政主管部门与同级农业行政主管部门组织实施。

7.1.2　建设规划管理

建设规划管理是规划管理的重要内容，乡村建设规划管理是指乡、镇人民政府负责在乡、村庄规划区内进行乡镇企业、乡村公共设施和公益事业建设的申请。乡村建设应报送城市、县人民政府城乡规划主管部门，根据村镇规划及其相关法律法规及技术规范进行规划审查，核发《乡村建设规划许可证》，实施行政许可证制度，加强乡村建设规划管理工作的有效实施。

1. "一书两证"

镇区的建设活动应按照《城乡规划法》的要求执行"一书两证"管理制度。根据《城乡规划法》，城镇规划管理实行由县规划建设行政主管部门核发《建设项目选址意见书》《建设用地规划许可证》《建设工程规划许可证》的制度，简称"一书两证"。

（1）《建设项目选址意见书》

按照国家规定，需要有关部门批准或者核准的建设项目，以划拨的方式提供国有土地使用权。建设单位在报送有关部门批准或者核准前，应当向城乡规划主管部门申请核发《建设项目选址意见书》。

（2）《建设用地规划许可证》

在城市、镇规划区内以划拨方式提供国有土地使用权的建设项目，经有关部门批准、核准、备案后，建设单位应当向城市、县人民政府城乡规划主管部门提出建设用地规划许可申请，由城市、县人民政府城乡规划主管部门依据控制性详细规划核定建设用地的位置、面积、允许建设的范围，核发《建设用地规划许可证》。建设单位在取得《建设用地规划许可证》后，方可向县级以上地方人民政府土地主管部门申请用地，经县级以上人民政府审批后，由土地主管部门划拨土地。

在城市、镇规划区内以出让方式提供国有土地使用权的，在国有土地使用权出让前，城市、县人民政府城乡规划主管部门应当依据控制性详细规划，提出出让地块的位置、使用性质、开发强度等规划条件，作为国有土地使用权出让合同的组成部分。未确定规划条件的地块，不得出让国有土地使用权。以出让方式取得国有土地使用权的建设项目，在签订国有土地使用权出让合同后，建设单位应当持建设项目的批准、核准、备案文件和国有土地使用权出让合同，向城市、县人民政府城乡规划主管部门领取《建设用地规划许可证》。

城市、县人民政府城乡规划主管部门不得在《建设用地规划许可证》中擅自改变国有土地使用权出让合同组成部分的规划条件。

规划条件未纳入国有土地使用权出让合同的，该国有土地使用权出让合同无效；对未取得《建设用地规划许可证》的建设单位批准用地的，由县级以上人民政府撤销有关批准文件；占用土地的，应当及时退回；给当事人造成损失的，应当依法给予赔偿。

(3)《建设工程规划许可证》

在城市、镇规划区内进行建筑物、构筑物、道路、管线和其他工程建设的，建设单位或个人应当向城市、县人民政府城乡规划主管部门或者省、自治区、直辖市人民政府确定的镇人民政府申请办理《建设工程规划许可证》。

申请办理《建设工程规划许可证》应当提交使用土地的有关证明文件、建设工程设计方案等材料。需要建设单位编制修建性详细规划的建设项目，还应当提交修建性详细规划。对符合控制性详细规划和规划条件的，由城市、县人民政府城乡规划主管部门或者省、自治区、直辖市人民政府确定的镇人民政府核发《建设工程规划许可证》。

城市、县人民政府城乡规划主管部门或者省、自治区、直辖市人民政府确定的镇人民政府应当依法将经审定的修建性详细规划、建设工程设计方案的总平面图予以公布。

2. 乡村建设规划许可证制度

乡村建设规划许可证制度是《城乡规划法》规定的行政许可事项之一，主要应用在乡村地区建设行为的规划管理。

《城乡规划法》规定，在乡、村庄规划区内进行乡镇企业、乡村公共设施和公益事业建设的，建设单位或个人应当向乡、镇人民政府提出申请，由乡、镇人民政府报城市、县人民政府城乡规划主管部门核发《乡村建设规划许可证》。在乡、村庄规划区内使用原有宅基地进行农村村民住宅建设的规划管理办法，由省、自治区、直辖市制定。在乡、村庄规划区内进行乡镇企业、乡村公共设施和公益事业建设以及农村村民住宅建设，不得占用农用地。确需占用农用地的，应当依照《中华人民共和国土地管理法》的有关规定办理农用地转用审批手续后，由城市、县人民政府城乡规划主管部门核发《乡村建设规划许可证》。建设单位或个人在取得《乡村建设规划许可证》后，方可办理用地审批手续。

乡村建设规划许可证制度明确了乡村建设规划许可制度的法律地位，设定了该项许可的适用范围、基本作用和许可要求等。乡村建设规划许可证制度的设立，遵循了农事从简原则，本质上起到了用地管理的作用。

乡村建设规划许可证制度是保障规划实施的重要条件。在乡、村庄规划区内进行各类集体建设用地流转，凡涉及乡村建设的，建设单位或个人应当先向城市、县人民政府城乡规划主管部门申请规划条件。按国家规定，需向有关部门审批、核准和备案的建设项目，按照相关规定办理《建设项目选址意见书》。取得《建设项目选址意见书》或者规划条件后，方可办理农用地转用手续。随后建设单位或个人可向乡、镇人民政府提出申请，由乡、镇人民政府报城市、县人民政府城乡规划主管部门核发《乡村建设规划许可证》。

3. 村镇建设审批及管理

根据规定，任何单位在村镇进行建设，以及个人在村镇建设生产用建筑时，必须按照以下程序办理审批手续。

(1) 持批准建设项目的有关文件，向乡（镇）建设管理站提出选址定点申请。乡（镇）建设管理站按照村镇规划要求，确定建设项目用地位置和范围，并提出建设工程规划设计要求。县级建设行政主管部门审查同意划定规划红线图后，发放《建设项目选址意见书》。

(2) 持规划红线图和《建设项目选址意见书》，向土地管理部门申请办理建设用地手续。

(3) 持用地审批文件和建筑设计图纸等，向土地管理部门申请办理建设用地手续。

(4) 经乡（镇）建设管理站放样、验线后方可开工。个人住宅及其附属物，经村民委员会同意，乡（镇）建设管理站按照村镇规划进行审查，规定规划红线图后，向县级土地管理部门申请办理用地审批手续。然后，由乡（镇）人民政府发放《建设工程规划许可证》，由乡（镇）建设管理站进行放样、验线后，即可开工。

建设单位和个人必须在取得《建设工程规划许可证》之日起一年内开工建设，逾期未开工建设的，《建设工程规划许可证》自行失效。建设中若发现有不实之处或擅自违反规定建设的，均按违章建设处理。

在村庄、集镇规划区建造住宅，村（居）民每户只能有一处宅基地，每户住宅占地面积不得超过国家规定，且要在统一规划下重建、新建。

在农村集体建设用地的使用方面，应在农民许可的基础上使农村集体建设用地优先为本地的建设和发展服务。

建设工程应当严格按照《乡村建设规划许可证》或《建设工程规划许可证》核定的建筑使用性质、建设位置、面积、层数、标高、立面、环境等规划要求进行设计和施工，不得擅自变更。确需对许可证核定的内容加以变更的，应当经原发证部门核准；对许可证内容需作重大变更的，应当按照规定程序重新申领许可证。

镇的建设和发展，应当结合农村经济社会发展和产业结构调整，优先安排供水、排水、供电、供气、道路、通信、广播电视等基础设施和学校、卫生院、文化站、幼儿园、福利院等公共服务设施的建设，为周边农村提供服务。

4. 不动产登记管理

不动产登记是《中华人民共和国物权法》确立的一项物权制度，是指经权利人或利害关系人申请，由国家专职部门将有关不动产物权及其变动事项记载于不动产登记簿的事实。为整合不动产登记职责，规范登记行为，方便群众申请登记，保护权利人合法权益，《不动产登记暂行条例》是根据《中华人民共和国物权法》等法律制定的，由国务院于 2014 年 11 月 24 日发布，自 2015 年 3 月 1 日起施行。条例中所称不动产，是指土地、海域以及房屋、林木等定着物。其中第五条规定："下列不动产权利，依照本条例的规定办理登记：集体土地所有权；房屋等建筑物、构筑物所有权；森林、林木所有权；耕地、林地、草地等土地承包经营权；建设用地使用权；宅基地使用权；海域使用权；地役权；抵押权；法律规定需要登记的其他不动产权利。"

国务院国土资源主管部门负责指导、监督全国不动产登记工作。县级以上地方人民政府应当确定一个部门为本行政区域的不动产登记机构，负责不动产登记工作，并接受上级人民政府不动产登记主管部门的指导、监督。

7.1.3 违章建设的处罚规定

《城乡规划法》在法律责任部分，对于违章建设进行了处罚规定：未取得《建设工程规划许可证》或未按照《建设工程规划许可证》规定进行建设的，由县级以上地方人民政府城乡规划主管部门责令停止建设；尚可采取改正措施消除对规划实施影响的，限期改正，处建设工程造价 5% 以上 10% 以下的罚款；无法采取改正措施消除影响的，限期拆除，不能拆除的，没收实物或者违法收入，并处建设工程造价 10% 以下的罚款。

乡村违法建筑，即未依法取得《乡村建设规划许可证》《建设工程规划许可证》，在农用地或者农村建设用地上进行建设，擅自动工兴建的各种建筑物，包括：（1）在农用地上建造的建筑物。农用地就是直接用于农业生产的土地，包括耕地、林地、草地、农田水利用地、养殖水面等，在未办理农用地转为建设用地前，擅自在农用地上建造房屋的，明确为相关法律所禁止，属于违法建筑。（2）在农村建设用地上建造房屋。农村建设用地包括村民宅基地，乡镇企业用地和乡（镇）村公共设施及公益事业用地。非本村村民或者非本村村办企业需要使用农村土地的，应当先进行国家征地手续，将土地性质变为国有土地，并取得国有土地使用权后，方可在该地块上建设，否则该建筑属于违法建筑。

对于违章建设，处罚如下：当事人在无土地规划、准建手续的情况下，在农村土地上建造房屋，依据《土地管理法》第七十三条规定，对违反土地利用总体规划擅自将农用地改为建设用地的，县级以上人民政府土地行政主管部门（国土资源局）有权实施以下行政处罚：拆除在非法转让土地上新建的建筑物和其他设施，恢复土地原状；违反土地利用总体规划的，没收在非法转让土地上新建的建筑物和其他设施，可处以罚款。依据《城乡规划法》第六十五条规定，在乡、村庄规划区内未依法取得《乡村建设规划许可证》或者未按照《乡村建设规划许可证》的规定进行建设的，由乡、镇人民政府责令停止建设、限期改正。逾期不改正的，可以拆除。违章处罚案例有以下几个：

（1）官某非法占地建房案件

基本情况：2009 年 7 月，官某未经依法批准，擅自占用陂下村委会新楼村小组瓦厂地段 133.8m² 山坡地建房。广东省翁源县国土资源局巡查发现后多次制止无效。官某非法占地建房的行为违背了土地利用总体规划。

查处情况：2009 年 9 月，广东省翁源县国土资源局对管某非法占地行为依法作出行政处罚决定：责令官某限期拆除在非法占用的土地上新建的建筑物和其他设施，恢复土地原状。

（2）某村委会非法占地建厂案件

基本情况：2009 年 2 月，广东省韶关市浈江区某村委会与某老板合资，在未办理合法用地手续的情况下，平整该村约 10 亩山坡地建设水泥制品厂，并建起厂房钢筋框架及一小排平房，总建筑面积约 2000m²，同时在平整好的土地四周砌起了围墙。上述土地不符合土地利用总体规划和城乡建设规划要求。

查处情况：2009 年 3 月底，在广东省韶关市浈江区政府和国土资源部门有关人员的法律法规宣传教育及现场监督下，该村委会组织人员自行拆除了建好的水泥制品厂厂房框架及砌起的围墙。

（3）游溪镇中心洞村违法占地建房案件

基本情况：2008 年 9 月，广东省乳源瑶族自治县游溪镇中心洞村党支部书记、村委会主任赵某未办理合法用地手续，组织本村 42 户村民在桂头镇茶山坳等地占用 15 亩耕地进行农房建设。该用地不符合土地利用总体规划。

查处情况：2008 年 11 月，广东省乳源县政府组织国土、公安和镇政府等部门单位，强制拆除了中心洞村村民所占耕地建设的建筑物与构造物，恢复了土地原状。2009 年 2 月，乳源县纪委给予赵某党内警告处分。

7.1.4　征地及拆迁补偿管理

在村镇规划的实施中，难免会遇到征地及拆迁的情况，征地及拆迁工作关系到民众的切身利益，因此应该做好征地及拆迁补偿工作，保障村镇规划的顺利实施。

（1）农村的宅基地和房屋拆迁是"分开补偿"的。"分开补偿"是指土地补偿和地上附着物补偿分离。农村宅基地产权归村集体所有，由村集体分配给村民使用，村民在宅基地上建造房子居住在遇到宅基地拆迁时，有两种补偿方式：

宅基地补偿和房屋补偿。由于宅基地的产权属于村集体，因此，宅基地补偿归村集体所有，不会直接给宅基地使用人。而房屋的产权属于村民私有，因此房屋补偿归村民所有。村民的宅基地被征收后，如果没有其他宅基地，那么村集体要给村民重新分配宅基地，让村民在新的宅基地上建造房子。

（2）土地补偿的标准是土地使用权，一般分为两种形式：一是货币补偿，二是置换补偿。

（3）《土地管理法》第四十七条规定：征用土地的，按照被征用土地的原用途给予补偿。征用耕地的补偿费用包括土地补偿费、安置补助费以及地上附着物和青苗的补偿费，其中征用耕地的土地补偿费，为该耕地被征用前三年平均年产值的 6～10 倍。安置补助费，按照需要安置的农业人口数计算。需要安置的农业人口数，按照被征用的耕地数量除以征地前被征用单位平均每人占有耕地的数量计算。每一个需要安置的农业人口的安置补助费标准，为该耕地被征用前三年平均年产值的 4～6 倍。但是，每公顷耕地被征用的安置补助费，最高不得超过被征用前三年平均年产值的 15 倍。

（4）房屋拆迁补偿价由宅基地区位补偿价、被拆迁房屋重置成新价构成。计算公式为：房屋拆迁补偿价＝宅基地区位补偿价×宅基地面积＋被拆迁房屋重置成新价。宅基地区位补偿价由区县人民政府参照一定时间、一定区域内普通商品房住宅均价、城市规划等综合确定。拆迁中认定的宅基地面积应经合法批准且不超过控制标准。房屋重置成新价是指一定时间、一定区域内被拆迁宅基地房屋重置成新的平均价，具体标准由区县政府按照区域内农村房屋建设情况确定。户均安置面积，具体标准由区县政府根据当地农村经济水平、农民居住情况确定。

7.2 村镇规划实施管理中的问题与对策

村镇规划的实施管理，包括村镇建设用地管理、建筑工程及基础设施建设管理、旧村镇改造管理等。实施管理的任务在于维护规划成果，保证其得以按计划实施。实施村镇规划的基本原则就是要求村庄、集镇规划区内土地的利用和各项建设必须符合村镇规划，服从规划管理。村镇规划经批准后，由乡（镇）人民政府公布，并组织实施。

7.2.1 村镇规划实施管理所存在问题

当前村镇规划的实施管理存在着规划管理部门不完善、管理水平不高等问题。由于村庄和集镇没有建设管理部门设置的法律依据，导致规划建设管理机构不健全，管理经费短缺、管理失衡、规划滞后导致村镇规划落实不易，村庄出现有新房无新村及自然村庄发展规划缺失的现象。

1. 缺乏管理机构和人才

很多乡镇没有设置专门的村镇规划管理机构，缺少对村镇建设进行规划管理。即使少部分设有规划管理机构的乡镇，也存在编制和待遇不落实、人员素质普遍不高，绝大多数非本专业出身、专业人才难以留住等问题。因此难以满足量大面广、任务艰巨的工作需要。

2. 管理机制不完善

不少村镇规划及建设的管理机制不健全、不完善，许多建设项目，先到或只到土地部门办理审批手续，后到或不到规划部门办理审批手续。从而造成规划、建设管理上的缺失与问题。

3. 基层管理意识不强

村干部是乡村规划的基层管理者，但不少村干部对村庄规划建设认识不够，不按规划的要求建设，随意性较大。一些地方村干部不稳定，更换频繁，也导致规划实施缺乏连续性。

7.2.2 村镇规划的实施管理保障

目前我国乡镇层面的城乡规划行政管理力量比较薄弱，大多数乡镇缺乏专职的规划管理人员，在专业技术能力上表现出明显的不足。因此，村镇规划的实施管理必须从多层面进行保障。

1. 增强规划意识和村民参与

村镇规划的实施管理中，应加强规划意识，发挥规划的龙头作用，以规划指导建设。牢固树立规划法律意识和依法行政意识，维护规划的严肃性，不断提高城乡规划建设管理的水平。

相比城市，村镇规划的实施管理中，公众意见的影响较强，规划实施管理的有效性依赖于公众的认可程度。因此，应在村镇规划中，应让人民群众享有更多的知情权、参与权、建议权和监督权。加大宣传，提高规划的透明度，扩大公众参与的范围，从告知性参与向咨询性参与和合作性参与转变提升，并建立规划实施参与的公众参与机制，注重公众参与的落实，自觉把决策过程置于人民群众的监督之下。

充分尊重基层群众自治组织的自治性和主动性，充分调动村民的积极性，协调政府管制和村民自治的关系，引导和组织村镇居民主动实施他们"自己的"规划。

关系到村镇居民切身利益、具有农村特殊文化背景、涉及城乡公平和利益分配等方面的问题需要充分调动公众积极性，鼓动群众参与，推动拆除违建、清理垃圾、绿化美化等基础工作顺利进行。

2. 建设管理专业机构与队伍

《城乡规划法》第十一条规定，县级以上地方人民政府城乡规划主管部门负责本行政区域内的城乡规划管理工作。而乡村规划编制基本上由乡镇人民政府具体操作实施。村镇规划应建立相应的管理机构、组织村镇规划管理人员、设置规划管理机构并确定管理权限和职责，为实施规划提供组织上的保证。该管理机构一方面监督执行规划的实施，协助解决建设中发生的问题，另一方面对于规划中未能预见的、或因形势发展带来新问题的，可建议编制单位申请修改规划，并与原编制单位共同研究修改方案的原则和措施。使规划工作有领导的、健康的发展。

进一步完善村镇规划管理机构层级体系，进一步加强村镇规划建设及管理机构建设，逐步配备专业人员从事村镇规划建设管理工作。通过多种形式的培训，提高基层村镇规划建设管理人员、技术人员的专业水平、素养和管理水平。

为保障村镇规划的实施和各项建设法律法规的实施，应加强规划的执法管理工作，健全规划管理机构。各村镇建设管理机构可以根据具体情况在其内部设置村镇建设执法监察队伍。

对于村庄来说，应提高村干部的规划意识，强化管理力量。保障村庄规划建设，做到"有人管，管得起"，积极推进依法管理。在乡村社区营造中，规划人员的角色应向"技术咨询顾问"与"协调员"转变，为政府和社区的决策提供技术咨询服务，为政府和社区以及社区村民之间搭建多方信息交流与协作的平台；向下宣传乡村发展理念、收集意见、协调矛盾，对上反馈意见、代表社区利益、争取政府政策支持。并且，在当前乡村社区普遍缺乏协调集体行动组织的背景下，规划人员还扮演着"乡村社区集体行动协调人"的角色，协调社区参与的积极性，促进社区发展共同愿景的形成。《村委会组织法》赋予了村民委员会对村庄公共事务自主决定和管理的权利。发挥村务监督委员会、村民理事会等村民组织的作用。挖掘乡村精英，借鉴现代农民参与村庄管理与建设的经验，通过一批立足村庄发展的现代农民以身示范，在寻求个体发展的同时，也为村庄的发展创建机遇和平台。

乡村规划人才匮乏，可考虑进行乡村规划人才培养与人才制度建设的活动。由于广大乡镇和农村对强化规划工作有着实际和迫切的需求，从而需要大量规划管理的人才。例如，成都市经过多年对乡村规划机制、体制、方法、标准的持续探索，于 2010 年首创乡村规划师制度。截至 2015 年，招募了六批乡村规划师，共 237 人次。他们围绕乡村发展、规划编制、建设实施和评估检查等方面提出了近 5000 条建议，为成都乡村地区品质提升和可持续发展发挥了重要的推动作用。乡村规划师是由区（市）县政府按照统一标准选拔、任命的专职乡镇规划负责人，从专业的角度为乡镇政府承担的规划管理工作提供业务指导和技术支持。乡村规划师作为桥梁和纽带"受任于村民，上承于政府，下诉于企业，居各方协调"，是理顺农村规划管理的链条，全方位参与到乡村规划建设的各个环节中。

在制度设计上，乡村规划师具有四个鲜明的特点。首先是全域覆盖。按照重要乡镇"一镇一师"，一般乡镇按片区配备的原则。成都市 223 个乡镇，除纳入各级城市规划区的 27 个乡镇外，196 个乡镇全部配备了乡村规划师。第二个特点是事权分离。乡村规划师的主要任务是代表乡镇党委、政府履行规划编制职责，不替代相关职能部门履行行政审批和监督职能。第三个和第四个特点分别是广泛参与、持续长效。通过面向全社会公开招募、征选等多种途径吸引海内外、行业内的专业技术人员参与到世界现代田园城市的建设。成都市制定了乡村规划师招募办法、管理制度及相关配套措施，严格职责划分。同时，在市、县两级设立乡村规划专项经费，为乡村规划师履职到位提供制度和资金保障。

经过六年的实践，成都形成了行之有效的制度体系，主要内容包括"属地管理、市县联动"的管理制度，"招得来、干得好、流得动"的人才制度，"资金支持、技术支撑"的保障制度。

由于乡村规划及管理工作所涉及范围广、层次多、内容杂，乡村规划师可分级分类参与乡村规划与管理工作，明确各层级乡村规划师的职责，并对不同级别乡村规划师的工作内容进行细分，形成完善的管理体系，保证乡村规划工作科学、有效地进行。依据成都的发展经验，乡村规划师分为三级，分别是乡村规划师、助理乡村规划师、乡村规划员。

乡村规划师制度是培养及建设村镇规划管理专业队伍的一种良好形式，对村镇规划的实施管理具有积极的作用。应从人才的培养制度、管理制度以及保障与支持制度多方面进行完善，让乡村规划师制度在更广的范围发挥更大的作用。

3. 完善管理制度

强化规划、建设的法律、标准和准则以及相应法规的严肃性，严格执行规划，依法加强对村镇规划的管理，按照建立"省管到县，市管到镇，县管到村"的村镇规划管理体制要求，落实村庄规划建设管理的层级责任制，明确落实县、镇规划建设主管部门和村委会在村庄规划建设管理方面的层级责任。

公示制度：规划批准后，由当地政府公示，在一定范围内组织学习、了解、参与、监督，在广大群众中广泛宣传规划成果和各种村镇建设的规章制度，以保障建设按照规划有序合力地进行。

监督制度：各级人民政府及其城乡规划主管部门应当加强对城乡规划编制、审批、实施、修改的监督检查工作，加强规划全过程动态监督管理，进一步加强建设项目的批后管理工作，并将监督情况和处理结果依法公开，向同级人大报告城乡规划实施情况，主动接受监督。各级人大常委会听取政府实施城乡规划的情况汇报，视察城乡规划重点工作，适时开展执法检查，以保障规划的贯彻实施。

违章处理制度：加强规划建设法规知识的宣传普及。各级规划行政管理部门要加强执法力度，凡违反批准规划的违章用地、违章建筑、违章施工必须做到违章必究，严肃处理。由村镇规划行政主管部门依法执行，按照违章处理的相关规定进行查处。尤其是村镇领导更要规范执行规划，切实维护村镇规划的严肃性。

基层公众参与制度：《城乡规划法》提出了发动和利用村庄社会资源的构想，规定乡村规划的实施应"从农村实际出发，尊重村民意愿，体现地方和农村特色"，将民间智慧、基层经验和规划技术整合到乡村规划工作平台中，为推进乡村全面发展提供了法律依据。认真落实《城乡规划法》，尊重村民意愿，村庄规划报送审批前，应当经村民会议或村民代表会议讨论同意。面对基层自治的乡村社会环境和世代繁衍生息的基层生活环境，农民对于经济发展、生活环境选择、村庄发展意愿的话语权应得到相应的尊重和重视。乡、村庄的建设和发展应当因地制宜、节约用地，发挥村民自治组织的作用，引导村民合理进行建设，改善农村生产、生活条件。

为了保证村民能够全面参与监督促进规划设计落实，可考虑建立自下而上的民主决策机制，并完善村务公开制度。

4. 筹集及统筹资金

村镇建设资金的来源是实施规划的关键。因此，需要加大对村镇规划管理的投入，并通过不同的渠道来筹集资金。

（1）多渠道筹集资金

应创新财政管理体制，引入多元投资机制，保证比较稳定、正常的城镇建设资金来源。各级政府要拨出专项经费用于村镇规划管理，设立村镇规划管理专项资金。

还可从以下渠道筹集建设资金：从村镇企业上缴利润、税收中提取一定的比例；选建集市贸易场所，活跃集市经济，增加税收，积累资金；发展工业生产、商业及公用事业，适当增收村镇工商、公用事业附加税及房地产税，本着"哪里收、哪里用"的精神，留作村镇建设资金；设在村镇的县级以上企、事业单位应缴纳一定比例的地方税，或按比例分摊一部分村镇公用设施的建设资金；地方财政可规定适当的投资数额；发展副业生产，增加经济收入，抽出一定比例也可作为村镇建设资金；利用当地廉价的地方材料，加快镇区水、电、路的建设，从而提高地价，为村镇增加建设投资。

（2）整合统筹资金使用

可按照"资金性质不变，管理渠道不变，统筹使用，各司其职，形成合力"的原则，整合现有涉农资金，提高财政支农资金的整体效益。

（3）重视公益事业及公共服务设施的建设

建立政府主导、村民主体、社会支持的投入机制，完善村级公益事业，建设一事一议的财政奖补机制。

　　根据"谁投资、谁经营、谁收益"的原则,鼓励社会资本参与村镇供水、排水、道路等基层公共服务设施建设。

　　对一些古建筑、革命遗址或带有历史和文化的遗址进行修复,可向民间单位和个人筹集资金。

思考题

1. 村镇规划中如何保证对耕地农田的保护?

2. 《乡村建设规划许可证》的作用包括哪些?

3. 村镇规划的审批程序是怎样的?

4. 拆迁补偿所包含的内容有哪些。

5. 谈谈当前村镇规划实施管理中存在的问题及其产生的原因。

6. 乡村规划师制度的特点、作用及其将如何发展。

7. 在村镇规划的实施中如何发挥公众的参与作用?

第8章
村镇总体规划的未来趋势

8.1 村镇规划新趋势

20世纪90年代以来，我国村镇规划走过了一个从无到有，从简单到复杂，从基本空白到逐步完善的历程。同时，我国村镇规划始终处在一个动态的变化之中，它随着发展背景的变化而不断调整，主要表现出以下特点：

1. 规划背景：从城乡分割到城乡统筹

从计划经济下的城乡分割到市场经济体制下的城乡统筹，是最突出的时代背景变化。近年来，我国社会经济的高速发展使得我国大部分地区特别是东部沿海地区具备了工业反哺农业、城市反哺乡村的经济能力和社会前提，这也为我国村镇规划转型打下了坚实的基础。

2. 规划目标：从单目标到多元目标体系

从村镇规划的发展历程来看，村镇规划的初衷主要是为了保护耕地和规范建设，随后才涉及到促进经济发展、保护环境和历史文化遗产等目标。当前规划正在成为政府行政工作的重要公共政策，村镇规划的内容也在不断完善的过程中扩展到资源调控、乡村建设、公共安全和公共利益等多个领域。

3. 规划方式：从"国家建设"到"社会契约"

规划主体的变化直接导致规划方式的变化。新型的村镇规划不再像"国家建设"思路下由政府自上而下地来决定和实施，而是逐渐发展为村镇社区、规划师等多种力量共同参与的自下而上的事业，其具体的规划过程着重强调了执行程序的民主化。规划方式从"国家建设"向"社会契约"的方向发展，这也使得规划理念与内容呈现出相应的变化。在"国家建设"思路的引导下，规划内容是以空间规划和建设为核心，并直接为工业化、国家利益服务。在"社会契约"的规划方式下，规划理念转变为以地方和民众的利益为重，相应的规划内容则从单一的空间规划演变为社会、经济、文化与空间等共同构成的综合性规划。

4. 规划主体：由政府、专家主导到多元主体共同参与

以往在"国家建设"思路的影响下，村镇规划是由政府推动、规划师以及专家主导的行政性精英规划。而在"社会契约"的治理思路下，村镇的发展应体现居民对乡镇未来发展的集体想象，具有地方的主体性。村镇的大众规划并不意味着规划完全由民众来进行，而是呈现出以本地社区居民为主、非政府组织参与、规划师等专家指导，与政府进一步对接最终构成规划框架的形式。其中，各主体角色所起到的作用分别为：政府进行上位规划，发展各种公益事业与提供公共产品；村镇居民组织形成地方社区，并以此为组织载体，以集体协商的民主方式，对村镇经济、社会、文化与空间等方面的未来发展提出相关的设想与计划；规划师及专家团队对村镇未来各个方面的规划和建设提供技术支持；非政府组织建构居民自下而上与政府自上而下之间的沟通桥梁和平台，使得各项地方计划能够更好地执行。

5. 规划视角：从独立规划到区域统筹

我国经济社会发展的阶段决定了村镇规划的视角必然是走向区域统筹的，是从单个的镇区规划、村庄建设规划到镇域居民点、空间等资源的统筹考虑。在我国的东部沿海地区，随着城市用地需求的日益紧迫，村镇合并力度加大也使村镇规划从个体走向区域。此外，近年来县（市）域统筹规划的运作让村、镇布局提升到与城市在一个层面共同协调的地位。

6. 规划重点：从散乱无序到轻重有序

村镇规划范围最初局限在个体行政辖区之内，在小范围中追求"五脏俱全"的思想导致在每个乡镇规划中工业区、污水处理厂等用地"遍地开花"，不仅带来了土地资源的浪费，还造成了乡镇之间的恶性竞争。随着村镇规划的日渐成熟，通过行政撤并、用地整合等措施，根据资源禀赋、发展条件等因素将用地、资金等有限资源更加有序地投入到乡镇发展中去。应加强政策宣传和舆论引导，充分发挥政府的主导作用和农民的公众参与作用，细化分解任务，层层落实责任；采取强有力的措施，建立健全协调的沟通机制，为有序推进重点项目提供法律保障；强化工程建设现场管理，在保质保量的前提下圆满完成任务，创造和谐稳定的社会环境。

8.2 城乡统筹的村镇规划

在改革开放过去的 30 多年中，我国城镇化以城市和工业发展为重点，城市规划的理论研究和具体实践也侧重于大城市和城市群地区。关于农村地区的规划研究和实践一直没有得到足够的重视，村镇规划建设也处于弱势地位。在新型城镇化背景下，需要客观地再认识城乡关系，加强村镇地区的规划研究。

8.2.1 国外城乡关系演变与趋势

在资本主义国家工业化初期（19 世纪初、中期），城乡之间联系紧密，相互依存，乡村协助城市完成了工业化初期的原始积累。同时，乡村又是城市的市场，消费城市生产的生活用品、农业设备，城乡之间存在着大量的物资交换。轻工业的发展也带动了小城镇的发展，1800年至1850年间，世界范围内10万人以下的小城镇，总人口在全部城镇人口中的比重由46.8％上升到64.1％。

在工业化和城市化的加速阶段（19世纪中期至20世纪50年代），农村劳动力和土地迅速减少，乡村经济的比重迅速降低，城乡之间相互依存的关系被打破，城乡差距开始拉大。重工业部门得到了迅速发展，大城市和特大城市与这些工业部门的发展相适应，因此也较快地发展起来。小城镇的发展速度逐渐放缓，人口所占比重也逐步下降，1850年至1950年，世界范围内10万人以下的小城镇总人口在全部城镇人口中的比重由64.1％下降到42.5％。

工业化成熟阶段（20世纪50年代至20世纪90年代），乡村在景观环境、生态平衡方面的价值逐渐显现，一些发达国家的人口和产业开始从城市转移到农村，郊区化、逆城市化逐渐显现。农村产业结构发生巨大变化，非农产业比重增加，乡村和城市生活方式不断融合。发达国家大城市人口比重和数量持续下降，中小城镇人口比重和数量逐步回升，但发展中国家的大城市和特大城市的人口仍在快速增长。

后工业化阶段（20世纪90年代以来），一些发达国家率先进入了"城乡融合"的发展阶段。城市经济高度发达，乡村经济也形成了相对完整的农工商经济体系，城乡之间形成了良好的物质双向交流关系，有完善的市场经济体系。在政治上形成了城乡平等融合的民主政治格局。在文化领域，城市文化和乡村文化更趋兼容，乡村地区科技与教育普及，乡村居民素质得到发展和提高。在空间及社区建设上，乡村社区享有城市社区的基本条件，基础设施和公共设施建设较为完善。在社会保障机制方面，城乡社区拥有统一的社会安全与生活保障，不再按城乡划分劳动力就业和失业保障。在保护社会竞争机制的同时，更加侧重对社会的人文关怀。

8.2.2 我国城乡关系的区域差异

相比其他国家而言，我国城乡关系更为复杂。由于我国国土面积大、各地区发展基础不一，所以在现阶段不同地区的城乡关系处在不同的发展阶段。东部沿海的一些发达地区已经出现"城市反哺乡村"的趋势；中部地区随着工业化的加速，城乡之间的差距开始拉大；而西部一些欠发达地区的城市仍发育不足，城乡差异较小。理清现代化进程中的城乡关系，既是一个重要的社会经济问题，也是一个复杂的科学问题。在城镇化研究的过程中，对乡村特点的把握、对乡村问题的认识、对乡村价值的判断以及对未来发展道路的选择等问题，首先要解决的就是"立场、视角和价值取向"，否则就会"差之毫厘，谬以千里"。对于我国新型城镇化而言，村镇的价值在于它们是我国人口承载的重要空间载体、维持城乡社会稳定的"蓄水池"、中华文化延续的重要空间载体、国土保全的重要保障和城市居民亲近自然、健康休闲的场所。

8.2.3 新城乡关系视角下的村镇规划实践

近些年的一系列规划实践试图从城乡联动、协调发展的角度对村镇规划做一些尝试和探索。

由中国城市规划设计研究院深圳分院编制的《广州市村庄地区发展战略与实施行动规划》对大城市及其周边地区的城乡关系进行了深入思考。广州分别于 1997 年和 2007 年开展了两轮村庄规划，但规划都无法落地。在 2013 年启动编制的第三轮村庄规划中，针对就村论村、缺乏城乡统筹和对城镇化趋势判断的问题，做出了探索。当时广州市范围内仍有 34 个建制镇、1142 个行政村，村庄地区的地域面积占到全市的 78%，村庄地区的建设用地占到全市建设用地的 77%，2012 年村庄地区的常住人口占全市常住总人口的 47%。从这个比例来看，村庄地区的发展问题不是小问题，而是涉及到全广州市发展的大问题。而广州农村地区的城镇化过程又十分特殊：1980 年前后，乡镇企业兴起了城镇化之路；到了 90 年代，外资驱动和土地制度创新成就了全国闻名的"珠三角模式"；进入 21 世纪后，自上而下政府和资本主导的新城和园区建设以及自下而上乡村地区的工业集聚和农房建设均快速推进，形成了城市地区、城乡混合区以及乡村组成的"三元空间"。表现出来的是建设用地破碎低效、违法违章建设严重等特点。城乡二元制度是这一局面形成的根本原因，但这已经不是单纯的规划技术所能解决的。因而《广州市村庄地区发展战略与实施行动规划》在规划技术思路上，除了在传统的空间规划之外，还特别强调空间之上村庄内生动力的培育和制度的改革创新，以及空间规划之后的实施行动和政策保障。这个规划给我们的启示是，北上广等大城市地区的城乡关系已经进入了城市扩张速度趋缓，但城乡内部结构还在剧烈变化的阶段。为了应对这种阶段的到来，规划也将从单纯的中心城市扩张型规划向城乡统筹协调发展型规划转变，规划的内容、技术方法也将随之发生重大调整。

2013 年启动的《山东省新型城镇化规划》中，中国城市规划设计研究院将城镇化进城人口和农村析出人口进行了挂钩，用土地流转水平和种植收益作为两项最重要的因子来测算农村析出剩余劳动力的数量，进而预测出未来可能向城镇转移的人口。在实地调研中，研究发现不同的农业种植类型对农业劳动力数量和工时的需要是不一样的：单位面积土地用工量和纯收入最高的是大棚种植；单位面积土地用工量和纯收入最低的是水稻以及玉米等粮食作物种植；柑橘、茶叶等经济作物的单位面积土地用工量和纯收入介于上面两者之间。这种生产方式和种植类型的差异导致可析出的农村剩余劳动力数量差别很大，大棚种植家庭析出的劳动力少，而粮食种植家庭析出的劳动力较多。在此基础上，规划对山东省进行了农业种植类型的分区，针对不同地区给出了不同的城镇化政策建议。除了从农业生产的角度去研究城镇化之外，《山东省新型城镇化规划》另一个重要的研究切入点就是人口的流动。研究发现山东省区别于其他省份的一个重要特征就是省内人口流动比例高，其中又以县内人口流动比例为高，农民工在县域内就业的占 88.1%。因此，规划建议山东省城镇化空间的着力点是两个方向：一个方向是胶东半岛沿海地区以加工业为主的劳动力吸纳地区，如济南、青岛、烟台；另一个方向就是鲁西南相对落后以县域经济为主的就地人口转化地区。《山东省新型城镇化规划》从农业生产和现代化以及人口流动的角度去研究和寻找符合山东省情况的城镇化路径，是切合新型城镇化"四化同步、人的城镇化"内涵的一种探索。

8.3 城乡土地制度改革

8.3.1 我国农村土地制度改革

1. 我国城乡二元结构的产生和演化

我国城乡二元结构在新中国成立后逐步形成并固化，农村土地使用制度相应经历了多次变革。20 世纪 70 年代末，农村家庭联产承包责任制的开展，标志着我国农村社会开始进入转型期。社会各个方面发生了巨大的变化。在此过程中，既有从传统社会向现代社会的结构转型，又有从计划经济向社会主义市场经济的体制转型。与此同时，城乡关系在几经反复后，二元结构开始松动。2008 年 10 月，中共十七届三中全会通过的《中共中央关于推进农村改革发展若干重大问题的决定》，拉开了我国农村土地制度改革的新序幕，由此推动了农村问题的解决。农民经济状况的改善必将进一步推进城乡二元结构向城乡一体化的转型。

2. 新中国成立后我国农村土地制度的变迁

农村土地制度是对农村土地资源的管理方式，是同一时期城乡关系的体现。农村土地制度的变迁从侧面反映了城乡二元结构的状况。

新中国成立后，我国的土地政策经历了土地改革、农业合作化、人民公社和家庭联产承包经营四个阶段。第一阶段：1949 年，中国共产党领导的新民主主义革命结束了中国一百多年的半殖民地半封建社会的命运，但仍维持封建土地制度，土地所有权集中在封建地主手中。第二阶段：1950 年《中华人民共和国土地改革法》颁布，在新解放区开始分批进行土地改革，到 1952 年土地改革基本完成，土地所有权由封建地主向人民大众转让，彻底废除了土地封建地主所有制，确立了土地归农民私有。由于国家资金缺乏，农田水利基本设施落后，为改善农业发展基本条件，土地经营使用权由合作社集体行使，但所有权仍归农民所有。第三阶段：从 1953 年到 1957 年，我国进行了第一次土地集体经营的探索，将农民个体所有制变为集体所有制，建立了人民公社，随后党中央领导农民开展了一场持久的、以全面加强农业基本建设、改变农业生产条件为目标的群众战争，形成了一个既有农业合作又有工业合作的基层组织单位。第四阶段：1978 年，小岗村 18 户农民的"生死契约"拉开了中国农村经济改革乃至整个经济体制改革的序幕，诞生了"集体统一所有、农民家庭分散经营"的家庭联产承包经营制，农民的积极性由此大为提升，农村经济面貌焕然一新。

3. 新一轮农村土地使用制度改革

2008 年，中共十七届三中全会通过了《中共中央关于推进农村改革发展若干重大问题的决定》（后简称《决定》），全面部署了新一轮农村改革的目标和措施，为农村土地制度改革指明了方向，成为了新时期推进农村改革发展的行动纲领，为农村土地制度的改革指明了方向。在《决定》"推进农村改革发展的指导思想、目标任务、重大原则"中提出"赋予农民更多充分而有保障的土地承包经营权，现有土地承包关系要保持稳定并长久不变……建立健全土地承包经营权流转市场，按照依法自愿有偿原则，允许农民以转包、出租、互换、转让、股份合作等形式流转土地承包经营权，发展多种形式的适度规模经营……"。

《决定》非常明确地提出了新一轮土地改革的方向，立足于解决当前农村土地中存在的种种问题。可以预见，在颁布的一系列土地政策控制城市的无序扩张之后，我国下一轮改革的重点是解决农村土地利用中长期存在的问题。

《决定》中对土地承包经营权流转的规定，是建立在所有权与经营权分离基础之上的土地流转制度，农村土地集体所有这个宪法规定的基本经济制度并没有发生根本性的改变，是在不动摇社会主义根本性质的基础上进行的改革。在农村土地所有权与土地使用权"两权分离"的基础上，又进一步将土地使用权分离为承包权和经营权（图 8-1）。

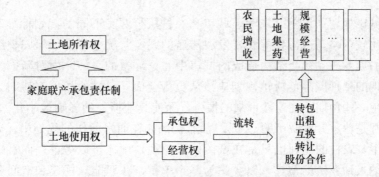

图 8-1　新一轮土地使用制度改革的特点

传统计划经济体制向社会主义市场经济体制的转变，派生出一系列的制度变迁，也催化了土地流通市场的发育。随着我国市场经济的快速发展和不断渗透，土地流通市场的城乡一体化在很大程度上已经具备了可行性。城乡一体的社会经济发展战略，本质就是要摒弃以往的城乡分离发展方式，建设城乡一体的发展体系。

农村土地资源配置的特殊性在于严格的用途管制，使得市场要素在资源配置过程中的决定性作用难以完全发挥。产权明晰是市场经济的客观要求，也是农村土地流转的前提和基础。由于农村土地产权没有固化在农民手中，限制了农民参与市场经济的权力。不管是基础性、公益性项目还是经营性项目用地，只要涉及农村土地，都必须先征为国有土地才能进入市场，且征地补偿费不是由市场形成的土地价格，而是政府定价。

农村宅基地制度由于历史特殊性以及它所承载的政治和社会功能，是政策制定中最为谨慎和敏感的领域。中国共产党十八届三中全会土地制度改革总体部署中，明确了宅基地制度改革的具体内容，即"保障农户宅基地用益物权，改革完善农村宅基地制度，选择若干试点，慎重稳妥地推进农民住房财产权抵押、担保、转让，探索农民增加财产性收入渠道"，成为下一步宅基地制度试点与改革的基本制度安排。

8.3.2　农村土地制度改革对村镇规划发展的影响

2008 年十七届三中全会要求保护农民的土地权益、严格保护耕地、统一城乡建设用地市场等。严格控制城乡建设用地总规模，控制土地使用和土地流转，完善农村宅基地制度，实施严格的宅基地管理，依法保障农户宅基地用益物权。农村宅基地和村庄整理所节约的土地，首先要复垦为耕地，调剂为建设用地的必须符合规划、纳入年度建设用地计划，并优先满足集体建设用地需求；改革征地制度，要严格界定公益性和经营性建设用地，逐步缩小征地范围，完善征地补偿机制。依法征收农村集体土地，按照同地同价原则及时对农村集体组织和农民进行合理足额补偿；在土地利用规划确定的城镇建设用地范围外，经批准占用农村集体土地建设非公益性项目的，允许农民依法通过多种方式参与开发经营并保障农民的合法权益；逐步建立城乡统一的建设用地市场，对依法取得的农村集体经营性建设用地，必须通过统一有形的土地市场，以公开规范的方式转让土地使用权，在符合规划的前提下与国有土地享有平等权益。

1. 从"一元规划"向"一体规划"的转变

我国"城市规划"长期以来对于城市和农村执行两套不同的规划标准和体系。对农村的规定比较粗略，这与我国农村发展滞后的现实状况分不开，但归根结底是由我国长期以来的城乡二元社会结构造成的城市中心论导致的。如今面对新的土地流转制度下可能出现的种种风险，村镇规划应该从更为全面、科学的角度来应对，通过合理的途径，避免一些预期不确定性带来的损失，而使其他损失的影响最小化。一直以来，我国的规划都是着重针对城市的"一元规划"，例如在通常所作的规划中，即使是在城市总体规划中，农村的规划也只是在城镇体系的规划中才予以考虑；而且这种考虑也只是将农村纳入到乡镇的整体，以乡镇为基本单位，在职能、规模和空间分布上做出统筹安排，并不涉及对农村建设用地的具体规划安排。

而今，在城乡二元格局逐渐扭转的背景下，应建立"一体规划"的观念，统筹城市和村镇，将规划工作作为完整的统一体加以考虑，体现"城乡一体规划"的含义。农村的规划应纳入到整个城市的规划中来，农村的规划标准也应根据实际情况酌情提高。

2. 基于土地产权的村镇规划编制与实施转变

新农村规划与城市规划在实施和管理过程中存在着较大差异。新农村规划不能照搬城市规划模式，政府应根据农村的不同类型，充分考虑农村规划产权制度与农村发展的实际需要，制定相应的政策，确保新农村规划的有效实施。

（1）城中村。应加速土地国有化进程，促进城中村的转制与转型。

对城中村来说，其土地价值和开发密度都已非常接近城市建成区，大部分村民在生活和工作上都已融入城市。但在景观上，城中村与城市却有很大的差别：村内建筑密集，公共活动空间严重缺乏；道路狭窄，消防状况堪忧；环境脏、乱、差，居住条件恶劣。因此，必须对城中村进行改造或整治，使之融入城市，健康发展。

加快城中村发展进程，将村集体土地国有化，纳入城市规划的统一管理系统，化解城中村缺乏规划的尴尬局面，这将有助于对村庄的规划建设实施管理。

（2）城郊村。应通过创新模式，保障村民利益，促进城郊村与城市体制的融合。

城郊村位于城市与乡村的过渡带，土地附加值普遍较高，并且随着城市化的推进，将逐渐与城市融合。因此，有必要创新体制，在保障村民利益的同时促进城乡融合。

例如，目前珠三角地区出现了一种新的征地补偿方式——土地入股，这种方式的特点就是村集体股份公司用股份置换村民的土地，从而将土地的经营权集中，提高土地的利用价值。村集体股份公司每年通过分红来维护村民的利益。在这种模式下，村民虽然失去了土地，但每年得到的红利可以解决生活问题；而统一经营也使集体土地得到了较好的利用，避免出现村民因追求个人利益而损失集体利益的行为。此外，土地产权的集中化，也为规划管理部门加强对农村规划的管理提供了可能。

（3）远郊村。应加强用途管理，合理利用，保护生态，实现可持续发展。

远郊村一般以农业用地为主，经济较为落后，土地附加值普遍较低，在短时间内城市建设不会开发至此，土地被征用的概率较低。因此，对于远郊村的规划建设要加强用途管理，积极引导其空间发展。

首先，应规范农村住宅建设的审批程序，设计一套适用于农村的规划管理系统。通过派工作组进驻农村的方式，对农村规划实施进行监督管理，及时发现并查处违章建设。其次，应在政策上扶持农村发展建设。例如，规定农民可以将土地使用权作为抵押获得贷款，建立农村土地资源和金融资源之间的稳定关系，从而有效地提高农民在土地经营中的投资能力，促进土地的开发利用。此外，城市政府应加大对农村基础设施的投资，将农村基础设施建设纳入城市发展规划中，借助城市建设基金加快公共基础设施向农村的延伸，不断改善农民的生产、生活条件。注重对远郊村生活垃圾的连片整治，可采用"户收集、联合转运"的模式，对几个联合村的垃圾实行统一管理，减少土地的占用和设施的投资费用。在适宜的位置设置污水处理设施，实现农村污水处理"集中治污、集中控制"。对于布局分散、规模较小、地形条件复杂、污水不易集中收集的村庄，可利用自然处理系统就地处理，形成高效的有机肥生产工程，解决养殖场或者养殖场小区固态畜禽粪便等问题。

8.3.3　村镇规划中的土地节约集约利用

改革开放后，我国进入了快速城镇化时期，日益增长的经济发展需求刺激了村镇建设用地规模的扩张、用地性质与结构的改变，导致了人地关系和人粮关系紧张的局面。城市土地资源紧缺和农村土地资源利用效率低下是快速城市化进程中的两个重要问题。同时由于缺乏合理有效的规划，目前村镇非农建设用地呈现出无序扩张、结构失衡、集约利用水平低等特点，已无法满足经济持续发展的需求。要保证经济发展、加快城镇化进程，通过挖潜城市用地来缓解人地矛盾的方法，事实证明难度较大且作用甚小。我国村镇用地数量大、分布广，且大都是粗放式经营，存在用地布局不合理、利用效率低下等问题。通过对村镇建设用地的节约集约利用，促进其合理配置和高效利用，缓解城乡日益突出的用地矛盾已势在必行。针对此现象，2004 年国务院出台的《关于深化改革严格土地管理的决定》（国发（2004）28 号），提出了严格控制建设用地增量，努力盘活土地存量，这对我国通过开展村镇土地再开发、提高建设用地利用效率提出了新的要求。

1. 国外研究趋势

各国在村镇规划中都进行了土地节约集约利用的一系列有益尝试。如日本在 20 世纪 50 年代就进行了村镇合并，20 世纪 70 年代以来，日本政府又规划实施了旨在改善农村生活环境、缩小城乡差别的村镇综合建设示范工程。此外，村镇合并与行政区划调整、宅基地置换与土地流转也是研讨的重要内容。20 世纪 50 年代，以色列进行了新农村建设，创造了一个围绕等级服务中心建设的村落布局，约 80 个家庭组成一个村庄，6 个到 10 个村庄围绕着一个乡村服务中心成为一个组，来自不同国家的群体，住在各自的村庄上。第二次世界大战后，美国进行了郊区新社区及新村建设，其结构具有以下特点：一是具有综合性，社区或新村包括零售、办公、服务、娱乐及其他设施；二是提供就业机会、完善基础设施等。英国从 20 世纪 50 年代开始农村中心村的建设，开展了以集中农村人口为重要内容的发展规划，政府给予政策和资金支持及其他相应措施。德国开展了基于土地整理的乡村更新计划以及韩国于 1970 年发起的"新村运动"。

2. 国内研究趋势

国内学者对节地技术研究较多、范围较广、程度较深，取得了较大的成就，尤其是随着我国城乡一体化步伐的加快和新农村建设的开展，为理论研究提供了实践基础，目前的理论研究主要集中在以下几方面：

（1）中心村建设模式研究

针对每个地方的经济条件、社会条件、地形地貌、人口等的不同，总结不同的发展模式。如李海燕、权东计等（2005）认为：迁村并点主要有生态移民、扶贫移民和工程移民三种类型。彭伟、李刚（2005）认为政府领导的中心村建设尚不完善，提出了内生发展的模型，该模式的主导思想是：中心村的发展与当地经济发展水平没有直接联系，中心村的发展动力源于村庄内部。一些村民能充分认识到现有体制的不足，充分利用村庄资源和区位优势，实现农业与工业的对接，从而实现自身的发展。何国长（2008）总结了中心村建设的八大模式：

① 整合集聚式：该模式适用于基础设施比较完备、住宅区相对集中、经济实力较雄厚的村庄。该模式的优势是：可以改变当前农村分散的建设模式，统筹布局生产、生活等设施，集聚人流、物流、资金流、信息流，优化配置土地、劳动力、资本、技术和其他生产要素。

② 优势互补式：该模式适用于自然资源、人力资源、信息资源等方面具有明显互补优势的村庄。该模式的优势是：可以提高中心村要素集聚能力，提高中心村经济的辐射带动能力，有利于加强村级组织建设和节约行政成本，有利于改变落后的农村面貌和吸引优秀人才在中心村创业。

③ 产业集聚式：该模式适用于原来具有较好产业基础或者原有产业具有发展潜力的村庄。这种通过产业集聚来促进人口集中的发展模式，不但能改善农村环境和提高农民生活质量，而且有利于农业产业化发展。

④ 整治改造式：该模式适用于具有良好经济地理条件、村庄综合整治工作比较到位、村级管理也相对科学的村庄。该模式把村庄整治建设与发展特色产业、发展农家乐休闲旅游业等紧密结合起来，把"一村一业"变为"一村一景"，有利于农村完善公共服务设施和打造优质农村社区，对农村城镇化发展具有较大的推动作用。

⑤ 旅游开发式：该模式适用于生态环境良好、自然风光优美、具有旅游开发价值

的村庄。该模式特点是：在保护环境的同时最大限度地发挥自然资源优势，发展民俗文化和生态劳作旅游，变本地资源优势为经济优势和产业优势，改善农民的生产生活条件。

⑥ 整村迁移式：该模式适用于地处偏僻、规模较小、经济薄弱、配套设施无法覆盖的规模较大的村庄，这种模式需要政府大力引导。该模式被看作是偏僻山区和生态恶化农村实施社会主义新农村建设和农民脱贫致富的有效途径。

⑦ 拆迁新建式：该模式适用于经济基础很好的村庄，一般适合城郊村庄的建设。这种模式有利于村庄加速城镇化进程。

⑧ 保护复建式：该模式适用于具有历史文化内涵的古村落、古建筑和特色居民的村庄。该模式的优势是：把特色产业发展和特色村庄建设紧密结合起来，通过规划，建设一批生产生活设施配套完善、公共服务健全、环境卫生良好的特色村和文化村，不但能促进传统民俗文化和现代文明的有机融合，而且还能把这些村庄的资源优势转化为经济优势。

(2) 村庄规划布局研究

村庄规划布局形式主要受自然环境、社会经济发展水平、人口规模、历史文化传统四大因素的影响。布局形式在很大程度上反映了村镇各功能活动、各要素之间的关系以及村镇空间结构的基本特征。一般来讲，目前村镇布局形式主要有以下四种：

① 卫星式：村镇体系中，集镇是全乡（镇）或一定地域范围的经济、文化、政治中心，中心村也是联系集镇和周围村庄的纽带。卫星式布置就是以一个比较大型的中心居民点为居住中心，带动周围几个卫星小居民点的发展。这种卫星式布局，可按照集镇、中心村、基层村三级布局。村庄是集镇体系的基础，是开放农村经济体系构成中的基本单元或最低层次，以卫星式分布与乡镇、中心镇有机地结合为一体。中心居民点应配置相应的服务设施和较完善的基础设施以及工业生产项目，卫星居民点则主要布置住宅建筑。

② 带状式：根据有利于生产、方便生活的村镇布局原则，这种布局形式将村镇沿主要交通干线、较大河流布置。沿公路、河流这种布局的特点是：在地形复杂的地区，可以因地制宜，充分利用当地有限的交通设施。但该布局要避免交通要道穿过村镇，要避免居民点不间断地沿道路、河流建设，形成村镇走廊，避免破坏当地的生态环境。

③ 集中式：集中式布局是在自然条件允许、建设符合环境保护的情况下，将村镇的各项主要用地，如居住、生产、公共建设、绿化等用地集中连片布置，以节约用地。这种形式适用于平原地区的综合型村镇布局，便于村镇居民点的功能分区规划和建设。

④ 自由式：这是我国常见的农村居民点布局形式，尤其在丘陵地区和山区，完全是一种自然分布的形式。由于自然地形复杂，或因河流、公路分布等因素，常使集镇与居民点布局呈现出不规则的满天星状。

除以上两个方面外，有关学者还对中心村建设的原则进行了研究，总结了中心村选址应根据方便生活、有利生产、满足建设要求、符合卫生和安全要求四个原则。建立不同角度的评价体系，如探索小城镇土地可持续评价原则，并从生态、经济和社会三个角度构建了小城镇土地可持续利用评价指标体系。薛俊菲（2002）研究重庆市北碚区，采用多因素综合评价法，从经济、人口承载力、建筑规划三个方面共选取 10 个指标，构成小城镇土地集约利用规划建设水平的综合评价指标体系。马佳（2007）从社会经济、资源禀赋、规划建设、人本方面构建了农村宅基地建设用地集约利用评价体系。同时还有学者从中心村的位置着手研究中心村的选址，如袁莉莉（1998）根据行政村的社会、经济联系以及周边村庄的情况确定村庄的范围，以该行政村为顶点画多边形，以行政村人口规模、社会总产值、就业岗位等为"重量"，在直角坐标系中确定多边形的"重心"即中心村。

8.4 村镇规划的公众参与

公众参与是欧美发达国家城市规划行政体系中重要的法定环节。公众参与以法律化、制度化的形式被纳入规划决策体系之中，不但有利于规划决策的科学化和民主化，而且增强了人们参与建设的积极性，提高了规划的后期实施效果。在我国，村镇规划过程中公众参与尚未真正落到实处，特别是在村镇规划过程中。公众参与式规划，是今后规划设计的趋势。公众是社会的主体，是村镇规划的最终服务对象与受益者，因此，村镇规划是否合理，直接影响公众的生活质量。市场经济条件下的村镇规划也正逐步从封闭走向开放。我国提出的社会主义新农村建设和可持续发展战略目标，就是对村镇规划工作的巨大挑战。

应切实履行村镇规划中的编制、实施、管理全过程中的公众参与和群众监督，规划草案阶段、成果报批之前都必须在规划涉及区域内进行一定时限的公示，广泛听取农村集体组织和广大农民的意见和建议，对合理的意见和建议要吸纳到规划方案中，切实保证群众对规划的知情权、参与权和申诉权。在集体建设用地流转活跃的地区，规划编制人员应该鼓励农民积极参与规划的编制，确保规划具有指导性和可操作性。

8.4.1 公众参与原理

1. 三方决策模式

城市规划编制应由政府相关部门（领导）、规划部门（规划师）和公众三个主体共同完成，而不只是政府的行政指令和规划技术人员的理论创作。规划者扮演的是组织者、协调者和综合集成者等角色，村镇规划的编制过程是政府、专家、公众研究、磋商与讨论的互动过程（图 8-2）。通过这三方面的互动，规划师可以了解群众的社会背景和价值观，明确政府部门的规划意图。群众则可以学习规划技术和管理方面的知识，更容易理解并协助政府的工作。政府部门不仅获得了技术支持，也更多地了解到公众的需求，为规划工作的顺利开展奠定了基础。三方的互动交往、共同决策使规划工作尽可能克服片面性、孤立性，体现科学性、可操作性，彰显公平、公开、公正性。

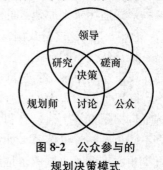

**图 8-2 公众参与的
规划决策模式**

2. 公众参与层次

"参与"本身具有两方面的意义：一是自身在某一活动中分担某一角色；二是与其他分担者共同承受这一活动所带来的利害，公众参与更注重的是后者。这就要求公众在参与过程中进行实质性的参与，而非低层次的参与。美国的谢莉·安斯汀通过实践与分析，将公众参与分成 3 种类型和 8 个层次（图 8-3）。目前我国的公众参与还普遍处于"告知性参与"的阶段，公众进入实质的"决策性参与"阶段尚需全体公民的共同努力与相关规划部门职能的进一步完善。

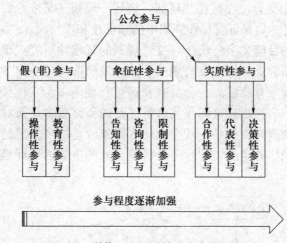

图 8-3 谢莉·安斯汀的公众参与层次

8.4.2 公众参与村镇规划进展

在公众参与村镇规划的实践与研究方面，国外已经有了较为成熟的成果。通过文献回顾，在德国的村庄更新项目中公众要参与 8 个重要的规划阶段（作出决议、现状调查、评价、合作、草案、最终方案、作出决议和实施监督）。日本的农村规划编制方式依次经过了"非村民参与型、村民参与型和村民主体型"三大阶段，"村民参与"规划的制约因素与规划因素之间的关系直接影响到参与模式的选择。现阶段日本农村居民已经广泛参与到村镇的规划编制过程中，并积极地推动村庄共建活动，其参与方式包括民意调查、村民与规划专家组建议会、多回合的村民座谈会等。

近年，随着我国新农村建设的展开，有关村民参与村镇规划的研究探索得到了一定关注。在已有的成果中，包括以下内容：

（1）从村镇规划建设主体出发，围绕"村民主导"和"政府引导，农民参与"的原则进行的探索性研究。

（2）关于公众参与的具体方法，多数研究移植公众参与城市规划的手法，采用问卷调查、规划模型展示、方案公示、村民座谈会等形式，取得了一定效果。如张斌结合深圳市龙岗村镇规划实践，提出规划展览系统、规划方案网上咨询、小区规划委员会及规划听证会和贯穿规划过程的民意调查等公众参与的形式和渠道。张志国等在许昌市紫云镇规划中采用了问卷调查、开放式研讨会、关键人物访谈以及巡回展示等方法，其中对公众代表人物的重视有利于规划人员更好地了解村民的规划预期。吕斌在北京市夏村规划中也采用了类似的方法。王雷等通过苏南地区两个村庄规划参与的实地调查，发现村民最希望参与规划的途径依次是：村民座谈会讨论、填写意见簿以及规划人员个人访谈。许世光也认为村民代表大会是现阶段珠江三角洲地区村庄规划公众参与中最具有法定性、实效性和可操作性的方式，入户访谈也能取到较好效果。但目前尚未出现能够被规划人员和政府相关部门、村民广泛认可的参与模式。

（3）公众参与规划模型构建。在村镇规划编制过程中规划师应该转变"自上而下"的传统思路，将"自上而下"政府主导的村庄规划与广泛征求吸取村民意见的"自下而上"的公众参与相结合，尝试在"目标—调研—规划—实施"的各关键阶段深入基层调查，听取村民呼声，保证村民在规划中的知情权和参与权。

总而言之，国内目前关于公众参与村镇规划的基础性研究成果较少。在具体方法上，多数研究移植了公众参与城市规划的手法，虽然取得了一定效果，但大多处于经验性的尝试阶段，并没有总结出一套具有普遍可行性的参与式框架。此外，对经济发达地区（珠江三角洲、长江三角洲和北京地区）的研究较多，而对经济欠发达地区尤其是针对西部地区的研究依旧是一片空白。在国家统筹城乡发展的背景下，如何通过规划手段改善量大面广的经济欠发达地区村镇居民的生活居住环境，具有更加现实和紧迫的意义。

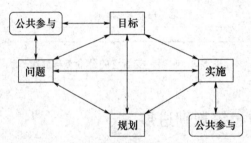

图 8-4　公众参与下的村镇规划"菱形"模型

8.4.3　公众参与村镇规划路径安排

村镇规划工作涉及农村居民的切身利益，因此，在规划过程中必须争取到农民的广泛支持和参与，提高村民的决策参与积极性，让村民感到自己有了发言权，让决策充分反映村民利益。考虑到公众参与村镇规划的历史很短，大部分村民文化程度不高，以及信息、眼界等诸多限制因素，村镇规划工作中的公众参与，应采用不同于城市规划的手法，结合农村实际情况采用适合于农村现实的参与方法。在村镇规划的公众参与系统构建中，主要采用：问卷调查、入户访谈、村民代表大会座谈、规划公示意见反馈等。公众参与村镇规划的具体方法可以用三阶段参与模式来说明（图8-5）。

1. 规划前期阶段

在规划数据收集整理的基础上，公众主要参与宣传与调查工作，规划公示是基于对村民知情权的尊重展示规划成果和进行宣传。在宣传过程中，不仅为村民们科普了规划知识，同时也激发了村民参与规划编制的积极性。村庄规划的宣传结束后则开始

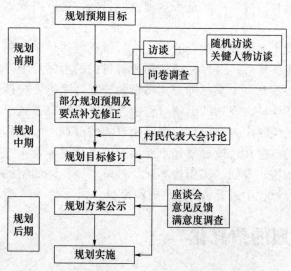

图 8-5　村镇规划中公众参与的三阶段模式

问卷调查，对农村村民进行公共设施和基础设施等方面的调查，主要是了解日常生活中村民需要解决的问题。通过调查问卷统计分析，了解村民意愿，确定下一步应该重点解决的规划问题。

在进行问卷调查的同时，规划人员也应该注意对关键人物和弱势群体的深度访谈，以增进对村镇现状的了解。关键人物主要包括基层党政干部、教师、致富能手等一些素质水平较高的人群，通过他们可以更好更快地了解现状以及规划远景预期。由于现在青壮年大多外出务工，留守在家的多为老人、妇女和儿童，规划中应该给予这些群体更多的话语权，体现规划的人文关怀。

2. 规划编制阶段

规划人员根据基本数据收集、问卷调查和访谈分析制定系统的、科学合理的、具有地方特色的规划。在重大建设项目活动和较大规模土地收购中，应该通过村委会召开村民代表大会，向村民介绍工程的概况，并听取村民代表建议，最后共同编制项目的规划方案。

3. 规划公示阶段

根据《中华人民共和国城乡规划法》规定：村庄规划在报送审批前，应当先经村民会议或村民代表会议讨论同意。提交报批前，应向社会公示，公示时间不少于 30 天。在规划完成后，首先以座谈会的形式小范围收集意见，座谈会由策划人员、政府代表、委员及重点人员组成。

其次，召开村民代表大会，由规划编制人员首先向村民介绍规划方案，然后就村民对规划方案所存在的疑问进行解答，同时听取村民代表对规划的建议和意见，并作出相应的解释，让村民代表了解规划方案。如上述两次意见征集均无重大问题，可将规划方案在村内进行公示，村民代表也负责向村民解释规划方案中的相关问题，同时收集村民提出的问题。公示期结束后，再次召开村民代表会议，规划工作人员代表解释征集意见，最后由村民投票决定是否达到预期目标，是否将规划提交上级政府有关部门审批。

村镇规划是社会主义新农村建设的核心，村镇规划的科学编制是引导和控制科学村庄整治和建设的重要环节，通过村镇规划改善村民的生活环境，对欠发达地区具有重要的现实意义。要编制一个高标准、高质量的规划，除了要坚持因地制宜的原则和突出当地特色外，还应该在规划的编制过程中充分征求村民的意见和建议，鼓励和支持村民参与到规划的编制中去。而目前在村镇规划的前期、编制和实施过程中公众参与严重缺乏，村民的意愿在村镇规划和土地规划中体现得非常不充分。由于规划中公众参与的缺失，导致很多规划的实用性不强，村镇规划具体的实施过程中不能够顺利进行，在新农村建设过程中造成了严重的资源浪费。

8.5 村镇规划的信息化

随着信息化时代的到来，信息化对村镇发展的影响越来越大，在村镇规划中的应用也越来越广泛，其中对村镇发展影响较大、在村镇规划中应用较广的主要有"互联网＋"模式、大数据、地理信息系统等。

8.5.1 "互联网＋"下的村镇规划

所谓"互联网＋"是指以移动互联网、物联网、云计算、大数据等互联网技术为主的新一代技术在经济、社会、生活各领域的融合应用过程。互联网经济衍生出的"互联网＋"，充分发挥了互联网在生产要素中的优化配置和整合功能，以信息化带动产业化，以信息技术推动产业在线数据化，从而提高产业效能、品质、创新以及合作营销能力。

1. 村镇空间布局与产业模式

"互联网＋"作为一种新的生产方式，旨在促进传统产业在线化、数据化，并以此带动产业发展方式的转变。"互联网＋"通过融通整个产业链的物质、资金和信息流，带动整个产业链向共生、互利、共赢迈进，从而实现农业经济发展方式的深层次转变，逐步形成农业互联网生态圈。

其中"互联网＋农业"是 2015 年政府工作报告中提出的"互联网＋"行动计划中的重点领域。2015 年 7 月《国务院关于积极推进"互联网＋"行动的指导意见》标志着"互联网＋"从概念正式上升为国家行动，将在更深层次上推动农业经济发展方式的转变。

（1）"互联网＋"切入农资市场，影响农资供应

绝大多数农资产品（种子、化肥、农药、兽药和农机等）是农业活动的刚性需求，符合多次购买特征，在电子商务模式下极具销售市场。目前，史丹利、金正大以及大北农等国内农资领域的龙头企业，均已成立电子商务业务。2015 年 3 月，依托中国农业部科协，由中国现代农场联盟、北京天辰云农场共同组建的"云农场"农资交易平台正式成立，此交易平台是国际领先的液体配肥和国内领先的固体配肥高科技服务商，

现有数百家农资企业入驻，设立了 200 多家县级服务中心及 16000 多个村级站点，市场覆盖山东、河南、江苏等 10 余个省份。2016 年中国农资市场总量预计突破 4600 亿元，带动了传统农资流通体制大变革，将逐步替代传统农资流通链上的区域经销商和分销商。

（2）"互联网＋"进军农业生产领域，推动智慧农业发展进程

伴随互联网技术在农业生产中的广泛应用与推广，集信息感知、智能决策、自动控制和精准管理为一体的智能农业系统正在不断完善中。信息集成、大数据分析、远程控制等技术已发展成熟，3U、物联网、云计算等新技术的使用也日渐增多。2010年，国家发展和改革委员会批准了一批试点项目，河南、陕西、北京、黑龙江、无锡等地分别在大田作物、设施农业、动物养殖、水产养殖等方面应用了物联网技术。其中河南省在 9 个地市设立了近 20 个小麦苗情数字化远程监控点，实时监测田地的土壤温湿度、空气温湿度、二氧化碳浓度、太阳总辐射等数据指标。陕西的秦龙现代生态智能创意农业园区使用无人飞机进行喷药施肥，使用机器人采摘番茄和获取果实信息；北京海华云都生态农业股份有限公司的奶牛养殖基地现已实现智能化挤奶。由此可见，"互联网＋"在农业生产中的运用不仅能节约人力成本，而且能使农业生产经营管理更加科学。

（3）"互联网＋"深入改变农产品消费市场，增强农产品客户体验

"互联网＋"通过信息技术创造透明的供应链，促进了农产品供求市场信息有效对接。湖北省李明华带头的生态农业农民合作社，开发了"上种水稻、下养老鳖"的香稻嘉鱼种养模式，从 2014 年 11 月起与外部移动互联网平台资源"决不食品联盟"进行合作，设置了香稻嘉鱼大米网页，人们可实时查看种养基地的监控视频、食品安全承诺视频及责任险保单图片等。与此同时，O2O（线上与线下）模式也在全国范围迅速拓展，线上线下日益融合发展。2014 年以来，国家财政部及商务部加快推进河北、河南等 8 省 56 县的综合示范工作，推动阿里巴巴、京东、苏宁等大型电子商务和快递企业布局农村市场。目前，阿里巴巴平台"特设馆"已覆盖 24 个省份 31 个地县，在淘宝网注册并正常经营的农产品网店已接近 40 万个。京东计划新增 500 家县级服务中心，招募数万名乡村推广员。这些网店、县级运营中心和村站将成为满足个性化需求消费的重要手段。

（4）"互联网＋"催生农业互联网金融，有助于构建新的农村金融保障体系

互联网的大数据应用有助于解决农村金融的风险管理难题，形成新的农村金融保障体系。构筑以农业龙头企业为核心的农业互联网金融平台，能为全产业链的各环节提供投融资及网上支付等服务。2015 年 1 月，国内大型农牧企业新希望公司同北京首望创新科技有限公司、南方希望实业有限公司共同出资设立慧农科技，将打造千企万家互联互通的农村金融服务网络；3 月，国内农药制剂龙头企业诺普信宣布以 1750 万元增资农金圈，成为目前 A 股首家真正意义上的农业互联网金融平台，积极构建可全方位对接农户需求的互联网生态系统。与此同时，农业高科技企业大北农集团以农信网为核心，结合"农富贷"、"农付通"及"农信保"，全力营造业内第一个闭环式、普惠制的农村商务金融服务新体系。上述农村金融服务网络、平台及体系覆盖了农资购销、农业生产及农产品销售的全过程。"互联网＋"已嵌入农业产业链的各个环节。

从主导产业形态方面出发，结合村镇资源禀赋的不同，将其产业发展模式分为农业型村庄、工业型村庄、旅游型村庄、服务型村庄四类，从而实现"一村一品"的村庄产业特色。其中，农业型村庄是指以农业产业发展为主导的村庄，发展农贸专业合作社等组织化、规模化经营，并采用农业机械和生物技术主导模式发展。工业型村庄是以特色农产品加工、小商品加工、特色制造业、手艺产品加工等为主导的村庄，采用产业集聚方式进行发展，形成特色"专业村"。旅游型村庄发展以民俗体验、乡村休闲、农业观光、人文观光等为主的休闲观光旅游业，并建立一产、三产联动的机制，提供相应民宿、美食等服务的村庄。服务型村庄是指利用其交通优势和接近消费市场的地缘优势，发展特色商贸业、专业市场的村庄。

产业发展的一般规律表明，产业的发展必然要经过由单一产业要素向多元产业要素集聚发展的过程，这个过程中的单一产业一般会向前后关联产业和侧向关联产业的方向延伸发展。因此，村镇产业应结合自身优势，发展以农业、工业、旅游和工商业为主导的产业体系，拓展农业生产类型——新经济作物、林下产业等，发展前后关联产业——机化肥生产、苗木园艺、农产品加工、林菌加工等，加强对侧向关联产业——旅游服务业等，最终形成多方位、立体联系的村庄产业体系。

2. "互联网＋"下的村镇规划

（1）优先发展乡村互联网平台建设

利用网络服务平台以及城郊村的区位交通优势，构建适用于农村产业结构的商业网络系统和社交网络系统，扩充农村产品营销路径，建立"创意＋产业＋商业＋互联网"模式，适应互联网商家和消费者的需求，通过手机软件、电子商务平台、搜索引擎、QQ、微信等即时通信工具，构建所有的消费者和潜在客户的城乡联系网络平台，为农村市场提供安全保障。

（2）实现"共建共享"城乡互联网基础设施的同步建设

"互联网＋"时代，村镇未来的产业方向应考虑各类互联网运营商的建设需求、兼顾集约效益和经济效益。建设城乡互联网基础设施可采用"代建制"、"联建制"和"信息管线"三种模式进行。"代建制"是指政府或政府授权单位通过招标等方式，选择社会专业化项目管理单位，负责项目的管理和建设；"联建制"是指在征得全体农户同意的前提下，由乡镇政府牵头，民主推选村民代表，成立业主委员会，由业主委员会选择施工企业，落实管理队伍，监督施工质量，乡镇、部门不搞包办、不介绍施工队伍，只提供技术服务和指导；"信息管线"是指把信息管道与信息网络纵向分离，使之成为城市基础设施的一部分，由专门的信息管道公司建设和经营。建议尽量采用"信息管线"建设模式，以减少后期维护成本和周期。同时，鼓励运营商和通信工程公司开放沟通渠道，方便农民和农民之间、农民和企业之间彼此分享，有利于运营商和开发商之间的衔接和协调工作顺利进行，采用"同址不同房"等方式，最终实现管道、基站、局房等互联网基础设施的共建共享。

（3）交通网络实现高效通达、客货合一

优先满足仓储货运网络系统的要求，考虑城市和农村之间的公共交通，通过城市快速路、城际铁路等区域道路系统连接周边城市、重要的旅游市场、区域城市群和区域重要的交通基础设施。不同类型的村庄在交通干线上也有不同的侧重点，旅游型村庄以客运交通为重点，农业型和服务型以货运交通为重点，工业型村庄则以城乡公共交通和货运交通为重点。

（4）生态网络实现绿色人文、乡田野趣

充分利用城郊村的原生态现状，保留农田、山脉、河流和池塘等农村氛围浓厚的景观要素，在保护生态环境的前提下，构建绿脉、水脉和文脉"三脉归一"的布局网络。其中，绿脉指的是农田、森林、草地等绿色基质；水脉指的是河流、池塘、水库、湿地、池塘等水体；文脉指的是农村的习俗、古民居、古建筑、历史遗迹等文化生态基质。"三脉"能否融会贯通直接关系到生态网络是否健康，是否能合理开发，同时也反映出农村生态的内涵。

8.5.2 大数据方法在村镇规划中的应用

随着计算机与互联网技术的不断发展，数据革命开始登上历史舞台。大数据正在激起我们生活、工作和思考方式的全面革新。而大数据的核心重点在于预测，这与规划工作的性质和内容有着天然的联系。在城乡规划领域，研究者开始探索大数据的应用并取得进展。在村镇规划领域，乡村的多样性和城乡规划工作的复杂性增加了获得数据的广度和难度，而实际上村镇规划在基础数据调研和多用户需求等多方面都具有大数据特征。

1. 村镇规划的大数据特征

由于利益集团的多样性和所涉及数据的复杂性，城乡规划具有数据量大、数据异构的特点。同时，由于村镇规划的工作内容、特点与目的要求，使其具有大数据的价值特征。具体而言，村镇规划具有的大数据特征主要表现在以下三个方面：

（1）村镇规划涉及的数据属性特征多样

村镇作为村镇规划的对象，因其自身属性造成了村镇规划工作的数据需求与获取具有大数据特征。

行政区划属性方面，乡村作为我国行政区划等级最小的行政单元，使其不同范畴的基础资料同时分布于不同的行政级别，资料来源的行政级别多样。如村小组具体人员情况在村组级别，乡村经济数据在乡镇级别，而关于乡村区域发展定位及大型基础设施资料需要到县市级别才能获取。因此，乡村的行政区划属性造就了村镇规划数据来源广泛性的特征。

自然地理属性方面，乡村的自然地理区位和农业产业特征使其对自然生态环境的依赖远大于城市。因此，村镇规划对于自然资源与生态环境数据的需求远大于城市规划，自然资源条件的踏勘数据、地理信息数据等的深入调研增加了数据内容的复杂性。

社会人文属性方面，乡村自给自足的生产方式以及空间、交通阻隔等原因，相较于城市的开放性，乡村更多地表现为封闭性。这种封闭创造了一个独特的社会文化特征，深厚内涵的积累和历史文化遗产所具有的独特文化信息，是村镇规划需重点挖掘的价值。如乡村的民间传说、历史故事等信息数据需要深入访谈调查获取，而显示乡村独特风貌的传统建筑，则需要现场测绘记录。因此，不仅增加了村镇规划数据内容的多样性，也增加了数据获取途径与形式的多样性。

（2）村镇规划的工作需求复杂与村民关系密切

由于村镇规划的工作所涉及的利益群体十分广泛，与国家政策、各级政府部门以及村民紧密相关。因此，为了更准确、科学地定位各种需求，需要大量的基础数据。具体包括以下三方面：

① 村镇规划与国家政策和基础设施建设紧密相关

村镇规划的规划区范围内多涉及国家基本农田，甚至自然保护区等敏感区域，规划工作需要与相关法规、规范和标准对接。此外，农业、农村政策也是村镇规划需要考虑的重要问题与背景。区域重大基础设施，尤其对乡村发展方向、产业特征与空间形态会产生重要影响。此类数据对于村镇规划发展定位会产生重要影响。同时，以上内容所涉及数据在广度和深度上，增加了村镇规划的数据规模与类型多样。

② 村镇规划涉及纵向行政层级和横向政府部门

村镇规划的工作几乎涉及从下到上的村庄、乡镇到县市的各个行政层级，同时又与各行政层级的政府横向部门息息相关，如国土、农业、建设、水利、环保、林业、社会保障等。由于规划工作的协调特性，也增加了村镇规划数据来源的广度。

③ 村镇规划涉及村民切身利益与村民的关系密切

村镇规划最直接的受众与服务群体就是村民，而目前的村镇规划工作实践中存在一个突出问题：村民的意愿与空间需求没有得到重视与落实。究其原因，即是对于村民意愿数据搜集的缺乏，而村民意愿数据应包括贯穿于规划全过程的意见与反馈数据，这些动态数据也体现了大数据的特征。

（3）村镇规划的数据来源多样、内容形式与获取方式各异

村镇规划涉及的数据以来源为标准可划分为从各级政府部门获得的数据和民间采集的数据。以数据内容为标准可划分为政策文件、规范标准数据、上位规划与相关规划数据、政府部门发展思路数据与村民意见数据等。按照数据形式又可分为格式不同的电子数据，纸质的文件、地形图、现场踏勘测绘图纸和相关调查访谈问卷等。在村镇规划中，以数据的搜集方式可划分为相关部门直接提供的数据和规划人员通过座谈、发放问卷、入户访谈等方式获得的数据，以及通过现场调研踏勘、测绘获取的数据。

2. 村镇规划数据价值挖掘

（1）统筹规划系统数据

按照村镇规划的工作内容和乡村的支撑运行系统，对村镇规划基础数据进行统筹考虑并分类整理，包括乡村的自然生态系统数据、土地利用系统数据、人口分布系统数据、产业发展系统数据、村镇历史系统数据、公共设施系统数据、市政设施系统数据等。

（2）强化地方特征数据

由于地方特色和自身特点的独特性，注重搜集和关注明显体现乡村特征的数据。如生态环境较好的村庄的自然地理和生态环境数据，人文气息浓厚的乡村的历史文化特色数据，交通优势明显的村庄的道路交通区位数据。

（3）重点关注方向数据

基于整体规划的系统数据，加强局部特征数据，重点关注对农村发展有直接影响

的数据，包括自上而下的数据整合，和自下而上的意见反馈数据。

3. 村镇规划数据价值挖掘的方法

（1）目标决策导向的数据定位

乡村发展主要影响因子提取。将乡村的发展目标放在区域范围内进行统筹考虑，在村镇规划基础资料的海量数据搜集的基础上，进行乡村现状主要特征总结以及区域间、区域内的对比分析。从而以村镇规划目标决策为导向确定乡村发展的主要影响因子，进行数据分类，定位数据的查找方向。

（2）数据价值导向的数据挖掘

主要影响因子评价条件细分，在定位村镇规划发展主要影响因子之后，对每一类因子进行评价条件细分。以数据价值为导向，明确数据查找内容，挖掘价值数据。

（3）高效利用导向的数据利用

根据评价条件划分数据检索方向，挖掘村镇规划的数据值并提取采集数据，使规划策略中的数据可重复利用。

8.5.3 地理信息系统（GIS）在村镇规划中的应用

随着经济、社会和人口的发展，城乡一体化逐步加快。城市规划管理工作量大幅增加，传统的村镇规划和管理面临着严峻的挑战。传统的工作方式和手段已不适应现代化村镇的建设和管理，需要运用更加全面、科学、合理的方法和手段进行规划和管理。地理信息系统（GIS）的出现和发展为应对村镇规划的这种需求提供了条件。

首先 GIS 能科学管理和综合分析具有空间特征的村镇规划的海量数据，保证数据的现势性和准确性，科学、准确地反映村镇的现状与发展，是提出合理决策、辅助村镇规划和管理的先进技术工具。其次，新农村建设涉及地理、资源、环境、社会经济、人口等各个方面。随着新农村建设的开展，数据的类型和层次呈多样化发展，反映村镇现状、规划、变迁的各类数据以海量的方式呈现，并处于不断更新变化中。GIS 采用先进的计算机技术来存储大数据，可以利用遥感及时更新数据，准确反映现实世界中人们的生存现状和变化。最后，规模的大小、建设的利益分配都必须合理，而不是凭照主观意愿决策的。村镇规划的任务主要是对村镇的经济、社会和环境条件进行分析、论证、决策，同时要具体地定质、定量、定形、定位确定村镇空间和各项设施的实体形态。GIS 能对村镇相关的各类空间数据和属性数据进行客观地、科学地管理和综合分析，结合先进的科技手段，如计算机网络技术、数据库管理技术、多媒体技术等，共享相关部门的数据，对不同类型、各个阶段的空间信息做出直观、生动的描述，并能运用各种数学方法进行统计分析，建立村镇规划相应的数学模型。从区域角度来合理分布人口和村镇体系，辅助村镇规划和管理，促进村镇可持续发展。

该系统有助于人们进行合理决策、辅助村镇规划和管理，提高村镇规划和管理的质量和效率。

1. 规划成果制图方面的应用

GIS 是一个集空间数据和属性数据采集、存储、管理、分析和输出于一体的计算机系统，可用于村镇规划的制图。基于 GIS 村镇规划制图的核心是利用 GIS 的数据管理与分析功能，综合处理村镇规划制图的各类信息（空间数据、属性数据、制图数据），实现村镇规划制图的自动化。若将 GIS 环境下的村镇规划分析模型与专题制图结合起来，可实现村镇规划制图的智能化。

利用 GIS 辅助制图，GIS 数据文件应设置统一的单位（如 m、cm、km），布局排版时，根据地图的大小或自定义输出比例，实时显示比例，完成比例的自动调整。

GIS 还提供了特殊格式的名称、格式（插图、颜色、图案、类型）的设置、保存和读取功能。相应的预编辑内容可以自动套用在新地图上，减少重复工作，保持图纸格式一致，便于检查对比。

GIS 软件的自动标注功能，可利用属性表进行自动标注，如标注道路名称、社区名称。GIS 的自动标注功能可根据图面状况、用户需求自动调整大小和位置。通过自动标注功能，可以根据需要将规划控制内容或相关属性信息直接标注在规划图纸中，方便他人阅读和理解。

GIS 辅助制图的另一个优势是可以在地理信息系统分析的基础上向社会公开规划依据，提高决策透明度。同时，各类规划信息的分析将产生大量新的数据，GIS 可以融合现状数据和规划数据，并反映到规划图纸上，提高人们对规划的认识。展示 GIS 制成的规划图，有助于检查规划的合理性和科学性。

GIS 绘图可以以矢量形式打印输出，也可以转换图像格式，如 BMP，TIFF，GIF，EPS 格式，也可以转换为专业打印或其他软件格式。而且各种文件格式可以满足各种要求，尤其是 EPS 的专业打印格式，既具有矢量化的光栅图像特征，又方便第三方软件处理并发布大量图纸。

2. 在村镇规划数据存储、分析与管理方面的应用

（1）GIS 提供规划直观和理性的工具

GIS 对空间数据和属性数据的分析能力，弥补了纯图片和纯文字的不足，使空间图形性能有了很大的提高，是一种直观、合理的村镇规划工具。

（2）GIS 对规划数据的存储管理与分析功能

GIS 可以管理大量的数据，支持多种形式的空间数据，数据更新方便快捷，具有各种空间信息查询和分析功能，对村庄规划空间的合理分析具有重要意义。

（3）GIS 在规划决策中的作用

GIS 对空间信息具有强大的分析功能，可以通过规划方案的模拟，帮助规划人员更好地选择、评价规划方案和进行规划决策。

（4）GIS 在动态村镇规划、规划管理方面的作用

GIS 数据更新快捷，具有很强的实时性，为村镇规划的动态调整提供了良好的技术支持。可以辅助村镇规划进行监督和反馈，规划人员可以根据规划方案的实施情况作出快速调整，在良性循环的过程中促使城镇规划顺利进行。

8.6 村镇规划的生态化

8.6.1 国内外研究趋势

1. 国外研究趋势

19 世纪末，随着城市化进程的推进，城市发展面临环境恶化、卫生安全、交通拥堵等诸多问题，城市问题和矛盾急速加剧。为了提高城市的生活水平，英国学者埃比尼泽·霍华德（Ebenezer Howard）在 1898 年提出了一种新的城市发展模式——田园城市，从城市空间布局、空间控制和城市管理等方面建设"花园城市"框架，被认为是生态城镇形成的标志。

1915 年，格迪斯（Patrick Geddes）通过对城市与自然相互作用关系的研究，指出城市的发展规模应当建立在客观现实的物质基础之上，并试图将生态学方法引入城市的卫生环境治理方面。1916 年，美国学者帕克（R. E. Park）运用生态学的观点论述了城市生态学理论和观点，并对城市发展过程中人与自然、人与人之间的相互关系进行了阐述，后经伯吉斯（E. Burgess）等人的完善，形成了著名的芝加哥学派。同时，为解决城市中心的环境压力问题，伊利尔·沙里宁（Eliel Saarinen）从空间与功能布局研究出发，认为城市功能应当有秩序地进行集中和有机疏散，从而提出了有机疏散理论。刘易斯·芒福德（Lewis Mumford）则认为城市与其周边环境有着紧密的关系，并指出城市的发展受区域资源与其他发展条件的制约，从而警示人们应当善待自然。之后，道萨迪亚斯、卡森、德内拉·梅多斯等学者揭示了生态环境对人类的重要性及其目前遭受到的破坏情况。最终城市生态问题引起了全世界的广泛关注。

2. 国内研究趋势

与国外相比，我国生态城镇建设理论研究相对滞后。1978 年，我国正式将城市生态环境问题列入国家中长期发展规划，并成立了中国 MAB 研究委员会，许多学科从不同领域研究城市生态问题，并对生态城镇研究进行了有益的探讨。1984 年 12 月，第一次全国研讨会的召开标志着我国生态城镇建设工作的开始。中国生态学会城市生态专业委员会的成立为中国生态城市建设和国际交流创造了广阔前景。之后，国务院环境保护委员会对我国生态城镇建设的具体指标也提出了建设性要求。1999 年，在昆明召开的全国城市生态学术研讨会上，系统地提出了城市复合生态系统理论研究的框架。2000 年，国家对生态城镇的建设原则、目标、方法、布局模式及管理体制等提出了要求。之后，又从可持续发展的角度出发，提出了我国生态城镇建设经济发展、生态保护和社会进步的指标体系，促进了我国生态城镇建设的发展。

2008 年，首届中加城市生态化建设论坛在北京举行，提出了"绿色建筑、科技建筑、人文建筑"的生态城市建设模式。2011 年，围绕"低碳经济发展与城市经济转型"主题的第二届中国低碳经济论坛在北京召开，对低碳城市与经济转型、新能源与低碳发展等议题进行了探讨。2013 年，中共十八大正式提出了新城镇建设道路的总体规划，指出了加强生态文明建设"五位一体"的布局思想。这些都为我国生态城镇建设注入了新的活力。

理论研究方面，国内学者对生态城镇建设的内涵、方法等也进行了大量的深入研究。马世骏、王如松认为生态城镇是"社会-经济-自然"的复合生态系统，王如松进一步指出城市生态问题的实质在于低效的资源利用、自我调节机制及系统关系的不合理，并提出了可持续发展的生态整合方法。黄光宇等认为生态城镇是依据生态学原理，并应用生态技术等手段设计的人类理想住区，针对其规划方法进行了探讨。仇保兴、沈青基等学者则提出建设低碳生态城镇的发展目标，并对其内涵、特征及方法等进行了研究。江小军对生态城镇的系统结构、运行机制、产业发展和空间形态进行了研究。俞孔坚提出了"反规划"的城市可持续发展思路，并对城乡与区域规划的景观生态模式进行了深入研究。

8.6.2　生态城镇实践

1. 国外生态城镇实践

国外生态城镇建设的研究重点主要包括土地集约利用与功能混合布局，新能源的研发与应用，资源能源的循环、高效利用，公共交通规划及居住区和开放空间设计等方面。如巴西库里蒂巴生态城鼓励混合的土地开发利用模式，强调土地利用与公共交通的结合。丹麦哥本哈根生态城强调"三绿"政策（绿色能源、绿色建筑、绿色出行）和资源能源的重复利用。美国波特兰生态城市强调严格的土地管控措施，并倡导公共交通及绿色出行和资源能源的高效利用。德国汉堡-哈尔堡港生态城市建设的重点是环保材料开发利用，运用被动式设计技术和高效的墙体材料降低建筑能耗，通过风能、太阳能和其他清洁能源减少环境污染。韩国仁川生态城在建设中则大量应用了生物质能发电、氢燃料电池和绿色屋顶等生态绿色技术，通过建设绿色屋顶取代梯田式土地，降低了农业耕种土地的损失，并通过加强城市建筑高度控制、建设中心运输枢纽等措施，形成了密集的居住社区，减少了能源的使用并实现了土地的集约化利用。加拿大哈利法克斯生态城则通过恢复退化的土地、平衡发展（平衡开发强度与土地生态承载力）、优化能源效用、阻止城市蔓延、鼓励社区建设、治理生物圈、尊重历史和丰富文化景观（最大限度保留有意义的历史遗产和人工设施）、城市空间布局结构及建筑层高控制等措施实现了城市与自然的协调发展和城市自身的生态化发展。阿拉伯联合酋长国马斯达尔生态城则注重创新、科技、可持续发展和绿色出行。与此同时，国外生态城镇建设也更加关注具体细节和技术、科学技术支撑及广泛的公众参与。如日本、英国、冰岛、德国等对地热能源的研发与应用；英国、日本、挪威等国家对波浪能发电的研发与应用；库里蒂巴、哥本哈根、波特兰及马斯达尔等注重公民在生态城镇建设中发挥的积极作用等。

2. 国内生态城镇实践

生态城镇实践方面，我国生态城镇建设起步于 20 世纪 80 年代。1982 年，我国第一次提出了"重视城市问题，发展城市科学"的主张。之后，生态城镇建设工作陆续开展起来。1986 年，江西省宜春市迈出了我国生态城镇规划建设的第一步。随后，广州、宁波、常熟、厦门、扬州等不同级别和规模的城市先后提出了生态城镇建设目标。1997 年，《国家环境保护模范城市》的实施为我国全面推行生态城镇建设打下良好的基础。之后，《生态县、生态市、生态省建设指标（试行）》《全国生态县、生态市创建工作考核方案（试行）》和《国家生态县、生态市考核验收程序》等一批政策、导则的实施为我国生态城镇建设的评价、考核及验收等工作提供了具体的考核标准和指引，促进了生态城镇建设的发展。

2007 年，建设部确定了青岛、南京等 11 个城市作为国家生态园林城市试点。同年，我国和新加坡两国共同签署了中新天津建设生态城的框架协议，迈开了我国生态城镇建设国际合作的第一步。2010 年，住房和城乡建设部同深圳市签署低碳生态示范市合作框架协议。同年，国家发改委确定在广东、辽宁、湖北、陕西、云南五省和天津、重庆、深圳、厦门、杭州、南昌、贵阳、保定八个城市开展低碳试点工作。至此，初步形成了我国以行政区域为主体的、齐头并进的生态型城镇建设格局，生态城镇建设得到了全面、快速的发展。

8.6.3 生态文明村镇的规划原则

1. 保护生态和农村特色

在村镇规划建设中，村庄的自然资源应受到保护。村镇规划与城市规划的重要区别在于，村镇规划应该保留原有村落景观、自然资源、生物多样性以及人与自然、生物之间不可分离的共生关系。大规模"农民上公寓楼"的村庄重建模式，"规模化"的单一农作物种植计划，"工厂化"的盲目推行机械化、电气化都会破坏村庄、田野与周边自然生态环境的多元化和有机的共生关系。

2. 坚持功能和空间的有机混合

乡村生活与生产在土地和空间使用上的混合是一种有效率的存在。比如猪、家禽必须散养在农房周边，这才能构成生活生产循环过程中不可缺少的分解者环节。如按照城市模式的集中饲养，这在经济上是不合算的，也会造成浪费。所以，应该尊重传统的饲养模式并加以"拾遗补缺"式的优化，而不能完全按照城市模式将它推倒重来。

3. 保持乡村生态循环

乡村居民的生理健康在很大程度上依赖于周边良好的环境，维持干净的水、土壤、空气等良好的生态系统，应成为村镇规划的主要目的。这也将成为脱贫致富之后农民的第一需求，更是吸引城里人下乡旅游、定居的主要因素之一。村庄周边的区域对农民的资源供应能力、与农业农村的生态共生能力和废物吸收分解能力是限定的，所以村镇规划必须更加重视"生态的承载力"。因为良好的生态环境是农业之本、农民的生存之本，它与城市的情况不同。城市是通过技术和工程手段改造出的一种人工生态复合环境，农村、农业则要通过保留、保护的办法来维护与人类共生的生态环境。

223

4. 传承乡土文化

农民的心理健康来自于对社区的认同感、友好感和安全感。村庄的规划、建设、整治应该保留和传承他们熟悉的传统文化场景。村庄的规划和建设要尽可能地向历史学习，尊重与保护村庄的文化遗产、地域文化特征以及与自然特征混合布局相吻合的文化脉络。这不应该仅仅成为城市规划师参与村庄整治建设的守则，也不只是村庄整治的重要内容，更应该是把农村建设成为具有吸引力的"农家乐"基地的一个主要方法。如果不按照这种方法去整治村庄，而是把这些老房子、街区都推倒重建，破坏这些传统文化建筑和分布格局，那就失去了村镇的本义。

5. 坚持适用技术推广

乡村生态的循环链、乡村生活与生产混合等特点必须加以完整细致的保护。在农村，应尽可能应用小规模、微动力、与原有生态循环链相符合的、具有"适用性"的环境保护技术和能源供应方式，不能盲目照搬城市大型污水垃圾处理设施或盲目追求所谓的"高新技术"。在农村能源系统建设方面，首先应推广太阳能或其他可再生能源，其次是地热能源的利用，再次是生物质能源、压缩秸秆等。最后是利用沼气、小型风能、小水电等再生能源。

6. 尊重自然

村庄的"建成区"往往叠加在比它大几十倍的农田之中，规划中应明确管制重点。注意农业和生产用地的保护，特别是基本农田、湿地、水源地、生态用地的保护。其中，某些与村庄日常运行和安全有关的地域，应该成为村镇规划管制的重点。

7. 分类指导

我国不同区域的镇、乡、村庄，由于它们的自然条件、经济社会发展水平和城镇化进度有很大不同，应当从各自实际情况出发，确定不同的镇、乡、村庄规划编制方法和重点。城市规划区内的镇、乡、村庄规划应服从城市总体规划，不再单独编制村庄规划。风景名胜区内的镇、乡、村庄规划，由乡、镇人民政府组织编制后经县级以上人民政府审批。达到设市标准的建制镇，规划适用《城市规划编制办法（试行）》，非城市规划建成区内的一般建制镇和乡集镇，可依据现行《村镇规划编制办法（试行）》基础上编制规划成果。

8. 强化县城建设，促进县域经济发展

县城所在地规划必须注重为县域经济发展服务。县人民政府所在镇（街）对全县经济、社会以及各项事业的建设发展起到了统领作用，其性质职能、机构设置和发展前景都与其他镇（乡）不同，称之为县域经济发展的火车头。党的十七届三中全会明确提出了增强县域经济活力和实力的要求，贯彻这一指示精神，进一步做好县城乡镇总体规划，统筹城乡协调发展，引导构建合理的产业和县域城镇空间，指导重要基础设施配置的调控职能，是各级政府面临的重要任务。

9. 强化小城镇规划，带动周边农村发展

小城镇对于有效吸纳农村富余劳动力就近就业，为农业产前、产中、产后提供规范化服务，对提高农村地区现代化水平具有重要作用。镇规划必须以构建资源节约型、环境友好型的和谐社会、服务"三农"、推进社会主义新农村建设为基本目标，坚持城乡统筹原则。必须根据不同地区、不同类型镇的发展特点与作用，确定镇的职能定位和发展目标，确定合理的建设标准。必须统筹安排镇行政区内的土地利用、空间布局以及各项建设，保护生态环境和历史文化遗产。

8.6.4　方法与对策

1. 明确"三先行"的工作方法

村镇总体规划的编制先行。首先要依据各地城镇化和工业化的水平、居住环境、风俗习惯、收入水平、自然资源、经济社会功能方面的基础条件，区分城市近郊区、工业主导型、自然生态型、传统农业型和历史古村型等不同的村庄性质类型，依照"保护、利用、改造、发展"相协调的原则进行规划编制。

历史文化名镇名村的评选先行。就是每一个县、市、省都要建立名镇名村的评选机制。县一级的名镇名村是基础，要把历史名村评选出来。然后是市一级、省一级，再到国家级。2012 年住房和城乡建设部已与国家发改委、国家文物局联合，对国家级的历史文化名城名镇名村给予资金扶持。

重点整治项目先行。村镇整治的重点和时序一定要从农民生产生活的需要出发，逐村进行村民自行投票来确定。让村民主动提出目前他们所生活的村庄中影响人居环境最突出的问题，切忌"从上而下"指令性"一刀切"来确定整治建设项目。特别要防止把城里人的观念、城里人熟悉的办法带到农村去。要强调先公后私、以公带私，即要将投资集中在公共品的提供方面，重点解决一家一户无法提供的公共品。

2. 坚守村镇改造的"四底线"

村镇整治改造应坚守以下底线与原则：

不破林，不破坏自然环境。自然环境是村镇生存与发展的生态本底，关系到其未来可持续发展。因此，在村镇规划中应坚决把自然环境保护起来，不得肆意为了短期的开发建设而牺牲自然环境。不劈山，不砍树，不破坏自然环境。

不填池塘，不改造河道，不破坏自然水系。池塘、河道等自然水系是村镇特有的自然元素，体现村镇特色，也承担着一定的生态功能。村镇环境与风貌是否优美与这些水体元素关系密切。因此，在村镇整治改造中不可随意破坏自然水系，应恰当地利用这些独特优势。

不盲目改路，不肆意拓宽村道，不破坏村庄肌理。村庄道路是村镇整体的骨架，体现村庄原有的自然肌理。虽然"要想富，先修路"的观念深入人心，但村镇规划不应为了修建道路而盲目地改变村庄原有道路、破坏其自然肌理。

不拆历史文化建筑与优秀乡土建筑，不破坏村庄传统风貌。历史文化建筑和优秀

乡土建筑是村庄文化的集中体现，是村民乡愁的主要寄托，也是村庄传统风貌的重要元素，应在村镇整治改造中加以保护利用。

3. 要确保"五重点"的工作思路

村庄道路硬化。村庄的道路具有公共产品属性，是方便农民生活、提升居住质量、支撑农村经济社会发展最基本的硬件条件。近年来，我国不少村庄的人居环境治理都取得了积极的成效。在推进新农村建设过程中，要重视解决村内道路建设，加大公共财政投入，积极引导村集体组织和村民完善村内道路、桥梁设施建设，尽量采用当地材料、当地工艺硬化路面。

村镇生活垃圾污水治理。近年来，还有不少地区的村庄，垃圾和污水不处理，随意堆弃，肆意排放，严重影响村容村貌。在社会主义新农村建设中，各地要将公共卫生放在重要地位，加强农村生活环境治理。尽量采用小规模、微动力、与原有生态循环系统相符合的适用性环境保护技术。结合各地实际，积极推进生活垃圾的分类收集和就地回收利用，坚持减量化、无害化，推行"户分类、村收集、乡运输、县处理"的农村生活垃圾处理方式。不能盲目地把农村的垃圾运到城市集中处理。

加强农居安全。各地村庄不同程度地存在农房简陋破烂、结构安全隐患突出、抵御自然灾害能力低下等问题，需要地方政府充分重视，并抓紧予以解决。各地在村庄整治中，引导农房建设逐渐从单纯追求面积向完善功能转变，从单纯注重住房建设向改善居住环境转变，从简单模仿建筑和装修形式向更加注重安全和乡土特色转变，既要满足抗震、通风、采光、保暖、消防、安全等建筑结构要求，也要适应现代农村发展，妥善考虑储藏、晾晒、家庭团聚等方面的需要。要推进农村危房改造，采取多种方式优先解决农村困难群众住房安全问题。

改善人居生态环境。充分利用村庄原有的设施、原有的条件、原有的基础，按照公益性、急需性和可承受性的原则，改善农民最基本的生产生活条件，重点解决农村"喝干净水、用卫生厕、走平坦路、住安全房"的问题。加大村庄整治力度，要按照"城乡统筹、以城带乡、政府引导、农民主体、社会参与、科学规划、分步实施、分类指导、务求实效"的原则，充分依托县域小城镇经济社会的发展优势，推动村庄整治由点向片区、面和县域扩展。依据《村庄整治技术规范》，完善村庄公共基础设施配置，推进农村生活污染治理，全面改善农村人居生态环境。

优先发展重点镇。重点镇对于带动现代农业、为农村特色产业服务、改善农村人居环境具有突出作用。必须加大资金、政策支持力度，优先考虑重点镇供水、排水、供电、供气、道路、通信、广播电视等基础设施和学校、卫生院、文化站、幼儿园、福利院等公共服务设施的建设，积极引导社会资金参与重点小城镇建设，改善人居生态环境，增强集聚产业和吸纳人口的能力；结合农村经济社会发展和产业结构调整，推动现有规模较大的重点小城镇适度扩展行政权能，增强服务现代农业发展的能力，为周边农村提供服务；改善进城务工农民返乡就业创业条件，探索建设返乡创业园区，研究解决转移进城进镇农民的住房问题，鼓励农民带资进镇，引导农村劳动力和农村人口向非农产业和城镇有序转移。

思考题

1. 村镇规划有什么新趋势?
2. 国外城乡关系与我国城乡关系有何异同点?
3. 在新城乡关系和城乡统筹背景下,村镇规划应注意哪些方面?
4. 我国农村土地制度改革历程与特征。
5. 农村土地制度改革对村镇规划发展有什么影响?
6. 公众参与在村镇规划中的作用与重要性。
7. "互联网+"、大数据等信息科学技术对村镇规划方法与实践的影响。
8. 村镇规划的最新趋势与面临的挑战。

第9章
村镇总体规划案例

9.1 镇总体规划案例分析

9.1.1 河南省孟津县平乐镇总体规划 (2010—2020)

1. 规划背景

平乐镇位于孟津县东南部，是孟津县的重点镇，洛阳市的卫星城镇，其规划期限为 1996—2010 年。近几年来，平乐镇工业化、城镇化、生态化和交通现代化的发展面临新的机遇，同时上一轮规划即将到期，为响应县委、县政府"关于加快小城镇建设"的号召，组织编制了新一轮的平乐镇总体规划。

2. 现状概况

平乐镇商业较发达，行政办公、医疗卫生、文化教育、金融商贸等公共设施配套较齐全，尤其是教育体系较为完备。

从发展的优势来看，平乐镇拥有悠久的历史文化，工业以循环经济示范产业园区、机械制造、建材生产为主，以特色种植和养殖、牡丹画产业和正骨医术等为主的特色产业，且拥有极佳的区位交通和农业资源。然而，由于全镇位于邙山陵墓群东段保护范围内，在未来土地利用方面受到一定限制。

3. 性质定位

平乐镇东南部为经济中心、生态风景旅游区；优质粮食种植基地、奶牛养殖基地、牡丹画产业基地、正骨医术产业基地、机械加工、建材生产基地；平乐文化品牌的基地。

4. 发展思路

主要发展思路为：重点扶持建设洛常产业带及配套设施；传承创新，打造平乐品

228

牌产业；发挥区位交通优势，发展物流业；极核增长，全力做强镇区。

5. 人口及城镇化水平预测

（1）镇域人口规模预测

自 2005 年起，由于社会经济发展迅速和生育高峰来临，平乐镇总人口呈上升趋势。近几年随着洛常产业带的带动，暂住人口增长较快，由此推论，2015 年人口为 5.6 万人，2020 年将达到 6 万人。

（2）城镇化水平预测

参比法：根据上层次孟津县县域村镇体系规划的要求，规划 2015 年平乐镇城镇化水平为 46.8%（年增 1.4 个百分点），规划 2020 年平乐镇城镇化水平为 52%（年增 1 个百分点）。

增长法：根据平乐镇经济社会发展趋势和人口城镇化的加速状况。2010—2015 年，城镇化每年以 1.3 个百分点递增。2016—2020 年三产大幅增长，每年以 1.3 个百分点递增。2015 年城镇化水平 44.6%，2025 年城镇化水平达到 50%。

（3）镇区人口规模预测

增长法：根据镇区人口增长趋势，工人和三产就业人员将大幅增长，近期以每年 1000 人递增，则 2015 年镇区人口为 24883 人。远期以每年 800 人增长，2020 年镇区人口规模达到 28883 人。

镇村人口布点法：全镇人口 6 万人，其中农村人口 3 万人，镇区集中 3 万人。

城镇化水平指标法：全镇 6 万人，城镇化水平达到 50%，镇区人口达到 3 万人。

综上所述，预测近期（2015 年）人口 2.5 万人；远期（2020 年）人口 3 万人。

（4）用地规模预测

预测近期（2015 年）用地面积为 2.94km^2 左右，人均 117m^2；远期（2020 年）用地面积约为 3.16km^2，人均 105m^2。

6. 镇域规划

（1）村镇等级规模结构规划

根据突出镇区、极核发展的村镇发展战略，平乐镇全镇域形成 1 个镇区、3 个中心村和 12 个基层村的三级结构。镇区规模约 3 万人左右，中心村规模在 2000 人左右。12 个农村居民点人口规模在 800～1500 人之间，共容纳人口 6 万人，农村居住人口约 3 万人。

（2）村镇职能结构规划

镇区：镇域政治、经济、文化、教育中心。其功能辐射全镇，是一个产业发达、经济繁荣、环境优美的现代化中心城镇（图 9-1，扫本章二维码均可查看相应图片）。

中心村：指马村、朱仓村和张盘村三个中心村（规划用地 87.6 公顷左右），公共设施和行政服务比较完善的新村，是辐射一定地域的产业集中区。

马村中心村是洛常产业带平乐段南部的服务中心，工业和三产均较集中，其建设重点是搬迁散户、完善工业区，加强卫生院所、自来水等公益事业和产业化服务配套设施的建设，辐射刘坡、太仓、后营、吕庙四个基层村。

朱仓中心村是平乐镇中部的服务中心，以第一产业为主，其建设重点是完善路网、加强市场、商店、市政工程和绿化建设，加强农业产业化基地的配套服务设施建设，辐射妯娌、天皇、张凹、丁沟、上屯五个基层村。

张盘中心村是平乐镇北部服务中心，农业产业化基地中心。重点是产业化基地的建设，特别是新庄工业小区的建设，辐射新庄、上古两个基层村。

12个基层村：主要从事农业生产、养殖。全镇基层村的职能为：农村服务型居民点。

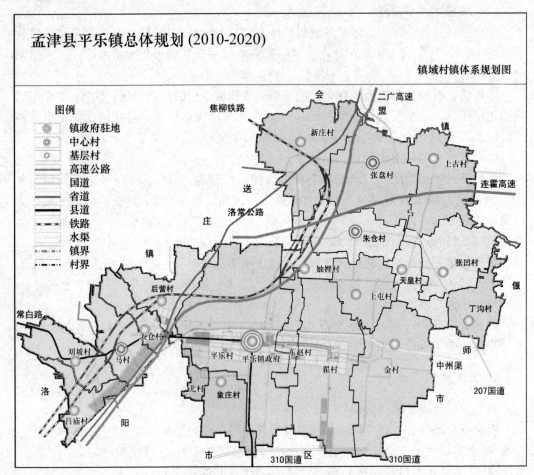

图9-1　平乐镇镇域村镇体系规划图

7. 镇区规划

（1）空间结构规划

以常白路镇区段为轴、洛常路为带，平乐镇区规划结构形成"四心一带两轴五片区"的空间结构：即镇政府及三个居委会为核心，中州渠为景观带，常白路、洛常路为发展轴线，以及西部居住片区、西部洛常工业区、平乐牡丹画产业园区、中东部居住片区、东南部工业片区这五个片区（图9-2）。

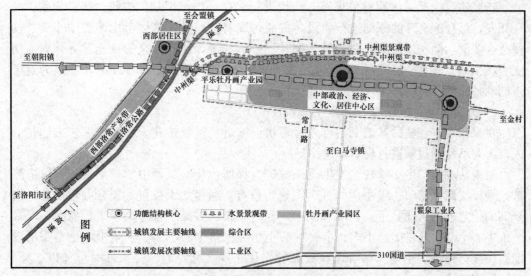

图 9-2　镇区空间结构规划图

（2）用地布局规划

镇内两条过境道路形成了镇区空间的基本架构，规划常白路两侧为商业设施和主要公共设施用地。规划用地范围西起洛常路西侧 300m，东至翟泉居住区，北自中州渠北 300m，南止翟泉工业区，共 5.69km²，其中，建设用地约为 3.16km²（图 9-3）。

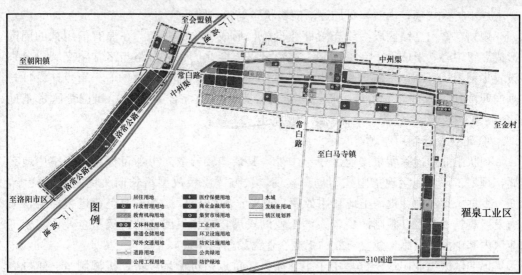

图 9-3　镇区土地利用规划图

① 居住用地规划

居住用地规划与镇区旧城改建、用地结构调整和人口疏散相结合，改变混杂的局面；对纳入规划建设范围内的村庄进行改造，避免形成城中村；增加配套设施和绿地面积，控制住宅容积率和建筑密度，满足日照、通风、绿化、停车、消防等要求，从根本上改善镇区的居住环境质量。

新区建设应严格按照有关规范、法规进行居住区详细规划，按照"统一规划，统一开发，综合配套"的原则进行建设，按照国家有关标准从整体考虑配置中小学、幼托及必要的活动场地，提高公共设施配套设施的标准，建立健全的社会服务体系，切实为城镇居民建造"标准高、环境好、配套全"的富有活力的居住社区，杜绝为追求短期利益而牺牲城镇环境效益的短期行为。

② 公共服务设施规划

在保留现有设施的基础上，首先对现状设施进行优化扩建。根据镇区未来增长的人口再对不足的设施进行规划新建补充。

对现状政府、中小学校、卫生设施等进行保留优化。完善中学教学设施，以适当扩大规模提高平乐镇初级中学的办学质量为重点。通过加大投资，提升办学质量，规划期内使之成为孟津县重点初中和高中，辐射本镇。对原来各村小学进行撤并，形成平乐中心小学、马村中心小学、金村中心小学和张盘中心小学。平乐中心小学需增设配套设施，并拓展用地。保留现状城区的文化站等文化设施，有条件时可加以扩建，改善周围环境。

对现状缺乏的设施进行规划新增，主要通过对人口规模及镇区性质定位的确定，根据国家规范及当地居民需求，确定新增设施的种类及数量。通过镇校合建的形式，建设镇体育场馆一座，开展全镇的体育竞赛活动。规划居住小区，设置适宜儿童、老人的各类小型文化娱乐健身设施。

③ 商业用地规划

商业用地规划采用集中和分散相结合的布局方式，通过在现有乡镇级商业中心基础上逐步扩大规模，由线型布局逐渐向块状布局模式转变。

规划在常白路镇区段沿线布置商业设施，形成平乐商业街。在原有信用社的周围形成商贸中心，形成平乐新街面貌。在翟泉村委会北侧、常白路与洛常路交叉口分别设置集贸市场一个，占地 0.98 公顷，成为镇区东部和西部的商贸中心。重点建设牡丹画产业基地（含创作、销售、学习、交流等为一体的综合型基地）和正骨医术基地（含教育、科研、医疗等为一体的综合型基地）。

④ 工业及仓储用地规划

现状工业用地除翟泉工业区较集中外，其余均较分散。规划目标希望调整用地布局，规划工业用地实现集中式布局。实现增长方式由粗放型增长向集约型增长转变，充分发掘土地潜力，提高土地利用效率；调整产业结构，提高工业企业进入门槛，大力发展高技术产业，限制污染较大的工业的发展，适当发展劳动密集型企业；完善工业区内基础配套设施，建立有效的工业企业污染监控体系。

远期镇区工业用地全部集中于工业园区。重点引进循环经济、机械制造、建材生产、加工产业相关企业和农产品加工企业。提高工业区厂房的质量和外观。沿主干路的厂房，必须注重外观的设计。所有污水排放必须达到国家污染物排放标准后，才能向管网排放。

仓储用地主要位于工业区周围，接近工业用地与货物流通中心。

⑤ 市政设施用地规划

根据镇区预测的人口规模及现状缺少的基础设施状况，规划增设市政用地，主要包括：污水处理厂1座，位于镇区南部、翟泉工业区北部；消防站1座，位于镇区中部。

⑥ 绿地及广场用地规划

绿地及广场用地规划应利用周围山林和内部水系的自然景色、二广高速和洛常公路的防护绿化带和主干路沿线绿化景观带为轴线，构成两横两纵的景观轴线，并以轴线为骨架，结合临渠公园，广场绿地，街头游园，社区绿地，居住区、街道、工厂普遍绿化基础上，构建点线面相结合的绿化网络。

（3）基础设施规划

① 道路交通设施用地规划

根据镇区东西长，西北阻断的特点，规划形成了"井"字形的道路骨架和环形方格状路网，其中，"两横"指中州渠沿线道路和常白路。"两纵"分别为洛常公路和青年路。常白路与洛常路交叉口需设立红绿灯等交通管理措施。此外，新建绕镇公路加强了与周边地区快速交通的连接。新的路网格局保证了与周边乡镇的联系（图 9-4）。

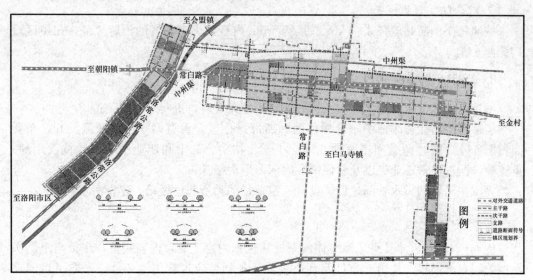

图 9-4 道路系统规划图

规划道路网分为四个等级，确定主干路红线宽度为 26～30m，次干路红线宽度为 16～24m，支路红线宽度为 12m。

② 给水工程规划

由于镇区为缓坡地形，宜采取区域集中供水方案。同时，鼓励工业用水大户就近从中州渠取水，降低供水负荷，各个行政村分散供水。对于村办水厂，保证供水质量。保留原镇区 PPR100 供水管，增设 1 条 DN400 供水干管，形成区域"环状＋之状"供水管网。给水管一般布置在道路东侧或南侧。镇区供水干管一般在 DN300～DN400 之间。

③ 排水工程规划

老镇区近期采用雨污合流制排水体制，远期采用分流制排水体制。新镇区采用分流制排水体制，将镇区生活污水和生产废水收集到镇区污水处理厂处理，污水采用一级处理和就近综合利用，有效保护中州渠水体。镇区污水处理厂位于镇区南部，该处位于镇区下游，地势较低。雨水管网布置原则为高水高排、低水低排，就近排入中州渠水体。

④ 电力工程规划

随着镇区范围的扩大，用电负荷增加，现有的 10kV 电力线路容量较低，远期主变容量达 $2×50MW$，增设 35kV 焦化厂变电站，向镇区和周边村镇供电。借助连霍高速，建设高压电力走廊，架设 35kV 电力线，满足本镇电力线的架设需要。

⑤ 电信工程规划

随着镇区向东拓展，在镇区东部和西部增设邮政营业网点。新邮政网点可采用租赁形式，也可在适宜位置购置沿街门面房。镇区和镇域一般用户以电信电缆传输为主，镇区电信电缆和电信光缆主要采用地下管道敷设，镇域电信线路可采用架空敷设。

⑥ 环卫工程规划

继续完善城镇垃圾收集系统：垃圾桶/垃圾箱—人工运输—垃圾中转站—封闭式垃圾车—填埋场。城镇垃圾由封闭式垃圾车继续转运到垃圾处理场进行垃圾焚烧发电和卫生填埋。远期则应实现垃圾分类投放，从源头上实现垃圾资源化、减量化，发展循环经济。

⑦ 综合防灾规划

按照每座消防站服务 $4\sim7km^2$、接警 5min 内赶到火灾现场的消防规范，在镇区设 1 座消防站。

8. 近期建设规划

城镇近期建设重点为实施东西扩展战略，填差补齐，进行老镇区改造。

居住区主要完善改造中东部居住区和西部居住区。重点沿常白路两侧展开，布置商贸服务业。同时调整和拓宽幼儿园、小学、初中、高中和职业中学以及技校用地。重点建设西部洛常工业带以及敦促镇区内部分厂房搬迁。

完成主干管和供水管网建设。设置一定数量的厕所和垃圾箱，建设污水处理厂。

9. 规划评析

优点：《河南孟津县平乐镇总体规划》从规划内容上看，内容完整，注重与上层次及相关规划的衔接。从用地条件及环境来看，规划顺应现状用地条件，采取了组团式的布局形式，镇区空间分为两大组团。路网采用了方格式路网，较为规整，用地布局中心突出，工业区位于下风向，对居住片区影响较小。

缺点：方案虽然在现状分析阶段突出了平乐镇所具备的丰富历史文化资源，但是在规划内容上对于历史文化资源及文化的保护及利用缺少专门的分析。性质定位方面虽然提出打造文化名镇，但是在产业发展及城镇发展方面却没有提出具体的发展策略，使得文化名镇只是流于口号。规划方案中两大组团相互之间联系较少，仅靠常白路一条道路与镇区联系，未来容易造成钟摆式交通。服务设施布局中，商业用地过于狭长，主要位于常白路两侧，容易造成镇区最为核心的主干道交通压力过大、对主干道干扰较为严重等问题。镇区北部的水景景观带，在用地规划上并未体现出来，滨水景观未能形成。

9.1.2 福建省南安市水头镇总体规划（2010—2030）

1. 规划背景

水头镇作为全国千强镇、全国小城镇建设示范镇、国家经济综合开发示范镇、全国小城镇建设科技示范镇，为了顺应《福建省人民政府关于开展小城镇综合改革建设试点的实施意见》、落实泉州市总体规划关于泉州南翼新城的要求及南安关于"一市两城"的空间布局要求，为未来水头镇由镇向中等规模城市发展做准备。

本规划主要经过正式成立项目组→进驻现场开始调研并发放问卷→前期工作汇报会→初步方案汇报，三个方案进行比选→按照各方意见综合考虑→在方案一基础上结合方案二，进行综合方案编制→专家组评审→向政府各部门汇报→修改完善并公示→修改上报等一系列编制历程，最终完成。

2. 现状概况

水头镇隶属福建省泉州南安市，全镇面积 127km²，海域面积 6.66km²，海岸线长达 8km，全镇辖 29 个村（社居）委会，户籍人口 11 万人，外来常住人口约 6 万人。国道 324 线及福厦高速公路贯穿全境，南距厦门国际机场 68km，北距晋江机场 15km，交通便捷。

水头镇本次规划范围为全镇域 127km²，即全镇域覆盖，城乡一体化规划发展。现状建设中主要特点为：①空间组织水平低下，建设凌乱混杂；②产业布局分散，土地利用效率低；③居住用地散布、穷村富民；④环境保护及生态资源的利用还未受到重视；⑤城市交通组织效率低下。

3. 规划定位

水头镇是对台经济平台中的节点之一，也是泉州南翼新城的中心，具备有国际影响力的石材产业总部基地，是承担南安市经济中心功能的综合型扩权镇。

4. 发展思路

完善区域大职能，做实区域城市中心；
构筑城市大框架，调整综合交通体系；
拆分生产与生活，理顺项目投放时序；
控制村庄及企业，做优城市居住环境；
精选项目和时序，创新城镇建设机制。

5. 人口及城镇化水平预测

（1）水资源承载力法

水头镇境内可供城镇用水的水源只有石壁水库，石壁水库可为水头镇提供的水量为 3.5 万 m³/d，加上晋江引水工程的水量 16 万 m³/d，水头镇城镇用水量共 19.5 万 m³/d。根据《城市给水工程规划规范》（GB 50282—1998）中所规定的用水量标准，水头镇最高日用水量为 31.2 万 m³/d，平均日用水量为 24 万 m³/d。石壁水库和晋江引水工程为水头镇提供的水资源共 19.5 万 m³/d，水头镇平均日用水量为 24 万 m³/d，水资源缺口为 4.5 万 m³/d，缺口由城市再生水解决。

水头镇用水量中有 50%左右为非生活用水，非生活用水包括城市绿化、市政用水，生态建设和部分工业用水，这部分用水有用地集中、用水量大、部分行业有条件使用再生水的特点。因此在工业用地比较集中的地区采用分质供水，根据用水水质不同分别设置给水和再生水两套供水系统。新建污水处理厂再生水处理规模必须达到污水处理厂规模的 50% 以上。

结论：通过再生水回用等措施，水头镇的水资源量能满足水头镇远期 35～40 万人的发展需要。

（2）土地后备资源分析法

通过高度、坡度等地形指标，分析可建设用地范围；按照高压走廊、燃气管线的规范设计要求，控制有关廊道；按照生态环境建设的一般标准，控制滨水、沿交通设施用地两侧的绿化廊道。水头镇土地资源评价见图 9-5。

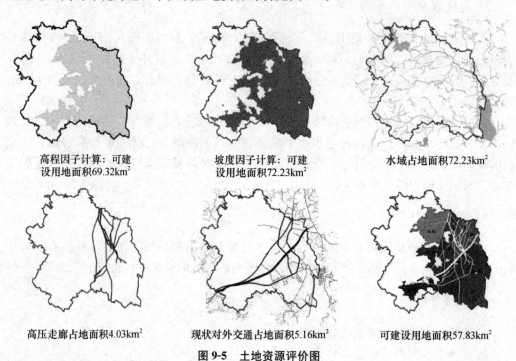

高程因子计算：可建 坡度因子计算：可建 水域占地面积72.23km²
设用地面积69.32km² 设用地面积72.23km²

高压走廊占地面积4.03km² 现状对外交通占地面积5.16km² 可建设用地面积57.83km²

图 9-5　土地资源评价图

通过建设用地资源分析，综合各项要素，2030 年水头镇可进行城市建设的用地面积为 45～50km²，远景可进行建设的用地面积为 58km² 左右。

6. 镇区规划

（1）空间结构规划

用地布局结构——"一轴两带三区多组团"，如图 9-6 所示。

① 一轴：主要服务功能轴

海联—老镇区—南侨—大盈，是水头镇未来公共服务功能的主要载体，远景可以向文斗—石壁方向延伸。

② 两带：生活服务带和产业带

生活服务带是功能轴向两翼拓展；产业带是新营—曾庄—龙风—海联。

③ 三区：西部生态功能区、中部南部产业功能区、东部北部生活居住区

西部生态功能区具备生态休闲和相关的服务功能，主要集中在曾岭附近，依托东西向快速路发展，东可与内坑高铁车站联系，西可吸引厦门部分城市居民前来参与体

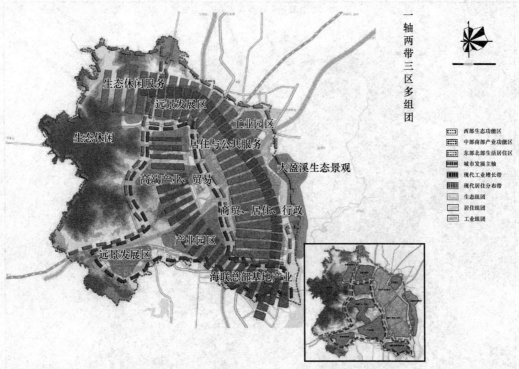

图 9-6 功能结构图

育休闲、郊野休闲等活动。

中部南部产业功能区主要包含科研孵化产业功能、高端产业和贸易功能、物流功能、海联总部基地功能。对外联系主要通过南石高速、324 新复线等区域性高等级道路，达到产业扩散与升级的目的。

东部北部生活居住区具备高端教育和职业教育功能、大盈附近具备居住和公共服务功能、大盈溪两岸具备生态和景观功能、镇中心区具备行政、文化、娱乐、商贸和一般居住功能。

④ 多组团：水头组团、海联组团、大盈南侨组团、永泉山组团、蟠龙组团

水头组团主要承担未来城市行政、文化等核心公共服务功能，满足生活居住需求；海联组团主要承担生产服务、科研等需求，发展高新技术企业；大盈南侨组团作为远期北部职能拓展区，主要发展公共服务和居住功能，并承担少量生产职能；永泉山组团是近期产业发展的主要区域之一；蟠龙组团是进行产业整合的主要范围，承担一般性生产及部分生产服务职能。

（2）用地布局规划

水头镇规划城镇建设用地 48km²，外围村庄居民点 3km²，远景备用地 4km²（图 9-7）。

① 居住用地规划

规划形成 11 个城市街，每个街区规模控制在 3～5 万人。改造、整理原有村庄，按整体布局要求安排居住用地。按照中等城市的配置规范要求，配置主要公共设施。配置中小学、医院、公共绿地、商业等公共服务设施。规划居住用地 1200.08 公顷，占城市建设用地总面积的 24.8%，人均建设用地 30.0m²。

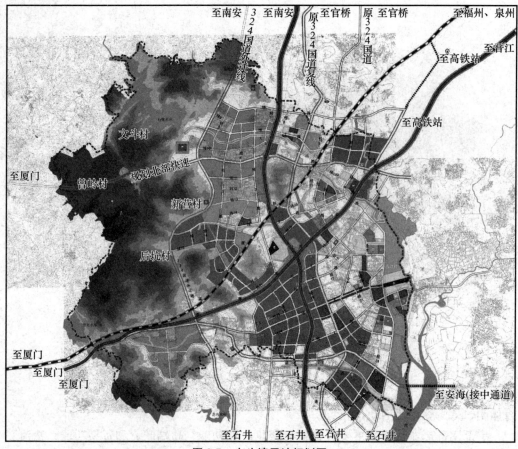

图 9-7 水头镇用地规划图

② 公共服务设施用地及商业用地规划

规划至 2030 年，中心城区公共设施用地达到 4.72km²，占规划城市建设总用地的 9.8%，人均公共设施用地 11.8m²。规划公共设施中心为主中心和次级中心两个级别，形成"一主三次"的结构。

规划城市主中心位于厦盛路与沿海公路交汇地段，包含行政、文化娱乐、商业金融等功能。内部形成水头镇行政中心，外侧打造成集商贸、金融与休闲、娱乐、购物为一体的市级公共服务中心。

次中心：规划次级中心位于大盈溪—安海湾公共服务发展轴的两端，结合城区东部海岸以及穿城河网改造，集中布置商业金融和文体娱乐用地。

（3）基础设施规划

① 道路交通设施用地规划

规划形成"组团内完善、组团间快速、对外高效"的网络结构。骨架性道路在规划期内形成"井"字加"四纵八横"的格局，水头老城组团依据地形形成放射状路网构架，其他组团基本为方格网道路构架（图 9-8）。

② 给水工程规划

到规划期末，镇区集中供水普及率为 100%。水头镇水厂在原址扩建，水厂规模为

20 万 m³/d，预留建设用地 8 公顷。镇区浇洒道路、绿化用水量和工业用水量的 50％由污水处理厂的再生水供给。

图 9-8 水头镇总体道路交通规划图

③ 排水工程规划

新建管网采用雨、污分流制，已建的合流制管网应逐步改为分流制。

水头镇 2030 年最高日用水量为 16.61 万 m³/d，平均日污水量为 12.78 万 m³/d（日变化系数为 1.3）。深度处理规模至少达到污水处理厂的 50％。

④ 电力工程规划

2030 年水头镇区最大负荷为 65 万 kW，年用电量 39 亿 kW·h。规划电压等级为 220kV、110kV、10kV、380/220V。2030 年共建成 220kV 变电站 3 座，110kV 变电站 9 座。220kV 电网采用双回路或多回路接线方式，110kV 电网采用环网接线，开环运行。110kV 及以上高压线路一般采用架空线，在经过城区有景观及特殊要求地段时应采用地下电缆。10kV 配电网宜采用"手拉手"环网布置，新建及对景观有特殊要求的繁华地区宜采用电缆线路。

⑤ 电信工程规划

2030 年水头城区固定电话普及率达到 60 部/百人，固定电话用户为 24 万户，交换机总容量 28.2 万门。移动电话普及率为 75％，移动电话用户为 30 万户。

新建邮政支局 2 处，邮件转运中心 1 处。按服务半径 0.8～1km 设置邮政网点。

⑥ 环卫工程规划

人均垃圾产生量标准取 1.1kg/人·d，2030 年城区日产生活垃圾 440t，年产生生活垃圾总量为 16 万 t。生活垃圾采用焚烧处理和综合利用为主的处理方式；建筑垃圾和石材垃圾采用填海造地和综合利用为主的处理方式；医疗垃圾由市里专业机构统一进行无害化处理。规划每 1～3km² 设置中型垃圾转运站 1 座，小型垃圾转运站 1 座。

⑦ 综合防灾规划

规划防潮标准为 50 年一遇。大盈溪、寿溪等河流的防洪标准为 50 年一遇，截洪沟、排洪渠的防洪设计标准按 20 年一遇确定。

预测战时留城人口为城市人口的 40％，疏散人口 60％。人防工程以人员掩蔽工程为主，按人均 1.5m² 的标准共需建设人防工程 24 万 m²。其中机关工作人员人均 1.3m²，其他留城人员人均 1.0m²。防空专业人员人均掩蔽工程面积为 3m²，并与防空专业队配套工程一起规划。

按照人均有效避难面积 1m² 的标准设置紧急避难场所，共需 50 万 m²；按照人均有效避难面积 2m² 的标准设置固定避难场所，共需 100 万 m²。结合规划的较大公园绿地、体育用地和学校操场、城区边缘地带的空地等进行设置。

7. 文化发展及文物保护规划

（1）文化发展

水头乡土文化按 7 大类整合发展：自然景观、乡土文化、台胞风情、海上之路、民居及建筑、现代产业和近代产业历史遗迹（图 9-9）。

乡土文化四大重点：陵寝文化、庙宇文化、宗祠文化和闽商文化。

（2）文物古迹保护规划

规划根据《中华人民共和国文物保护法》，划定国家级文物保护单位的保护范围，总面积约 37.85 公顷，其中郑成功墓的保护范围约 8.38 公顷，安平桥的保护范围约 29.47 公顷。

图例

■ 自然景观资源
■ 乡土文化资源
■ 台湾风情区
□ 现代产业观光资源
■ 海上之路
●●●● 一级旅游景点
●●●● 二级旅游景点
■ 规划自然景观景点
■ 规划乡土文化景点
■ 规划台湾风情景点
■ 规划现代产业景点
● 规划建筑景观景点
■ 近现代产业发展遗迹
■ 规划海上之路景点

图 9-9 文化及历史资源规划分析图

8. 近期建设规划

规划至 2015 年，镇区的常住人口规模 25 万人。城市建设用地控制在 28km² 以内，人均建设用地控制在 112m² 左右（图 9-10）。

图 9-10 近期建设规划图

9. 规划评析

优点：《福建南安市水头镇总体规划》从内容上看，特别注重对产业方面的分析，多角度切入，对城市发展存在的问题分析深刻且全面。对于城镇性质定位的研究，规划分别从宏观、中观、微观三个层次，并结合上层次规划要求进行确定，性质定位较为合理且具有一定的前瞻性。从道路交通来看，路网层次清晰、结构完整，且现行道路与地形较为吻合，同时也考虑了道路通达性，以"十"字正交为主，在交通规划中也较为重视公交体系的发展，对地方节能减排具有较为良好的引导作用。从用地布局来看，充分考虑了地形及现状设施的利用，地块方正，服务设施布局形成"一主三次"的格局，中心明确，结构清晰，且兼顾了各居住组团的服务需求。

缺点：东北侧工业用地位于居住用地上风向，未来对居住区有一定负面的环境影响。

9.1.3 广西柳州市雒容镇总体规划（2011—2030）

1. 规划背景

随着我国与东盟之间能源、机械等众多领域合作的不断深化，广西柳州汽车城建设的启动得到了自治区及柳州市政府的大力支持，为雒容镇的发展带来了良好的政策环境，原版总体规划已难以适应形势发展的诸多要求。雒容镇如何把握好机遇，提升自己的特色产业，如何完善自身的公共服务设施和投资环境，因此进行了新一轮的总规编制。

2. 现状概况

雒容镇位于柳州市主城区东部，柳江、洛清江中下游两岸柳江平原和洛满平原，南部紧邻桂柳高速，柳江自北紧贴城市向南流去，洛清江自东北穿越城市向西南流去。

2010 年，雒容镇镇域总人口现状是 10.62 万人，其中雒容镇镇区人口为 4.89 万人，城镇化水平为 46%，现状镇区面积为 4.8km² （图 9-11）。

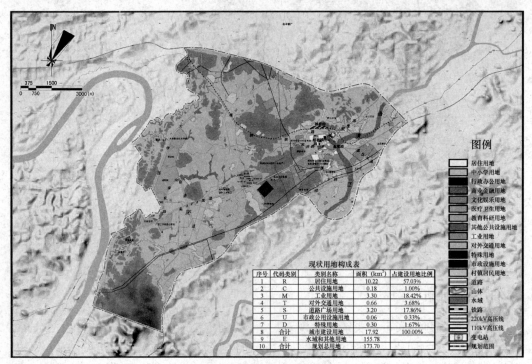

序号	代码类别	类别名称	面积（km²）	占建设用地比例
1	R	居住用地	10.22	57.03%
2	C	公共设施用地	0.18	1.00%
3	M	工业用地	3.30	18.42%
4	T	对外交通用地	0.66	3.68%
5	S	道路广场用地	3.20	17.86%
6	U	市政公用设施用地	0.06	0.33%
7	D	特殊用地	0.30	1.67%
8	合计	城市建设用地	17.92	100.00%
9	E	水域和其他用地	155.78	
10	合计	规划总用地	173.70	

现状用地构成表

图 9-11　土地利用现状图

现状发展中的主要优势：雒容镇境内交通便捷，商贸活跃，柳州市北环高速公路、柳东大道、桂海高速公路及湘桂铁路横穿全境，柳江航道、洛清江航道上通湘桂中原，交通优势得天独厚；从经济上看，雒容镇抓住了柳州城市东扩和产业转移的机遇，面向东南沿海发达地区，大力开展招商引资，稳步推进"两化"建设，镇域经济步入了健康发展的快车道。

现状中存在问题：区域水文地质条件复杂，地下水主要有岩溶水、孔隙裂隙水，影响未来建设。区域内经济发展不平衡，中心镇较少且带动作用较弱。

3. 规划定位

（1）上位规划与上版总体规划的城市定位——鹿寨县为南部的中心镇、市域重要的交通枢纽和工业重镇。

（2）与周边县市关系看定位——雒容镇地处柳州市主城区和鹿寨县城区之间，主要受柳州市的辐射。从区域角度看，雒容镇位于柳鹿工业走廊之间，其开发建设，将进一步强化"柳江—柳州市区—鹿寨"一级经济增长轴线，形成以柳州主城为主体、以雒容镇区为中心的工业连绵区。

（3）产业定位——汽车产业已经成为柳州市的龙头产业，由于受用地条件的限制，所以在产业提升方面将遇到这一主要瓶颈。但雒容镇拥有良好的用地、用水、交通等条件，因此应承接并发展柳州市汽车这一优势产业，通过聚集效应，做大做强汽车产业。

4. 城镇性质

通过对雒容镇社会经济发展条件及各种资源要素的全面分析，考虑到雒容镇的现实基础与未来发展潜力，结合上层次《柳州市城市总体规划（2010—2020）》的定位，本次规划确定雒容镇区的城市性质为：国内一流、世界先进、带动全区、辐射全国、具有国际影响力的宜居宜业山水生态城。以汽车产业为主，商贸物流业、工业会展、大学教育为辅，集制造、博览、贸易、旅游为一体的创新创汇国际汽车城。

5. 发展战略

（1）产业发展战略

建设高效农业生产基地，培育健全农产品市场体系；形成农工商有机产业链；切实转变工业增长方式，积极采取高新技术，重点发展主导产业；做大（规模）做全（品种），进军汽车市场；走特色经营道路，以汽车文化打造"汽车 MALL"；完善提升地区服务业，建设区域性商贸物流中心区；构筑完善的产业发展支撑体系，增强地区综合承载力。

（2）城市协作发展战略

在雒容镇区的产业体系设计中，在坚持柳州市已有较强产业基础的同时，一方面可以承接广东省特别是珠三角地区的产业转移，发展一部分劳动密集型产业或者是珠三角地区产业链的配套环节（如物流产业、电子信息类制造业等）。另一方面，在广西壮族自治区范围内实现与南宁、桂林等地区的差异化发展战略（主要体现在汽车及汽车零部件制造、机电一体化、生物制药等产业）和区域协同发展战略（主要体现在文化创意产业、会展业、特色旅游业等）。

（3）城市品牌化战略

雒容的城市品牌塑造应紧紧围绕"汽车产业文化"这一核心特质来做文章，通过充分挖掘雒容的山水景观特色与壮乡文化传统，从城市形象（包括城市空间、城市景观、城市建筑、城市标志、城市生活等）、城市产业、城市产品等各个方面打造城市品牌，提升城市形象，培育城市品质，由此产生城市发展的动力、活力和核心竞争力。

6. 人口及用地规模预测

（1）人口规模预测

根据雒容镇人口发展轨迹分析，采用趋势外推法，结合未来可能限制雒容镇区人口容量的四大因素——经济、空间、水资源、生态，进行经济容量、空间容量、水资源容量和生态容量的分析。

人口规模按中速增长取值，近期 2015 年城市人口规模约为 20 万人，规划期末 2030 年城市人口规模约为 90 万人。

（2）用地规模预测

由于雒容工业新城的规划用地指标不应过低，因此需要在满足《镇规划标准》人均用地 140m² 的基础上适当减少，约为 132.4m²/人，预测到 2015、2020 年，城市建设用地规模分别为 26.5km² 和 66.2km²。

7. 镇域规划

（1）村镇等级规模结构规划

规划雒容镇村镇体系按"核心村镇-中心村"两个等级分布。

第一级：核心村镇——雒容镇镇区是全镇的政治、经济、文化中心，具有全镇文化、教育、科技、卫生、体育、商业服务以及农业生产配套的服务设施，其中垌侨、盘古、高岩、连丰、南庆、秀水、半塘和东塘等村已包含在镇区范围内。

第二级：中心村——包括大正、龙岭、竹桐等村。城镇体系规划见图 9-12。

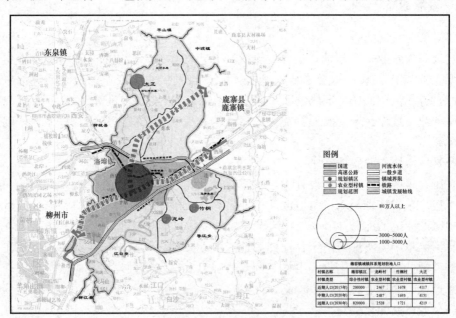

图 9-12　城镇体系规划图

（2）村镇职能结构规划

根据各村的发展条件、发展潜力以及在区域分工中所处的地位和作用，将镇域村镇职能划分为综合型、集贸型、农业型、工贸型四种类型。

综合型：中心城镇（含垌侨、盘古、高岩、连丰、南庆、秀水、半塘、东塘）是镇域的政治、经济、文化、科技中心。

农业型：大正、龙岭、竹桐作为雒容镇域范围内的经济副中心，凭借较好的交通或资源条件，利用水路、公路、铁路交通优势，形成以农业为主，包括农业种植、农产品加工等在内的一系列产业链条。

8. 镇区规划

（1）空间结构规划

规划考虑到汽车城总体形态轮廓以及被山体、铁路和高速公路分割的特点，雏容镇区南部以调整、整合为主，合理布局北部新区，形成"两心、三轴、两片"的空间结构。

（2）用地布局规划

用地布局强调近期建设，不同类型居住用地分别对待，确定具体规 划措施。建立完善合理的城市居住用地布局构架，为从整体上全面提升柳州市城市居住综合环境质量水平奠定良好的基础。本次规划城市建设用地总面积为 6353 公顷（图 9-13）。

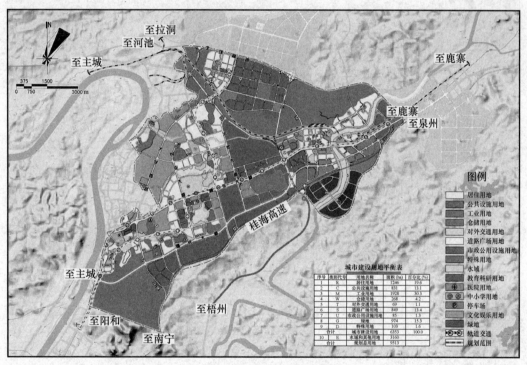

图 9-13 雏容镇土地利用规划图

① 居住用地规划

规划采取有重点的分片整治，不同类型居住用地需要区别对待，全面整合居住用地，依照适当规模划定居住区，逐步建立"居住片区—居住区—居住小区"的城市居住结构，重新确定城市居住用地整体布局构架。规划居住用地 2.82km²，规划居住人口 10 万人。

② 公共服务设施用地及商业用地规划

规划多级城市中心，分散城市功能，形成市级中心两处、市级次中心两处和若干城市片区级中心。结合分片区的城市结构，在各城市片区设置集中的、以商业服务、文娱设施为主的公共中心的片区级，满足各片区居民的基本生活需求，分散城市中心的压力。

（3）基础设施规划

① 道路交通设施用地规划

顺应交通发展的趋势，结合本次总体规划确定城市用地发展格局，合理引导城市
用地的开发建设，使城市道路交通呈良性发展。

规划形成以快速路、主干道为主的骨架，以次干道、支路为补充，层次分明、功
能明确、布局合理的城市道路网络系统，以满足雒容镇城市交通不断增
长的需求。雒容镇整体路网结构为"一环七射"的快速路与主干路路网
系统；由于湘桂铁路将雒容镇一分为二，根据现状地形和用地布局形
态，形成较为自由的路网结构。雒容镇交通规划见图9-14。

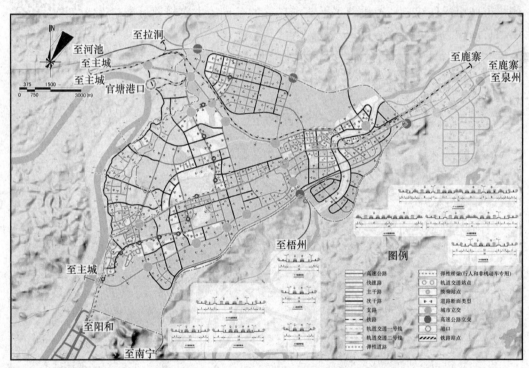

图 9-14 雒容镇道路交通规划图

② 给水工程规划

规划期内确定柳州市市政给水管网为汽车城供水的主水源。规划远景建议鹿寨县
城给水管网通过将雒容—官塘与柳州市给水系统相连，保证城市供水的需求。官塘新
区（汽车城）水源由柳州市市政给水管网和古偿河两处水源提供。

扩容官塘给水加压泵站，扩容后设计规模为 65 万 m^3/d。

③ 排水工程规划

规划区采用雨、污分流的排水制。充分利用地形和现有的水体排除雨水和符合排
放标准的废水，污水收集也要充分利用地形，实施污水全区收集，集中输送至污水处
理厂，处理后达标排放。雨水规划与防洪排涝相结合，分散出口，就近排放。参照规
划区总用水量并考虑用水过程中损失的部分水量，污水量按给水量的80%计算，日变
化系数 $K=1.2$，则输送到污水处理厂的污水量为 22 万 m^3/d。

④ 电力工程规划

规划建设4座220kV变电站，即官塘Ⅰ、Ⅱ、Ⅲ、Ⅴ号220kV变电站。所有规划变电站引出的10kV线路供电半径要求为1.5～2.5km。规划建设的220kV变电站，期末规划安装容量均为3×240MV·A，110kV变电站期末规划安装容量均为3×50MV·A。

⑤ 电信工程规划

雒容镇全规划区内需安装固定电话主线约33万门。本规划区内工业用地地块，邮政所按1.5km服务半径设置。居住及公建用地地块，邮政所按1.0km服务半径设置。

本规划区通信线路在居住和公建区内全部埋地敷设，在工业区范围内近期采用主干道埋地敷设，其他道路采用架空敷设，规划期末逐步采用埋地敷设。

⑥ 环卫工程规划

雒容镇近期按1kg/人·d垃圾标准计算，近期生活垃圾日产量达200t，远期按国家标准1.2kg/人·d计算，远期生活垃圾日产量达984t。

依据《柳州市柳东新区环境卫生专项规划》，规划近期雒容镇的生活垃圾全部运至立冲沟垃圾卫生填埋场，由市域统一处理。

9. 近期建设规划

至2015年，城市人口规模将达到20万左右，城市建设用地将达到36.5km²。

用地发展方向——坚持新区建设为主，旧区更新为辅，优先推进柳东大道两侧新区的开发，兼顾旧区雒容镇的发展，近期建设规划见图9-15。

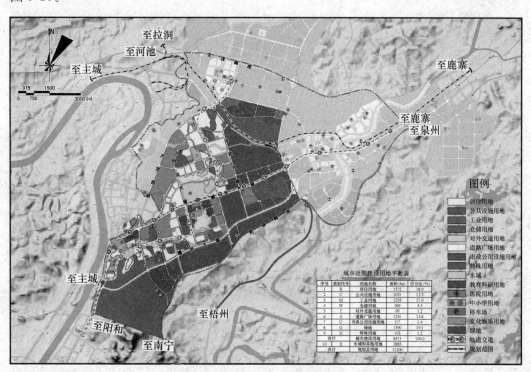

图9-15 雒容镇近期建设规划图

10. 规划评析

优点：《广西柳州市雒容镇总体规划》在规划性质定位、产业发展及用地布局上与上层次规划衔接较好，规划结构清晰，内容完整。规划方案组团明确，路网格局清晰，组团之间的交通性干道与生活性干道进行了分离，减少了相互之间的影响，也减轻了对单条主干道的压力，交叉口以"十"字正交为主，道路规划较为合理。用地布局方面，对地形考虑较多，以区域内山体及水系为依托，形成了"山环水绕"的景观格局。公共服务设施围绕山体及水系布局，充分利用了现有的景观资源，形成了丰富多变且互相联系的景观轴线。地块以方正为主，适合后期开发利用。对比工业区和居住区两大区域，工业区路网平整方正，而居住区则顺延地形，形成了有一定变化的路网，不同区域对路网及车速的要求得到了充分的体现。

缺点：对案例所在地区现状特点的分析较为笼统，缺少深入的挖掘。规划部分，功能分区规划部分内容较为粗糙，未能真正体现出各功能片区的特点。用地布局上，部分工业用地位于居住及商业服务中心上风向，对环境具有一定负面影响，且东南侧的污染型工业用地与居住片区之间交通联系较少，未来可能面临交通堵塞的问题。

9.1.4 广东省连州市西岸镇总体规划（2015—2030）

1. 规划背景

西岸镇作为连州市新确定的中心镇，为了顺应连州市城镇体系规划对自身的更高定位，符合《连州市主体功能区规划》的要求，抓住连州市全面深化与广州等地对接合作的机遇，需编制新一轮的总体规划，以主动适应经济发展新常态，坚持绿色振兴、转型升级不动摇。

2. 现状概况

西岸镇位于广东省连州市的西北部，地理位置位于东经 112°36′～112°39′，北纬24°48′～24°49′。东北方向与连州市的东陂镇相邻，东南方向与连州市的保安镇相隔，西南方向与连南县的小龙林场接壤，西北方向与湖南省江华县的码市镇交界，北面与连州市的丰阳镇相连。

西岸镇镇区发展主要沿连江及 S326 省道进行建设，目前基本形成"一河两岸"的空间发展格局。镇区则基本为 2～3 层建筑，以砖混结构为主，为现代建筑风貌特征。古村落保留粤北民居特色。

主要的优势条件包括：农业发展基础良好；区位交通条件良好；历史文化底蕴深厚。

现状发展中主要存在的问题：城镇化水平较低，城镇规模较小；环境优势未得到发挥；发展空间受限；特色产业规模不大——西岸镇的特色菜心生产规模较小，只在部分村落形成蔬菜生产基地，布局分散，连片基地少，特色优势产业还没有形成完整的集生产、加工、供销于一体的现代农业产业链，产业的支撑作用还不明显。

3. 城镇性质

立足西岸镇自身的历史文化资源和产业发展基础，确定西岸镇的城镇性质为：连州市域副中心，连州西部的公共服务中心；西岸镇经济、政治、文化、物流中心，集岭南滨水生态特色和传统进士文化于一体的生态旅游型城镇。

4. 发展战略

（1）建设高效农业生产基地，形成农工商有机产业链

应重点通过政府的政策引导支持，严格保护耕地和基本农田，针对市场选择质优良种，进一步增加技术含量。通过支持龙头企业，将西岸菜心做大做强，将"公司＋基地＋农户"的经营方式融入农业生产。大力发展特色农业、观光农业，积极探索以农业产业化促进三农问题解决和农村城镇化的路径。要紧紧抓住当前主要农产品供给比较充裕的有利时机，更大规模地实现农产品加工转化。立足全省的资源优势，大力发展农副产品的深加工、精加工，大幅度提高农产品的附加值，并将农业生产、农产品加工和产品销售有机结合在一起，形成完整的产业链。产业链中各经营主体形成一定程度的风险共担、利益共享的共同体。

（2）合理开发历史文化旅游资源，增强镇区经济带动力

合理利用西岸镇历史文化资源，以产业开发为支撑，打造特色乡村旅游，同时注重保持西岸镇浓郁的传统生活风情，以实现西岸镇历史文化保护与经济社会的协调发展。通过政府引导各类资金参与城镇旅游项目建设，逐步把资源优势转化为资产优势，把资产优势转化为旅游经济优势，积极发展旅游产业，以带动当地经济、社会的发展，带动第三产业发展，实现第三产业的总量扩张和比重提高。

（3）以三旧改造为契机，提高镇区建设水平

在快速推进城镇化进程中，为了贯彻"以人为本"精神，最大限度地改善居民居住和生活环境，西岸镇应以城镇建设为重点，对旧镇区采取综合整治的改造模式，通过梳理镇区内部交通，逐步分流中心镇区过密的商业和人群。着力完善公共服务设施与配套基础设施，依法拆除违章建筑，改善西岸镇居民居住环境，从而优化西岸镇镇区空间结构，加快城乡风貌改造步伐。

（4）结合新农村示范建设，统筹城乡发展

以城镇建设为重点，关注旧镇区商业设施、公共服务配套设施与居住空间的结合，优化西岸镇镇区空间结构，提升西岸镇城镇化水平。大力发展城镇经济，进一步优化农村产业、区域经济发展布局，把零散的现代农业生产基地、工业企业等适度整合、适当集中，使乡镇企业在空间上逐步向城镇转移，推动城镇化进程，促进城镇经济高效发展。同时以美丽乡村建设为重点，促进现代农业发展与新农村社区建设、乡村旅游、扶贫攻坚相结合，建设农民幸福生活的美好家园。

5. 人口及城镇化水平预测

（1）人口规模预测

综合考虑西岸镇近年来人口自然增长情况、国家生育政策以及人口机械增长情况，通过综合增长率法、弹性系数法以及劳动人口平衡法三种方法进行综合测算，最终确

定西岸镇 2020 年总人口约为 3.24 万人，2030 年总人口约为 4.18 万人。

（2）城镇化率水平预测

结合清远市及连州市城镇化率的要求以及西岸镇未来的发展趋势，西岸镇近期仍然以农业为主导，预测 2020 年城镇化水平达到 26%，城镇人口约为 0.84 万人。随着西岸镇未来产业结构调整以及国家、省、市等政策的影响，预测 2030 年城镇化水平达到 36%，城镇人口约为 1.5 万人。

（3）用地规模预测

根据以上人口规模预测结果以及确定的人均建设用地指标，预测西岸镇 2020 年镇区城镇建设用地规模为 54.75 公顷，2030 年镇区城镇建设用地为 125.68 公顷。

6. 镇域规划

（1）村镇等级规模结构规划

根据西岸镇中心及各村的资源条件、区位条件、经济实力和发展潜力，分三个层次确定村镇等级规模结构。

第一层次：西岸镇主中心，即西岸镇镇区，在规划期内创造就业机会，吸引周围农民进入镇区，提高城市化水平。

第二层次：中心村，包括清水、东江、冲口、七村和奎池五个行政村。这五个村主要位于重要交通走廊沿线，构成了整个镇域的主要发展轴线。

第三层次：普通村，包括溪塘、河田、石兰、马带、东村、三水、石马和小带八个行政村，这八个村各具特色，在未来的发展中，石兰、马带等村将依托自身优势，与镇区联动发展，形成具有文化特色的旅游村。

（2）村镇职能结构规划

城镇主中心——西岸镇政治、经济、文化、科技和信息中心，同时是周边农业地区的中心服务地，联系外围旅游目的地的中转地，镇区作为西岸镇的综合服务区。

中心村——旅游职能：冲口村、东江村；农业职能：七村村、奎池村；综合职能：清水村。

普通村——农业及旅游职能：溪塘村、河田村、石兰村、马带村、东村村；综合职能：三水村、小带村、石马村。

7. 镇区规划

（1）空间结构规划

根据现状条件和规划期内城镇发展目标和要求，城镇建设规划结构确定为"一轴一带，两心五区"（图 9-16）。

（2）用地布局规划

规划用地总面积为 254.35 公顷，城镇建设用地总面积为 125.68 公顷，人均建设用地控制在 85m² 以内。土地利用规划见图 9-17。

① 居住用地规划

规划居住用地 49.98 公顷，占城镇建设用地的 39.77%，主要分布在西岸大道及西岸镇新区内。规划对居住用地进行集中紧凑布局，形成具有浓厚生活氛围的居住社区，服务设施用地主要集中分布于规划区各个社区的中心位置，方便居民使用。

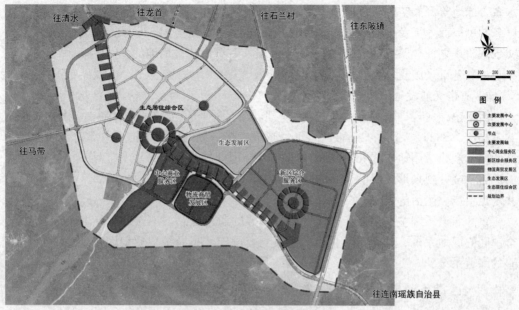

图 9-16 西岸镇功能结构图

② 公共管理与公共服务设施用地

规划公共管理与公共服务设施用地，重点结合城镇中心和组团中心布置，同时考虑服务半径的要求，还有一部分兼具旅游文化服务功能的公共服务设施用地布局于西岸新区中心位置。规划公共管理与公共服务设施用地 12.48 公顷，占城镇建设用地的 9.93%。

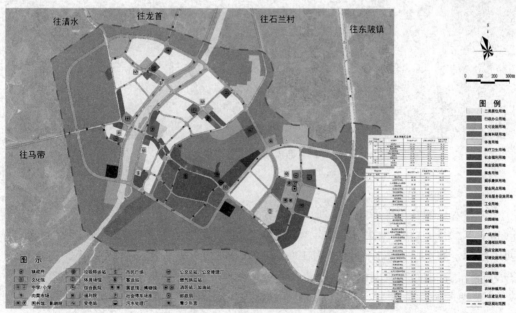

图 9-17 西岸镇土地利用规划图

③ 商业服务业设施用地

规划商业服务业设施用地，结合交通区位，除各级城镇中心节点布置外，还结合水系、绿地等开放空间布置，以提升城市中心的活力。其中作为未来西岸镇旅游商业服务的民俗商业街及度假区位于镇区东南部的西岸镇新区内，形成新区重要的入口人文景观。规划商业服务业设施用地16.6公顷，占城市建设用地的13.21%。

（3）基础设施规划

① 道路交通设施用地规划

西岸镇镇区规划采用方格网式布局，形成"环形＋Y形"路网结构。对外交通为二广高速、S326、Y754、Y758、Y750，形成三横一纵的路网结构。内部交通结合规划区性质、规模、用地布局和现状道路走向，合理规划道路，形成分工明确、主次分明的道路系统，规划形成四横三纵的路网结构，能够适应镇区范围的扩展并满足生产、生活的需要（图9-18）。

镇区绿道系统主要包括步行或者自行车等的通行道路，本次规划结合镇区的绿地系统、公园、商业及文化等配套设施，布局整个规划区完善的绿道系统。

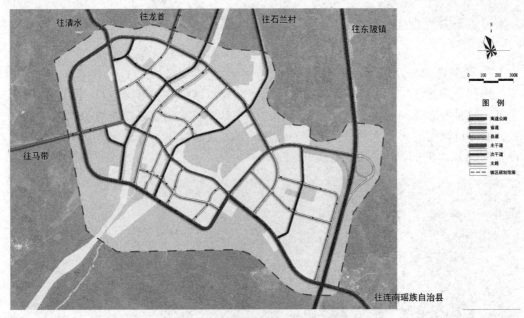

图9-18　西岸镇道路交通规划图

② 给水工程规划

结合人口综合指标法和城镇建设用地综合指标法两种方法预测，西岸镇区2030年的总用水量将达到8300m³/d。西岸镇的供水将采用勤子塘水库作为水源，规划将扩建西岸镇勤子塘水厂，总设计规模为10000m³/d。规划近期管网布置为环状、支状相结合的形式，远期给水管网呈环状布置。

③ 排水工程规划

为保护水体环境质量，适应可持续发展需要，根据西岸镇区的现状排水条件和总体规划布局，规划近期旧镇区排水采用合流系统，逐步改造为截流式合流制，远期应逐步改造为雨污分流制，新建设区一律为分流制。污水采用污水干管沿道路铺设，沿路收集污水进入污水处理厂，管径为D300～D800。

④ 电力工程规划

2030 年，最高负荷约为 1.5 万 kW。35kV 容载比取值 1.8，110kV 变电容量为 2.7 万 kV·A。线路敷设应考虑安全实用和节约用地。35kV 单回、双回及三回（同塔架设）线路的走廊宽度为 30m。高压走廊应尽量沿隔离带、绿化带、农田区架设。城区的 10kV 配电线路全部采用地下电缆，电力线路原则上沿道路东南侧敷设。

⑤ 电信工程规划

西岸镇区需要电话线对数容量为 1.97 万对，需要的交换机容量约 3.94 万门。原则上，道路的西、北侧人行道下方为电信光纤（电缆）走廊，主干线管道孔数按 12 线每孔配线，支线按 8 线每孔配线，线路采用多芯光纤敷设。

⑥ 环卫工程规划

生活垃圾产生量按 1.0kg/人·d 计算，根据规划城镇人口，垃圾产生量近期 2020 年为 0.84t/d，远期 2030 年为 1.5t/d。规划镇区设置 1 个垃圾中转站及其他配套设施，位于镇区南部，恒心路南侧，占地约 0.61 公顷。

8. 近期建设规划

为了实现城镇集聚建设区产业结构向合理化、多元化的方向发展，使经济建设和改革开放事业更上一层台阶，在对近期需要重点发展和改善的区域有一个清晰全面认识的基础上，对近期重点建设项目进行规划协调（图 9-19）。

到 2020 年，西岸镇城镇人口规模控制在 0.84 万人，建设用地规模为 54.75 公顷，人均建设用地为 65.18m²。

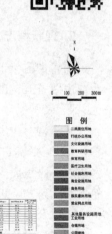

图 9-19 镇区近期建设用地规划图

9. 规划评析

优点：广东省连州市西岸镇总体规划在规划内容上与广东省中心镇编制要求相符，

对镇域部分的规划内容较为全面。规划性质定位具有一定的前瞻性，跳出目前西岸镇农业比重大、三产比重小、人均收入低的经济现状，深入挖掘西岸镇自身的特色资源，从西岸镇所拥有的历史文化资源及人文风俗出发，将西岸镇未来的主要发展方向确定为以传统进士文化为特色的旅游城镇，并在规划方案中注重将镇区与古镇通过交通、绿道等方式进行联系。同时也在服务设施方面以发展旅游业为中心进行配置。从用地布局上看，公共服务设施等级清晰、结构完整、中心明确，符合国家相关规范要求，且充分利用临河空间形成滨水绿化景观带。

缺点：对镇区规划范围内村庄与镇区发展之间的联系缺少研究。

9.2 村庄规划案例分析

9.2.1 河北省保定市黑崖沟村村庄规划

1. 规划背景

2013 年 2 月，住房和城乡建设部出台了《住房城乡建设部关于做好 2013 年全国村庄规划试点工作的通知》，要求各省选择 2~3 个村庄作为试点，开展村庄规划的编制工作。阜平县龙泉关镇黑崖沟村被河北省选定为试点村庄，开展以村庄整治为主的村庄规划。

2. 现状概况

黑崖沟村位于阜平县龙泉关镇域的西北部，距龙泉关镇 5km，距阜平县城 40km，距离山西省五台山县 20km。村庄南临西刘庄，北临吴王口乡南辛庄，西邻五台山风景区（图 9-20）。

黑崖沟村由黑崖沟、东坪和苇地沟 3 个自然村组成。截至 2012 年底，全村共 372 户，1052 人，其中男 536 人，女 516 人。农民人均纯收入 1050 元，是阜平县最贫困的乡村之一。黑崖沟村历史悠久，民间风俗文化多样，村内拥有多个具有历史价值的建筑物及构筑物，包括千年古寺白衣寺、人民舞台、碾坊。村庄北侧有保定市最高峰歪头山，以及黑崖山、片崖，山势陡峭，奇险无比，风光秀丽，景色优美。

全村建设总用地为 9.38 公顷，人均建设用地为 $89m^2$。村庄现状用地紧张，村庄内部由于受地势高差、地块不规则的影响，建设住宅时需要采取工程措施处理，造价成本较高。

现状村庄公共服务设施：数量少，服务水平较低，有村委会、卫生室、人民舞台、4 个商店、小学（1~3 年级教学点）、碾坊，无公共活动场所。

道路：黑崖沟村仅有一条对外联系的道路，通往 382 省道，为乡级道路，水泥路面，宽度 4m，路况较好；黑崖沟通往东坪、苇地沟两个自然村，有水泥路一条，路况一般；村内街道由石板路、水泥路及土路构成，道路系统不完善，路面较窄，断头路多。

现状发展情况总结：产业发展基础薄弱，农民脱贫致富任务艰巨；

村庄建设布局分散，设施配置困难；各项设施配套差，影响村民生产生活水平；村庄整体环境不佳，严重影响村庄人居环境；老龄化严重，文化水平偏低，导致村庄发展动力不足。

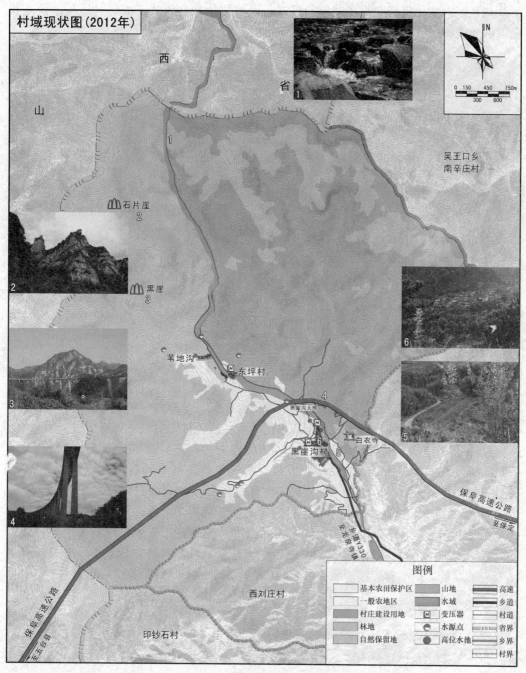

图 9-20　黑崖沟村村域现状图

3. 规划重点

（1）实现村庄合理布局、集中发展，将东坪村、苇地沟村向黑崖沟村整体搬迁，提高村民生产生活水平。

（2）探索贫困地区村民脱贫致富的新思路，增加农民收入，全面分析现状产业，明确村庄产业发展思路、发展重点和空间布局。

（3）探索文化旅游产业扶贫的新模式，采取村企共建模式，改善村庄基础设施和公共服务设施条件，改善人居环境。

（4）探索贫困落后地区村庄规划的主要内容和整治要求、标准，引导村庄科学发展。

（5）尊重村民意愿，对村庄实施小规模渐进式环境整治，完善村庄基础设施和公共服务设施，通过引导逐期修缮加固、完善功能等方式改造民宅，改善村民生活品质。

（6）突出山村特色，营造良好的景观风貌，实现人与自然和谐共生，改善村民人居环境。

（7）建立村庄规划实施的反馈制度，对重大建设项目进行跟踪，提供相应的技术指导。

4. 产业规划

（1）产业发展目标

全面分析村庄的自然禀赋、历史文化等条件，以及国家对燕山—太行山扶贫规划的外部环境，对村庄现有资源进行整合，产业结构进行调整，优先选择现状发展潜力大和效益高的产业。以农业增收、村民增收、村庄增活力为目标，完善村庄的"造血"功能，实现农民真正脱贫致富。坚持绿色发展、生态优先，重点发展特色林果种植业、文化与乡村休闲旅游业，适当发展畜牧养殖业。

（2）产业发展策略

① 生态优先，保护自然环境：在保护生态环境的基础上，改变现有农业种植结构，提高农业的产出水平和农民的收入水平。设置两个樱桃、蓝莓特色采摘园，促进村庄旅游业发展，带动村庄服务业发展。核桃种植应在低坡缓丘处，坡度不超过25°，不改变山体现有绿化。增加经济收入且起到绿化环境、改善村庄生态环境的作用。

② 绿色发展，保持村庄田园与山水风光：优美的自然生态环境是发展乡村旅游的基础，因此在发展产业时，做到绿色发展，不破坏村庄现有的自然环境和历史文化，做到不挖山、不填塘、不砍树，延续村庄现有的空间结构，保持村庄田园山水风光。

③ 服务至上，打造乡村休闲旅游目的地：能否成为知名度高的乡村休闲旅游目的地，关键在于服务水平以及旅游资源要素的开发。能否在未来乡村旅游市场中占有一席之地，当前亟须对村域内旅游要素进行挖潜整合，做好对外宣传工作，形成具有地方特色的品牌，提高旅游接待服务水平，加强对服务人员、村民礼仪的培训。

5. 村域规划

（1）村域用地布局

以土地利用总体规划为本底条件，落实土地规划各类用地，合理安排各类用地功能，保证耕地总量不减少（图9-21）。

规划期末，全村耕地不少于91.35公顷，基本农田不少于39.55公顷。村域建设总用地14.51公顷，其中黑崖沟村建设用地增加1.1公顷。村域道路用地增加0.7公顷，公共设施用地增加0.11公顷，文体科技用地增加0.06公顷。搬迁后的自然村建设用地，村民可入股进行旅游开发。

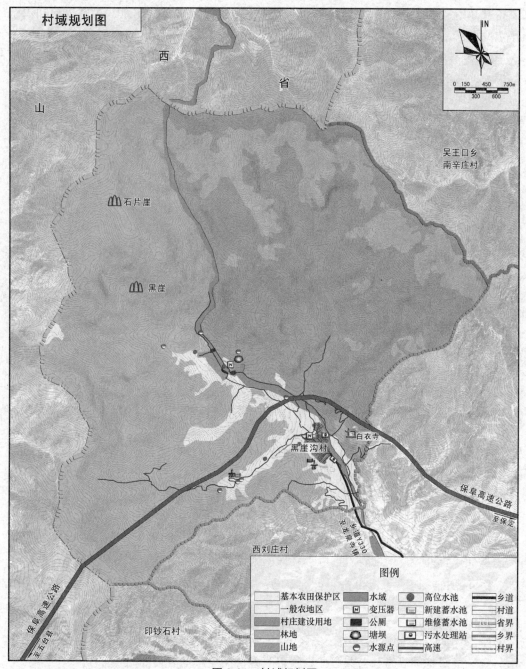

图 9-21 村域规划图

（2）村域基础设施规划

① 道路工程建设

规划完善村域内线路及硬化村庄内部道路。村庄连接省道 382 的对外道路，受地形影响，拓宽难度较大。考虑未来旅游车辆较多，在部分地段设置错车道，宜 300m 增加一个，错车道应设在有利地点，并使驾驶员能看到相邻两错车道间驶来的车辆。

② 饮水工程规划

规划在黑崖沟村村域西侧，在利用现状山泉水及现状高位水池的基础上，于村西高位水池附近再建设 1 座调蓄池,容积为 80m³,以保证村民饮用水、村庄生活和消防用水的要求。

应按照国家颁发的《饮用水水源保护区污染防治管理规定》和《生活饮用水卫生标准》的要求,结合实际情况,合理设置生活饮用水水源保护区,制定保护办法。山泉水水源保护区和集水井的影响半径应根据水文地质条件、开采方式、开采水量和污染源分布等情况确定,且单井保护半径应不小于 200~500m。在井的影响半径范围内,不应开凿其他生产用水井,不设置禽畜饲养场,不应使用工业废水或生活污水灌溉和施用持久性或剧毒的农药,不应修建渗水厕所和污废水渗水坑、堆放粪便、废渣和垃圾或铺设污水渠道,不从事破坏深层土层的活动。雨季应及时疏导地表积水,防止积水入渗和漫溢到井内。任何单位和个人在水源保护区内进行建设活动,应征得供水单位同意。水源保护区内的土地宜种植水源保护林草或发展有机农业。水源井周围应进行绿化和美化。加强现状水源井及高位水池的维护、修缮,四周设置隔离带不小于 30m,并设置明显的标志。

(3)村域空间管制规划

结合土地利用、生态适宜性、工程地质、资源保护等方面因素,规划划定禁止建设地区、限制建设地区和适宜建设地区,用于指导建设行为。

① 禁止建设地区。规划将基本农田保护区、地表水源保护区、坡度大于 25°的自然山体、保定驼梁林场、村庄绿线控制范围、道路等划入禁止建设区。禁止建设地区宜作为自然生态培育区、生态建设区的首选地,为生态高敏感区,原则上禁止任何开发建设行为。重大基础工程无法避开保护区时,必须依法报主管部门批准。

② 限制建设。规划禁止建设区、适宜建设区之外的区域,其中一般农田、养殖小区用地、河流等划入限制建设地区。限制建设地区多数是自然条件较好的区域,本区域进行的非农建设项目开发,须经国土资源管理部门报批同意后,报规划部门批准,并提出具体建设限制要求、相应建设开发强度,进行生态影响评价和明确生态补偿措施。

③ 适宜建设区。黑崖沟村庄规划建设范围,东坪村、苇地沟村建设区及书画景区接待点划为适宜建设区。适宜建设区是建设活动优先选择的地区,但建设行为不应超出本地环境容量和资源承载力,科学合理地确定开发建设模式、规模和强度。

6. 村庄规划

(1)规划思路

① 优化村庄空间布局结构,将规模小、分散的居民点进行整合,实现村庄集中发展,统一配置基础设施和公共服务设施,改善村民生产生活条件。

② 针对现状相对复杂的山地地形、地貌的特点,对现状地形的坡度、坡向、高程、景观廊道等要素进行详细、精确的分析,为确定村庄建设用地类别和村庄总平面布局、景观结构提供依据。

③ 规划突出人与自然和谐共生的理念,村庄建设中应尽可能保护山体原貌,注重生态文明建设与可持续发展,规划中尽量减少对山体的改动。

④ 规划以环境综合整治为主,采取小规模、渐进式的方式,完善基础设施和公共服务设施,逐期改善村民住房条件,改善人居环境。

⑤ 规划采用与村庄环境整治相适应的成熟技术、工艺和设备,积极发展新能源新

技术，建设生态绿色村庄。

（2）规划定位

依托五台山、天生桥两大景区，重点发展苹果、核桃、桃等特色林果业，建设集生态休闲旅游和书画写生于一体的，独具太行山区村庄魅力的文化名村。

（3）村庄规模预测

根据村庄多年人口情况进行分析，2005 年村庄户籍人口为 1050 人，2012 年户籍人口 1052 人，七年间全村人口几乎没有变化。村民以季节性外出打工为主，人数约 370 人，常年外出人员有 120 人。考虑未来城镇化推进，有部分村民进城转为城镇人口，同时随着村庄旅游业发展，年接待游客达 3～5 万人，服务人员将达到 300 人左右，其中有 30％为外来人员，约 90 人，与城镇化人口基本可以抵消。经综合分析，规划 2020 年全村人口总数不变，仍为 1052 人。

（4）功能结构规划

黑崖沟村总体布局结构为"一心、一轴、一带、三片区"。

"一心"以村民中心为核心，建设村民休闲健身点和休闲文化场地，配以绿地、停车场、体育器械等，形成全村公共活动和健身休闲中心。

"一轴"为幸福路通至书法文化景区的产业发展轴，集服务、文化体验、书画展销为一体。

"一带"为村庄北侧和东侧穿村而过的河道，通过河道整治、两侧绿化，形成沿河景观带。

"三片区"受村庄地形高差影响，形成三个高低错落的台地，村民住宅呈簇状行列式，错落有致地分布在台地上。村民住宅高低起伏随地形分布，形成了三个居住片区。三个片区相互隔离，又相互依存，遥相呼应，有机联系，构成了黑崖沟村独特的山村风貌。

（5）用地布局

① 居住建筑用地。根据村庄高差、道路、河道等，将村民住宅分为相对独立的三个组团，分别为西南组团、东北组团和河道北部组团。各组团之间除少量农户分布外，主要为农田、林地等用地。规划引导将村庄内部废置地、楔形地进行绿化，形成村庄的绿肺。

西南组团位于村庄入口处，村庄主干道幸福路的两侧。村庄入口西南侧建筑基本为近年新建，多为一层平屋顶，保留原有功能。村庄内部幸福路两侧建筑老旧，提出对原住宅进行翻建与整治相结合。人民舞台、村委会、小学、商店等公共设施均在此区域。规划对该区域进行整治和新建相结合，对原有路网进行梳理，对部分路段进行拓宽，将废弃闲置地进行整理，增加公共活动空间和绿化，在村庄南侧为自然村预留宅基地 17 处。

东北组团。该区域住宅建设年代较早，现有建筑质量较差，规划建议对该类建筑进行修缮和翻建，并加强道路、环境的建设和整治，在空闲地穿插安排自然村迁至村民。同时，完善组团内公共活动场地，配置相应的绿化、健身器械等。

河道北部组团。该组团内老旧建筑交织，规划以整治修缮为主，完善该组团的道路、景观环境，在该区域西北部集中安置自然村村民，预留宅基地 11 处。

② 公共服务设施用地。主要布置在幸福路两侧，在村庄入口处原废弃小学上，规

划村民中心，占地 500m²；在村民中心北侧规划幸福互助院，占地 312m²。文化设施用地 660m²；医疗设施用地 160m²；规划将原村委用地改为小学、幼儿园用地，占地 610m²。

（6）村庄景观风貌规划

村庄景观风貌规划应突出典型的山村特色，利用"九山半水半分田"的地形地貌特点，充分利用村庄山、水、田、林自然景观要素，以及丰富的人文景观资源，包括白衣寺、碾坊、人民舞台、传统民居、本土建筑、庙会、毛掸会、婚丧习俗等，对资源要素进行整合。

规划应延续村庄的布局结构，依山而建，住宅随山呈组团行列式分布，彰显村庄田园山水风貌；延续村庄道路肌理，传承现有石板路，其他道路采用石板、砂石等路面；村庄建筑风貌统一，采取保护、修缮、拆除等方式，保护白衣寺、碾坊等历史建筑，修缮传统民居、完善功能，与村庄整体风貌相协调。

（7）环境整治专项规划

① 道路整治规划

村庄道路分为主路、支路、宅间路三级，主路应满足通机动车要求，支路、宅间路以步行为主。规划主干路宽度为 3～5m，支路为 2m，宅间路 1～1.5m。

由于村庄用地紧张，受地势影响较大，现状支路、宅间路较窄，规划主干路应满足农用车和小型机动车的通车要求；改善路面状况，路面材质宜选用当地石材；限制外来车辆随意进入，对外旅游公路与内部道路分流。

规划支路、宅间路为石板、砂石路面，保留有特色的现状石板路，对部分路面进行平整，以满足行人通行，路面宽度分别以 2m、1～1.5m 为主。

步行路设计以"景随路建，路为景开"为原则，贯穿所有黑崖沟村的景观，突出景观游览趣味。步行道路系统既要满足步行要求，还要结合村庄景观设计，具有健身、观光的功能及园路特征。村庄内部步行路系统是独立的，并且与村外东部白衣寺旅游观光点的上山游览路共同组成完整的步行路系统。村庄内部各个居住组团之间，通过步行路联系。

② 市政设施整治规划

给水工程——为满足村庄生活要求，保证安全供水，结合本村的地形和水源实际情况，规划仍利用现状的 4 处山泉水和 1 处塘坝蓄水作为村庄的供水水源，同时积极寻找新的水源作为补充水源，以提高村庄的供水安全性。规划重新铺设输配水管网，根据村庄布局特点，规划三个村庄管网分别铺设。管材选用聚乙烯（PE）给水管，管径在 DN32～DN110mm 之间，管道埋设深度控制在冰冻线以下，规划埋深控制在 1.3m。

排水工程——规划排水体系采用不完全雨污分流制，雨水采用地表径流和道路边沟，有组织地就近排至村周边河流或坑塘；由于道路较窄，大部分宅前路宽度为 1.0～2m，且当地建筑基础较浅，铺设污水管道困难，因此规划建设 8 座三格式水冲公厕，下游通过管道收集，排入小型污水处理站，达标后排放坑塘或灌溉农田，有条件的地方污水管道入户。规划污水管道沿宅前路、干路等铺设，宅前路污水支管管径为 D225mm，干管管径为 D315mm，管材采用高密度聚乙烯双壁波纹排水管。污水管道铺设在给水管道的下面，埋深控制在 1.6m 以下。

电力工程——根据负荷预测结果，按照变压器"小容量、多布点、近用户"的布置原则，保留现状变压器，在黑崖沟村北、东坪村各建一个 10kV 杆式变压器，分流现状变压器负荷，缩短变压器供电半径，提高供电质量。10kV 中压电力线路采用架空敷设，混凝土杆杆高不应低于 12m。380V/220V 低压电力线路也采用架空敷设。无电杆的道路低压线路选用 YJLV-750/450V 电缆沿墙钢索架空敷设，且不宜跨越村中主要道路。

电信工程——龙泉关镇有电信支局，但该电信模块点距黑崖沟村较远，为了降低造价并满足村民上网需要，规划在村民中心设置电信光缆接入模块点，向农户提供语音、数据、视频及多媒体等各种服务。通信线路以架空敷设方式为主，电信、有线电视线路同杆敷设，村内无法设置通信杆路的道路，通信线路沿墙钢索架空敷设，跨越主要道路时线路离地不能小于 4.5m。

③ 风貌整治与建设

强调黑崖沟村的自然特色，在整体布局中突出周边山体对村落的衬托，加强绿地与周边林、田、路、渠、河流等自然地貌有机结合，形成村庄外部绿带环绕，内部四季常绿、三季有花的景观风貌。村庄风貌整治重点内容包括村庄绿化、建筑风貌、院落街巷、村庄入口标识、主要街巷景观、主要景观节点整治与建设。

④ 安全防灾设施整治与建设

村庄按"八有"标准建设，要有专兼职防火员，成立义务消防队，制定防火公约，消防宣传栏，明确村庄消防水源，配备一定的消防设施器材，要有防火巡查，防火档案。

规划确定黑崖沟村的防洪标准采用 10 年一遇。

规划设置三处避震固定疏散场地，分别位于村民中心文化活动广场、小学门前广场和村庄南侧平坦耕地，应做好日常供水、供电等配套设施建设。同时，规划绿地、停车场等用地，均为震灾避难场所，任何部门、个人不得随意占用。村庄道路出入口数量不宜少于 2 个，与出入口相连的主干道路面宽度为 6m，避灾疏散主通道的有效宽度不宜小于 4m，人均避震疏散面积为 1m²/人。

7. 住宅建设

新建、改造建筑应遵循经济实用、可操作性强、生态节能三个原则，根据对村庄民居建筑元素符号的提取，以灰白为主色调，规划整体风貌按照"灰瓦白墙"的原则，强调建筑质朴、古雅的特点。随着村民经济收入增加，鼓励有条件的村民对住宅屋顶、屋面、门窗、住宅墙体、围墙、大门等进行改造，增加建筑保温隔热，统一建筑整体风貌，新建建筑要符合村庄整体风貌，提出具体施工技术要点，力求建筑达到环保节能的标准。

（1）民居改造

老民居改造。房屋承载力不影响结构安全的，且住户无重建能力的，为本次老民居改造的对象。老民居改造按照修旧如旧的原则，延续和传承村庄历史文化，对关键损坏构建采用原材料或相近材料进行修缮，满足"不大动，凸显建筑个性，与村庄整体风貌相协调"的要求。

新民居改造。该类房屋结构安全，无任何危险点。对该类房屋主要完善功能和改造屋顶、屋面、墙体、门窗、大门等，考虑村民对现代化生活的要求，改造坚持采用新材料与传统式样相结合，与村庄整体环境风貌和传统民居相协调。

（2）新居建设

科学引导村民修建住宅，使住宅达到结构安全、功能完善、布局合理、节能环保、造型统一的要求，使设计出的房屋既有农村的乡土风情，继承当地传统文化，又有现代房屋的完整功能。平面设计应做到功能齐全、布局合理，各功能空间互不干扰，实现寝居分离、食寝分离、净污分离。

房屋样式——建筑层数为一层，建筑立面吸取地方文化传统符号，建议采用当地建筑材料，体现地域文化特色。色彩以白色、灰色为主，以原木色作为辅助色，体现宁静淡雅的山村风貌。

户型选择——根据村民问卷调查，规划住宅选型分为三种，建筑面积分别为 $60m^2$、$80m^2$ 及 $100m^2$，但以 $60m^2$ 为主。

同时，考虑到村庄未来发展乡村休闲旅游业，村庄会产生大量农家乐，规划住宅户型时，重点设计经营农家乐的户型图，新建采用宽 12m，长 13m，考虑村民原址翻建，原宅基地可能偏大，特设计长 13m，宽 15m 作为参考户型。

门、窗——为体现民居历史文化底蕴和时代气息，以及农民对现代生活的需求。门窗采用为现代材质塑钢或断桥铝门窗，加传统花格造型。沿街门窗可采取铁艺方式处理，传承村庄历史文化（图9-22）。

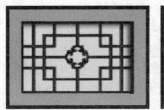 

图 9-22 窗户样式示意图

屋顶——采用双坡屋顶，屋面选用灰瓦、小青瓦。

墙体——材质采用当地节能环保建筑材料，采用以煤矸石、粉煤灰、建筑渣土为固体原料的新型墙体材料。

外墙面——生土建筑保持原有墙面颜色，统一刷保温砂浆，外立面涂白色涂料，增加保温隔热功能，统一村庄建筑风貌。

围墙——根据房屋位置，材质可以采用石头、灰砖、木篱笆，可采用全封闭或者半高（1.1m左右）围合形式。

院门——按照设计导则进行建设，与村庄整体建筑相统一。

8. 村庄近期建设整治规划

近期整治规划期限为 2013—2015 年。

近期重点提高农业种植条件，完善农田灌排系统，提高田间道路通达性；实现村庄主干路特色基本硬化，主要街道绿化、亮化工程；环卫清运人员、设施配套、制度完善，生活垃圾实现分类集中收集、集中处理；全天集中供水。建设村民文化活动广场、两个小游园。清淤河道，修建村庄段河道护岸、河流两侧绿化。

9. 规划评析

优点:《河北保定市黑崖沟村村庄规划》规划内容较为翔实,规划较为侧重产业的发展,与黑崖沟村现状切合。规划综合考虑了黑崖沟村虽处于国家重点支持的燕山-太行山扶贫片区内,但拥有原汁原味的生态环境,风光秀丽景色宜人,旅游资源丰富,发展潜力巨大的特征。规划提出在提高现状农业发展条件的基础上,进一步发展文化与乡村休闲旅游业,具有一定的前瞻性。用地形成"点-轴-片"相结合的空间格局,结构清晰。规划方案主要以梳理内部路网为主,保留了村庄原来的肌理,拆迁量较少,尊重现状的同时也减少了未来规划实施的阻力。特别值得一提的是,对于村庄内部保留住房改造及新建住房的思考,从建筑风格、色彩和工程技术方面都提出了建设要点,充分体现了规划的落地性。

缺点:公共空间配置上较为缺乏。

9.2.2 广东省广州市锦二村村庄规划 (2013—2020)

1. 规划背景

根据《中共中央国务院关于加快发展现代农业进一步增强农村发展活力的若干意见》及《中央广州市委广州市人民政府关于全面推进新型城市化发展的决定》等相关文件,加快新型城市化进程,在《广州市从化副中心规划》的指导下,进行了本轮锦二村村庄规划的编制,本次规划的规划期限为 2013—2020 年。

本次规划的编制历程包括:落实《广州市村庄规划编制指引(试行)》的要求,设计部门着手准备南方村村庄规划编制工作→在从化市规划局、江埔街相关领导组织安排下,规划部门到锦二村村委会进行规划工作对接,举行了项目启动会,对规划工作进行了具体部署→根据广州市、从化市对村庄规划的工作安排,进行现状基础资料摸查,完成"两图十四表"的编制→设计人员开展驻村调研工作→与村干部及村民代表进行多次方案交流→就完成的方案进行了村庄规划村民代表大会,参加人员包括村委主要干部和各经济社会代表→江埔街街道审查会,参加人员包括街道部门干部、村委主要干部等,对形成的方案进行了审核。

2. 现状概况

江埔街位于从化市东南部,东与增城接壤,西南接太平镇,西与城郊镇、街口街道相连,北与温泉镇相邻。锦二村位于江埔街的西南部,东临上罗村,西连锦二村,北接下罗村,南与锦一村接壤,地理位置优越。

锦二村自然环境优越,整体为丘陵地形,四面环山,南部山林覆盖率较高,是天然的生态屏障。

锦二村现有 8 个经济社,分别为梦鱼里社、上队社、中队社、下队社、山下社、高围社、新围社和高浪社。2012 年,锦二村总户数 394 户,户籍总人口 1690 人,常住人口 1690 人,无外来人口。三大产业主要以第一产业农业为主,基本无第二产业,第三产业中,主要以小型零售商店为主。

村建设用地以村镇二类居住用地为主，占地 24.79 公顷，占村庄建设用地 89.17%。其次是村镇道路用地，共 2.44 公顷，占村庄建设用地 8.78%。其余村镇建设用地分别由村镇公共设施用地和村镇市政设施用地等构成。锦二村土地利用现状见图 9-23。

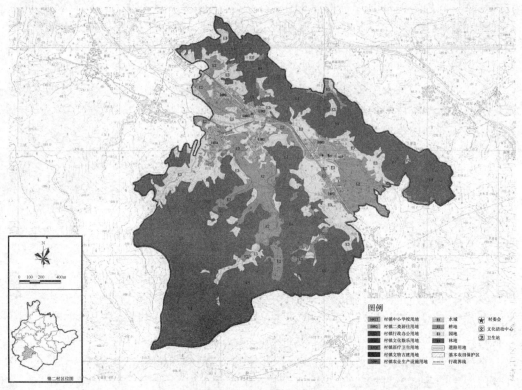

图 9-23　土地利用现状图

锦二村公共设施较为匮乏，同时现状设施部分存在老化落后的问题。供水还未纳入从化市市政供水管网体系，供水水源比较分散。排水现状方面，各户的生活污水基本是自行排放。供电较为充足，完全可以满足村民的日常需求。

村庄特色——特色农业优势，"锦二桃花"为从化市"一村一品"品牌，且获"广州市名优农产品"美誉，已具一定规模，发展潜力较好。另外，锦峒河贯穿锦二村，村落沿锦峒河呈带状分布，自然风景优美，是一座山清水秀的行政村。

现状存在问题——土地资源紧张，缺少建设用地指标；经济来源单一，产业基础薄弱；配套设施有待完善，村域内道路层次清晰，但道路宽度较小，道路系统仍需完善；村内公共服务设施有待完善，现状公共服务设施总体比较缺乏。

3. 产业规划

加快锦二村的经济发展，挖掘锦二村丰富的文化和自然资源，借助村庄规划建设的契机，以农村"休闲旅游＋花卉培育"的模式进行开发和发展，拓展原有花卉销售市场的同时，挖掘其他方向的发展潜力，带动村庄旅游服务业的发展。在经济发展过程中，主要以现代农业和旅游业为主，并大力发展商业服务业。

4. 功能定位及发展目标

（1）功能定位

功能定位：以现代农业种植业及农产品加工业和乡村旅游发展为主导产业，建设人居环境优美、配套设施完善的现代村庄。

（2）规划目标

规划以建设管理有序、服务完善、环境优美、文明祥和、永续发展、用地集约、富有活力、特色鲜明的现代化乡村和促进城乡统筹为目标，结合锦二村的实际情况和村民意愿，制定科学合理的产业发展策略并优化调整土地利用空间布局，改善锦二村的经济和空间结构，把产业发展、用地布局与其地域特色相融合；加强生态环境、公共服务设施和基础设施的建设，努力实现"生产发展、生活宽裕、环境优美、村民幸福"的总体目标。

5. 村域规划

（1）村域用地布局

锦二村村域总面积为 477.45 公顷。至规划期末，锦二村建设用地 18.86 公顷，人均建设用地面积 103.06m²，居住用地 15.40 公顷，公共管理与公共服务用地 0.52 公顷，村属商业服务业用地 0.43 公顷，村属道路交通用地 1.92 公顷，公共绿地 0.57 公顷，公用设施用地 0.03 公顷。锦二村村域土地利用规划如图 9-24 所示。

（2）村域基础设施规划

① 道路工程建设

保留村庄原有的对外公路——白锦公路，拓宽公路宽度为 10m。结合村庄现状道路情况及地形条件，规划村庄内部道路系统。村庄内部道路交通系统由村主道、村次路以及停车场组成。利用现有的道路，拓宽改造村内主要道路，形成较完善的道路系统，道路宽为 6m。疏通村内小路，道路宽度为 4m，对尚未硬地化的小路进行硬地化处理。

② 市政工程规划

锦二村市政工程规划将结合镇域市政工程管网建设统一规划，统一施工。近期市政工程主要解决村域范围内生活污水的排放问题，规划建设排水、污水处理等设施，沿主要规划道路网预留排水沟与排水管道。规划村内管线，汇合后排入村内河流，排放前进行污废水处理。

（3）村域空间管制规划

本次规划根据锦二村村域范围内不同地区所处的发展条件和生态条件，划分为五个控制分区，分别为建设控制区、可建设区、不可建设区、预留发展区和城市建设区。

6. 村庄规划

（1）规划目标

通过清理卫生死角、美化村庄环境、完善市政及公共服务设施等整治措施，改善村容村貌，为村民创造一个卫生、安全、方便、舒适的生活环境，建设社会主义新农村。

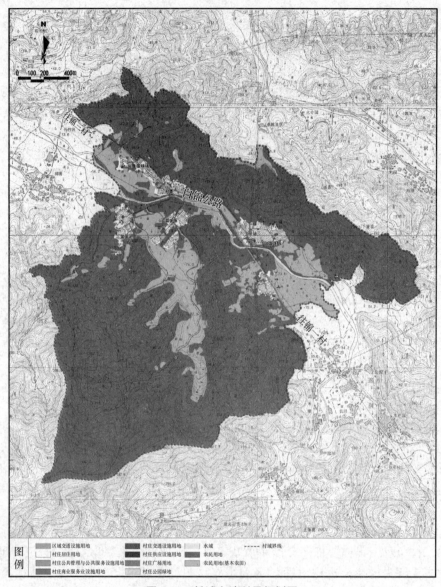

图 9-24　村域土地利用规划图

（2）村庄规模预测

预测锦二村 2015 年人口规模为 1742 人，比 2012 年新增 52 人；2020 年人口规模为 1830 人，比 2012 年新增人数 140 人。本轮村庄规划建设用地规模不增加的情况下，共新建 249 户新村住宅，以满足 185 户拆除户和 64 户新分户的住房需求。本次村庄规划建设用地规模为 18.86 公顷。

（3）功能结构规划

本规划将村庄用地划分为生态控制区、农业发展区、居住区、公共服务基础设施配套区和产业经济发展区（图 9-25）。

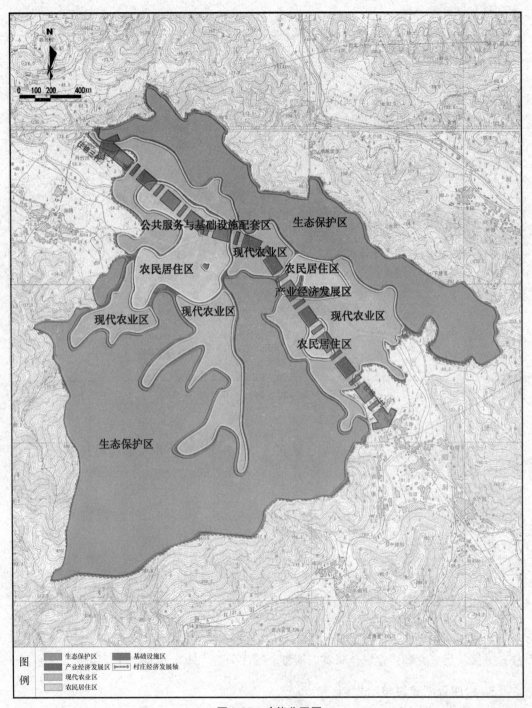

图例

生态保护区　　　基础设施区
产业经济发展区　村庄经济发展轴
现代农业区
农民居住区

图 9-25　功能分区图

（4）总平面规划

在对村庄现有设施进行完善的基础上，重点做好"六个一"工程，即"一个不少于 $300m^2$ 的公共服务站，一个文化站，一个户外休闲文化活动广场，一个不少于 $10m^2$ 的宣传报刊橱窗，一批合理分布的无害化公厕，一个卫生站"，以满足公共服务均等化的要求。锦二村村庄规划平面图如图 9-26 所示。

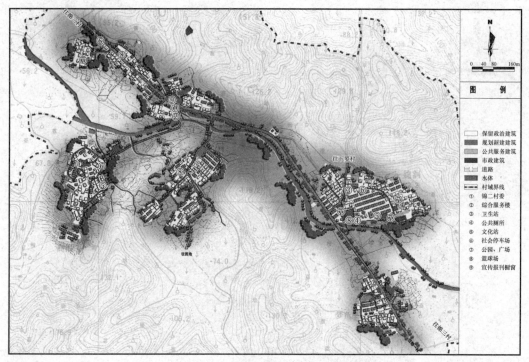

图 9-26　村庄规划总平面图

（5）村庄景观风貌规划

立足村域特色，充分利用植被、水系、公共开敞空间，形成涵盖村级小公园、滨水休闲绿地、宅旁绿化的多类型、多层次、多功能的绿色及公共休闲系统。

结合锦联河进行滨水绿化景观，营造带状休闲绿地，沿河形成丰富多变的滨水景观，未来结合绿道的建设，增设景观小品及指示标志，作为锦二村重要的旅游线路。

7. 住宅建设

规划锦二村新村住宅布局模式为联排式三层住宅。在满足"安全、适用、经济、美观"的前提下，新村房屋建筑形式在设计上需满足以下要求：保证良好的通风采光，为村民创造良好居住条件；确保建筑结构合理，坚固耐用，能抵抗一定自然灾害；建筑外立面设计应注意保留传统地方民居历史文脉；建筑色彩宜以淡雅、端庄为主，体现村落特色，如图 9-27 所示。

8. 村庄近期建设整治规划

近期（2013—2016 年）建设行动计划，主要启动环境整治、设施配套完善、村民住宅整理及部分经济发展项目。

环境整治。2014 年，整治沿白锦公路的建筑立面，使卫生死角整洁化；2015 年，启动完善污水处理系统；2016 年，继续完善污水处理系统。

设施配套完善。2014 年，垃圾处理规范化，改造现有垃圾池，设置垃圾分类箱；2015 年，入村主要道路通畅化，建设无害化公厕；2016 年，继续完善入村主要道路建设。

建筑平面图

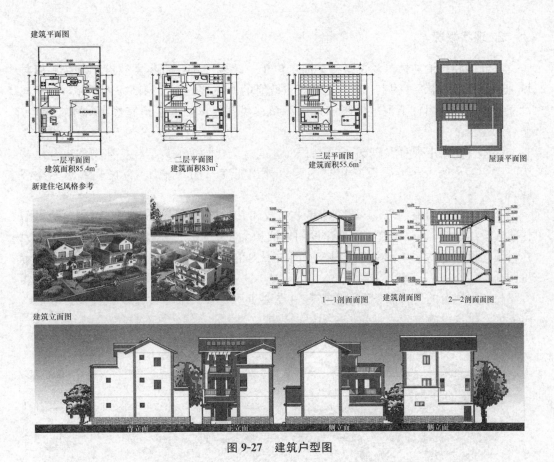

一层平面图
建筑面积85.4m²

二层平面图
建筑面积83m²

三层平面图
建筑面积55.6m²

屋顶平面图

新建住宅风格参考

1—1剖面面图   建筑剖面面图   2—2剖面面图

建筑立面图

背立面   正立面   侧立面   侧立面

图 9-27　建筑户型图

9. 规划评析

优点：《广东省广州市锦二村村庄规划》在对现状进行深入分析的基础上，提出以现代农业种植业、农产品加工业和乡村旅游发展为主导产业，创建人居环境优美、配套设施完善的现代村庄，充分利用了锦二村现有的交通优势及环境条件。镇区规划方案中，形成了层次分明、结构完整的道路网。在土地利用方面，通过对空心村进行改造，营造村庄公共空间及新增住宅建设，一方面形成了紧凑的村庄空间，有利于公共服务设施发挥作用，另一方面也充分利用了现状存在的弃置用地，形成了土地的高效利用，避免摊大饼式的外扩侵占农田。

缺点：对旅游市场的分析不足，如市场需求、针对的客户群体等。

9.2.3　广西柳州市弄团村下河屯村庄规划（2010—2015）

1. 规划背景

弄团村下河屯是具有侗乡少数民族人文景观的村庄，为了响应政府"生产发展、生活宽裕、乡风文明、村容整洁、管理民主"的号召，组织编制了该规划，其规划期限为 2010—2015 年。

2. 现状概况

三江侗族自治县林溪乡弄团村下河屯位于林溪乡北部，距离乡政府 4km，距离县城 35km，北面毗邻弄团屯，南边是林溪乡政府的所在地，东面与高秀村相邻，西面与高立村相邻。弄团村下河屯属暖温带过渡型季风气候区，非常适宜经济林木、果树、茶叶的生长。

弄团村下河屯现有农户 61 户，村民 233 人，全村均为侗族居住。典型的组合模式为一父一母及两个子女，近三年来主要以外出打工（劳务输出）、农业生产为经济收入。

全屯规划总用地约 6.71 公顷，其中水域和其他用地为 4.95 公顷，村寨建设用地为 1.76 公顷，人均建设用地面积 $75.64m^2$，总体偏低，在村镇建设地的第一级标准以内。弄团村下河屯的村域土地利用现状见图 9-28。

村寨内现有的公共服务设施主要有村委会 1 所，公共服务设施缺项较多。市政设施方面，排水设施也较为匮乏，主要以自然排放为主，生活污水对自然环境影响较大。

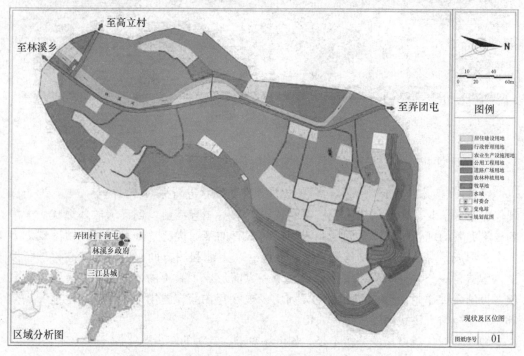

图 9-28　村域土地利用现状图

3. 人口及用地规模预测

根据林溪乡历年自然增长率 7‰ 来计算，预测至规划期末（2015 年），村寨内共有村民 245 人，按 3.82 人/户计，则村寨约有 64 户，新增住户 3 户。至规划期末，需增加 3 栋住宅，另预留 4 栋宅基地，共增加 7 栋住宅。

村寨总用地为 6.71 公顷，其中规划总建设用地 2.42 公顷。

4. 村庄规划

（1）规划目标

从下河屯现状建设不足入手，根据"生产发展、生活宽裕、乡风文明、村容整洁、管理民主"的社会主义新农村建设要求，着力打造一个自然、生态、舒适、宜人的文明新村。

（2）功能结构规划

根据下河屯地形地貌特征、空间发展趋势和产业布局，采取"居住集中、生态缓冲、轴向发展"的发展模式组织村寨的功能规划布局，形成"一轴两区"的空间结构。

（3）村域用地布局

村庄总面积为 6.71 公顷，村庄建设用地面积为 2.42 公顷，人均建设用地面积为 98.61m²，非建设用地规模为 4.29 公顷。

其中规划居住建筑用地分布于村寨中部、北部和南部。规划公共设施用地主要与居住用地结合。在村寨中部建设公共服务中心，设置戏台、文化活动室、卫生室、商店等公共服务设施。村域土地利用现状规划见图 9-29。

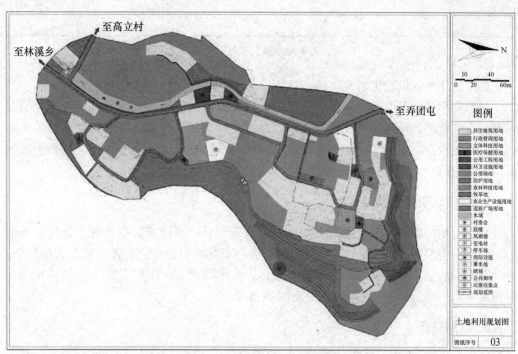

图 9-29　村域土地利用规划图

（4）总平面规划

规划将医疗保健用地设置在村寨中部，文化活动室和球场的旁边，便于管理、运输及服务村民和游客。不单独划分商业金融用地，规划结合文化活动室在村寨中部偏北设置小型便民超市，在中部新村及中心鼓楼广场结合周边住宅设置点状商铺，便于村民及外来游客的使用。邮政投递点设置于村委会。规划总平面图如图 9-30 所示。

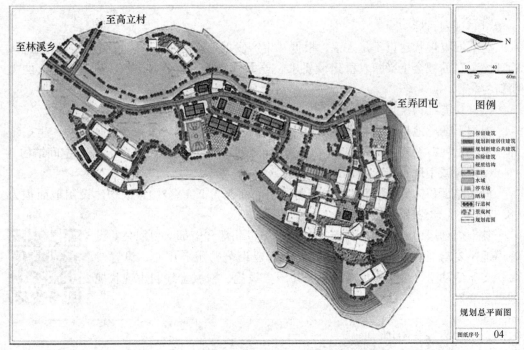

至高立村

至林溪乡

至弄团屯

N

10 40
0 20   60m

图例

保留建筑
规划新建居住建筑
规划新建公共建筑
拆除建筑
硬质结构
道路
水域
晒场
停车场
行道树
景观树
规划范围

规划总平面图

图纸序号 04

图 9-30 规划总平面图

（5）村庄景观风貌规划

规划利用环绕下河屯的水田、山体以及村寨中部的河流等自然景观的渗透，结合村寨的自然特征、街巷布局和人文要素，通过建筑、绿化等手段塑造侗族村寨的地方风貌和特色景观，形成"两轴二心多点"的景观系统格局，反映出传统文化和生态旅游的侗寨风貌。

5. 村庄近期建设整治规划

村庄近期规划的重点包括：在中部进行地形整理，修建下河屯新村、公共服务中心。拓宽原主路和两条次路，连成环路。结合村寨北部中心空地新建鼓楼及鼓楼广场，在北部村口新建寨门。于村寨中部新建戏台、文化活动室、医疗卫生室和篮球场。在村口新建农机维修站，在东南角新建公共牲畜棚。

6. 规划评析

优点：《广西柳州市弄团村下河屯村庄规划》作为具有少数民族特色的村落，且所处地区位于山区内，规划方案尊重现状地形并重视对传统景观及人文文化的保护，在规划布局中保护吊脚楼、鼓楼、村寨空间及村寨周边优良的生态景观。整个方案布局以保护为主，在保证内部道路系统完整、居民日常出行交通顺畅的前提下，尽量减少拆迁量，对于有特色的建筑以保护修整为主，道路断面也注重与地区地形的契合。

缺点：对于该村庄少数民族特色的挖掘不够深入，未能与经济发展及村庄未来的提升联系起来。

参 考 文 献

[1] Alexander E R，Faludi A. Planning and Plan Implementation：Notes on Evaluation Criteria [J]. Environment & Planning B，1989：127-140.

[2] Dennis S，Marsland D，Cockett T. Central Place Practice：Shopping Centre Attractiveness Measures，Hinterland Boundaries and the UK Retail Hierarchy [J] . Journal of Retailing and Consumer Services，2002，9（4）：185-199.

[3] Derudder B，Witlox F，et al. Fuzzy Classifications in Large Geographical Databases：Towards an Assessment of the Network of World City network [J] . GaWC Research Bulletin，2002：75.

[4] Donella Meadows. Indicators and Information Systems for Sustainable Development [J]. Environment & Urbanization，1998，11（1）：285-285.

[5] FAO. Guidelines for Land Use Planning [M] . Rome：FAO Development Series 1，1993.

[6] Hall P. Christaller for a Global Age [J] . GaWC Research Bulletin，2001：59.

[7] M. Gottdiener. The Social Production of Urbanspace [M] . Austin：University of Texas.

[8] Sassen S. Cities in a World Economy [J] . Thousand Oaks：Pine Forge Press，CA，2000.

[9] Scheer T. Applicability of the Theory of Central Places in the Automobile Industry in Germany [D]. Fort Lauderdale：Nova Southeastern University，2004.

[10] Smyth A. J. &Dumanski J. FAO. FESLM：An International Framework for Evaluating Sudhir Wanmali. Geography of a Rural Service System in India [M] . Delhi：B. R. Publishing Corporation，1987.

[11] Sustainable Land Management [M] . Rome ：World Soil Resources Reports 73，1993.

[12] Taylor P J. Specification of the World City Network [J] . Geographical Analysis，2001，33：181-194.

[13] Taylor P J. Urban hinterworlds：Geographies of Corporate Service Provision under Conditions of Contemporary globalization [J] . Geography，2001，86（1）：51-60.

[14] World Commission on Environment and Development. Our Common Future [M] . New York：Oxford University Press，1987.

[15] 埃比尼泽·霍华德. 明日的田园城市 [M]. 北京：商务印书馆，2000.

[16]《小城镇建设》编辑部. 城乡规划法引领中国进入城乡一体规划时代 [J]. 小城镇建设，2007（11）：34-34.

[17] 毕宝德. 土地经济学 [M]. 4 版. 北京：中国人民大学出版社，2003.

[18] 蔡慧敏.《城乡规划法》背景下的城乡发展规划一体化 [J]. 行政科学论坛，2010，24（5）：46-47.

[19] 陈修玲. 我国农村宅基地置换现存问题及政策建议 [J]. 地方财政研究，2010（1）：64-67.

[20] 城市规划资料集：小城镇规划（第 3 分册）[M]. 北京：中国建筑工业出版社，2009.

[21] 仇保兴. 生态文明时代的村镇规划与建设 [J]. 中国名城，2010（6）：4-11.

[22] 崔英伟. 村镇规划 [M]. 北京：中国建材工业出版社，2008.

[23] 董秀茹，石水莲，王秋兵. 土地集约利用问题研究综述 [J]. 党政干部学刊，2006（6）：27-28.

[24] 方明，刘军．新农村建设政策理论文集［M］．北京：中国建筑工业出版社，2006.

[25] 房志勇．规划先行：村镇建设规划［M］．北京：中国计划出版社，2007.

[26] 高洪深．区域经济学［M］．北京：中国人民大学出版社，2014.

[27] 高进田．区位的经济学分析［D］．南开大学，2005.

[28] 谷雨，李麟．创新农村土地制度是解决我国"三农"问题的关键所在［J］．农村经济，2012（6）：45-47.

[29] 顾朝林主编．县镇乡域规划编制手册［M］．北京：清华大学出版社，2016.

[30] 胡波．学习《城乡规划法》，促城乡统筹发展［J］．北京规划建设，2008（2）：63-65.

[31] 胡细英．基于《城乡规划法》的乡村建设用地管理——江西省新农村建设规划的思考［J］．经济地理，2010（5）：814-818.

[32] 黄文忠．上海卫星城与中国城市化道路［M］．上海：上海人民出版社，2003.

[33] 黄小虎．新时期中国土地管理研究［M］．北京：当代中国出版社，2006.

[34] 黄学平．韩国"新村运动"的做法及启示［J］．南方农村，2006（2）：15-17.

[35] 黄祖辉，朱允卫，郑瑶．浙江农村工业化的发展与启示［J］．当代中国史研究，2006，13（4）：118-118.

[36] 埃比尼泽·霍华德．明日，一条通向真正改革的和平道路［M］．北京：商务印书馆，2000.

[37] 金兆森，陆伟刚．村镇规划［M］．南京：东南大学出版社，2010.

[38] 锦义，武涛，周玲玲．传承文脉交融情景——南京中医药大学仙林校区环境绿地景观规划设计［J］．中国园林，2003，9（7）：33-37.

[39] 孔雪松，刘耀林，邓宣凯，等．村镇农村居民点用地适宜性评价与整治分区规划［J］．农业工程学报，2012，28（18）：215-222.

[40] 邰艳丽，刘海燕．我国村镇规划编制现状，存在问题及完善措施探讨［J］．规划师，2010，26（6）：69-74.

[41] 李阿琳．社会管理创新趋势下的新型村镇规划研究［J］．规划师，2013，29（3）：29-34.

[42] 李兵第．新时期村镇规划建设管理理论、实践与立法研究［M］．北京：中国建筑工业出版社，2010.

[43] 李光录．村镇规划与管理［M］．北京：中国林业出版社，2014.

[44] 刘力，邱道持，粟辉，等．城市土地集约利用评价［J］．西南师范大学学报（自然科学版），2004，29（5）：888-891.

[45] 李晶．村镇体系规划的理论与实证研究［D］．东北师范大学，2009.

[46] 李水山．韩国新乡村运动［J］．小城镇建设，2005（8）：27-30.

[47] 廖和平，沈琼，廖万林，等．小城镇土地可持续利用评价指标体系研究［J］．经济地理，2002（S1）：88-91.

[48] 刘少才．韩国房改，改出一个新农村［J］．房地产评估，2010（6）：40-40.

[49] 刘易斯·芒福德．城市发展史——起源、演变和前景［M］．北京：中国建筑工业出版社，1989.

[50] 刘再聪．村的起源及"村"概念的泛化——立足于唐以前的考察［J］．史学月刊，2006（12）：5-12.

[51] 陆大道．区域发展及其空间结构［M］．北京：科学出版社，1995.

[52] 陆玉麒．论点-轴系统理论的科学内涵［J］．地理科学，2002，22（2）：136-143.

[53] 栾峰．从制度变迁的视角解读《城乡规划法》的意义与启示［J］．城市规划学刊，2008（2）：11-16.

[54] 马炳全．土地制度变革及其完善［J］．农村工作通讯，1988，7.

[55] 马佳．新农村建设中农村居民点用地集约利用研究［D］．华中农业大学，2008.

［56］倪成敬．关注农民，关注乡村建设——试从历史观的角度初探《城乡规划法》对乡村规划的意义［J］．安徽建筑，2008，15（4）：204-205．

［57］欧名豪．土地利用总量规划控制中的城乡建设用地规模问题［J］．华中农业大学学报（社会科学版），2000，38（4）：51-54．

［58］曲福田．中国农村土地制度的理论探索［M］．南京：江苏人民出版社，1991．

［59］石忆邵．国内外村镇体系研究要述［J］．国际城市规划，2007，22（4）：84-88．

［60］苏雪痕．植物造景［M］．北京：中国林业出版社，1994．

［61］孙敏．城乡规划法实施背景下的乡村规划研究［J］．江苏城市规划，2011，39（5）：42-45．

［62］汤爽爽．法国快速城市化进程中的乡村政策与启示［J］．农业经济问题，2012，6：104-109．

［63］有田博之，王宝刚．日本的村镇建设［J］．小城镇建设，2002，6：86-89．

［64］汪光焘．全面学习贯彻《城乡规划法》切实担负起依法编制规划的历史责任［J］．规划师，2008，1（5）：10．

［65］王景新．中国农村土地制度的世纪变革［M］．北京：中国经济出版社．2001．

［66］王凯．村镇视角的新型城镇化再认识［J］．城市规划，2014，2：16-19．

［67］王雷，张尧．苏南地区村民参与乡村规划的认知与意愿分析——以江苏省常熟市为例［J］．城市规划，2012，2：66-72．

［68］王士君，冯章献，刘大平等．中心地理论创新与发展的基本视角和框架［J］．地理科学进展，2012，31（10）：1256-1263．

［69］王万茂，张颖．土地整理与可持续发展［J］．中国人口·资源与环境，2004，14（1）：13-18．

［70］王祥荣，王平建，樊正球．城市生态规划的基础理论与实证研究——以厦门马銮湾为例［J］．复旦学报（自然科学版），2004，43（6）：959．

［71］吴伟东，蔡为青．古村落建设对当今生态节能型村镇规划建设的启示［J］．黑龙江农业科学，2010，11：114-117．

［72］吴翔．镇的起源与流变［J］．学术论坛．2015（11）：83-86．

［73］吴志东，周素红．基于土地产权制度的新农村规划探析［J］．规划师，2008，3：9-13．

［74］吴智刚，王帅，陈忠暖．村镇规划中的公众参与：理论与路径安排［J］．城市观察，2015，2：18．

［75］夏南凯，王岱霞．我国农村土地流转制度改革及城乡规划的思考［J］．城市规划学刊，2009，3：82-88．

［76］夏泽义．广西北部湾经济区产业空间结构研究［D］．西南财经大学，2011．

［77］肖亦卓．规划与现实：国外新城运动经验研究［J］．北京规划建设，2005，2：135-138．

［78］肖作鹏，柴彦威，张艳．国内外生活圈规划研究与规划实践进展述评［J］．规划师，2014（10）：98-95．

［79］徐光春．实施五个一工程，推进新农村建设——对河南20多个村镇的调查和思考［J］．2006，5：4-7．

［80］徐经勇．中国农村经济制度变迁六十年研究［M］．厦门：厦门大学出版社，2009．

［81］徐全勇．国外中心村对我国小城镇建设的启示［J］．小城镇建设．2000，2：69．

［82］徐珍源，孔祥智，蔡赟．改革开放30年来征地制度变迁、评价及展望［J］．山东农业大学学报：社会科学版，2009，3：1-5．

［83］许学强，周一星，宁越敏．城市地理学［M］．2版．北京：高等教育出版社，2009．

［84］薛俊菲，邱道持，卫欣，等．小城镇土地集约利用水平综合评价探讨一以重庆市北培区为例［J］．地域研究与开发，2002，21（4）：46-50．

［85］杨君杰，刘学．乡村建设规划管理地方立法刍议——《城乡规划法》框架下的乡村建设规划管理［J］．小城镇建设，2011，09：20-24．

[86] 杨乔，刘秀华．我国中心村建设研究综述［J］．河北农业科学．2009，13（7）：111-114.

[87] 杨植元．美丽乡村规划编制特色体系探索——以南京市六合区美丽乡村示范区规划为例［J］．
江苏城市规划，2015，7：4.

[88] 叶昌东，黄雯，李一璇．村庄规划实施评价——以广州从化市村庄规划为例［J］．城市规划学
刊，2014（7）：175-179.

[89] 叶昌东，郑延敏，张媛媛．"两规"新旧土地利用分类体系比较［J］．热带地理，2013，33
（3）：276-287.

[90] 叶昌东，周春山，李振．城市新区开发的供需关系分析［J］．城市规划，2012，36（7）：
32-37.

[91] 叶昌东，周春山．城市新区开发的理论与实践［J］．世界地理研究，2010.19（4）：106-112.

[92] 叶昌东，周春山．近20年中国特大城市空间结构演变［J］．城市发展研究，2014（3）：28-34.

[93] 叶齐茂．国外村镇规划设计的理念［J］．城乡建设，2005，4：67-69.

[94] 伊利尔·沙里宁．城市，它的发展衰败与未来［M］．北京：中国建筑工业出版社，1986.

[95] 于晓媛．建国后我国农村人口回流分析［J］．理论探索，2003，3：51-54.

[96] 袁莉莉，孔翔．中心地理论与聚落体系规划［J］，世界地理研究，1998（12）：67-70.

[97] 张丛葵，陈京涛，常乐．历史文化名镇名村的保护与发展——以吉林省乌拉街满族镇保护规划
为例［J］．规划师，2008，24（12）：94-98.

[98] 张慧立．村庄规划人口及用地规模确定的几个因素［J］．小城镇建设．2015（4）：82-84.

[99] 张京祥．西方城市规划思想史纲［M］．南京：东南大学出版社，2005.

[100] 张圣祖．区域主导产业选择的基准分析［J］．经济问题．2001（1）：22-24.

[101] 张喜平．新市镇与香港住房［J］．中外房地产导报，1996（18）：34-35.

[102] 张晓明．高速城市化时期的村镇区域规划［M］．北京：中国发展出版社，2016.

[103] 张毅，刘美宏，张薇．乡愁卫士——成都乡村规划师制度实践探索［J］．四川建筑，2016，36
（6）：72-74.

[104] 张志国，李树华，游捷．基于公众参与的村镇规划手法研究——以许昌市紫云镇为例［J］．
河北林果研究，2007，22（4）：439-444.

[105] 赵虎，郑敏，戎一翎．村镇规划发展的阶段、趋势及反思［J］．现代城市研究，2011，5：
47-50.

[106] 赵之枫，范霄鹏．"乡""镇"之分——《城乡规划法》颁布后的乡规划思考［J］．城市发展
研究，2011，10：97-104.

[107] 郑文哲，郑小碧．中心镇推进城乡一体化的时空演进模式研究：理论与实证［J］．经济地理，
2013，33（6）：79-83.

[108] 中共中央书记处农村政策研究室资料室：中国农村社会经济典型调查（1985）［M］．北京：
中国社会科学出版社，1988.

[109] 中国建筑技术研究院村镇规划设计研究所．村镇小康住宅示范小区住宅与规划设计［M］．北
京：中国建筑工业出版社，2000.

[110] 周春山，叶昌东．中国特大城市空间增长特征及其原因分析［J］．地理学报，2013，68（6）：
728-738.

[111] 周春山．城市空间结构与形态［M］．北京：科学出版社，2007.

[112] 周轶男，刘纲．美丽乡村建设背景下分区层面村庄规划编制探索——以慈溪市南部沿山精品线
规划为例［J］．规划师，2013，29（11）：33-38.

[113] 周志龙．台湾地区新市镇开发与法令［J］．中国土地科学，1999，5：6-9.

[114] 邹玉川．当代中国土地管理（上）［M］．北京：当代中国出版社，1998.